この一冊があなたのビジネス力を育てる！

ビジネスの様々なシーンで行われるプレゼンテーション。
発表者の考えを聞き手にスムーズに伝えるために欠かせないのが、発表用のスライドです。
簡単操作で見違えるようなスライドを作成できるPowerPointは、いまやビジネスに必須のアプリ。
FOM出版のテキストなら、PowerPointの基本操作をしっかり学べます。

第1章
PowerPointの基礎知識

PowerPointを知る まずは触ってみよう

まずは基本が大切！
PowerPointの画面に慣れることから始めよう！

PowerPointの作成画面は、とても機能的で使いやすい！ポイントは、3つの領域が持つそれぞれの役割を理解すること。

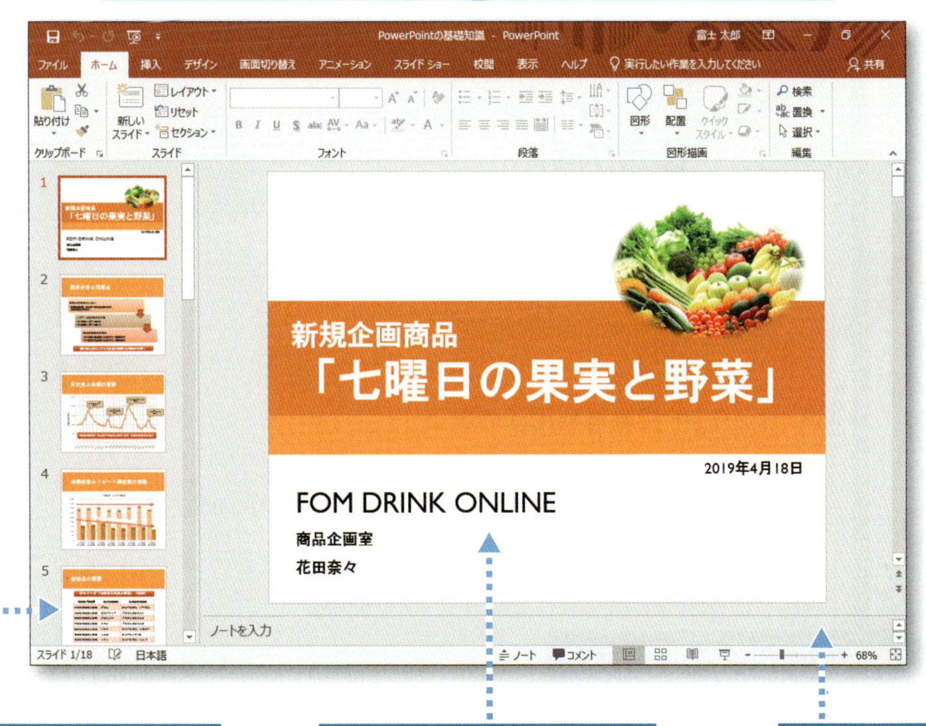

①プレゼンテーション全体の流れを確認する領域

②伝えたい考えを具体的に表現する領域

③補足説明をメモ書きする領域

PowerPointの基礎知識については **8ページ** を check!

第2章
基本的なプレゼンテーションの作成

プレゼンテーション作成の流れを通して
PowerPointの基本をマスターしよう

本当に使い方をマスターできるかな・・・。
センスがなくても大丈夫かな・・・。

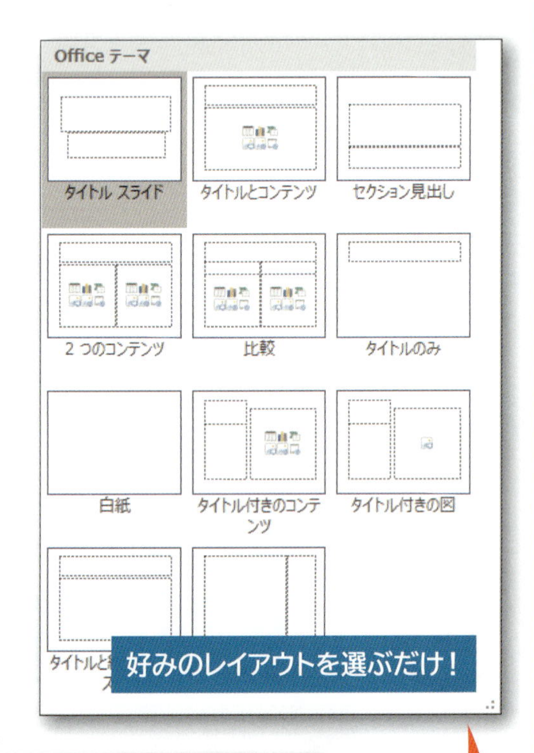

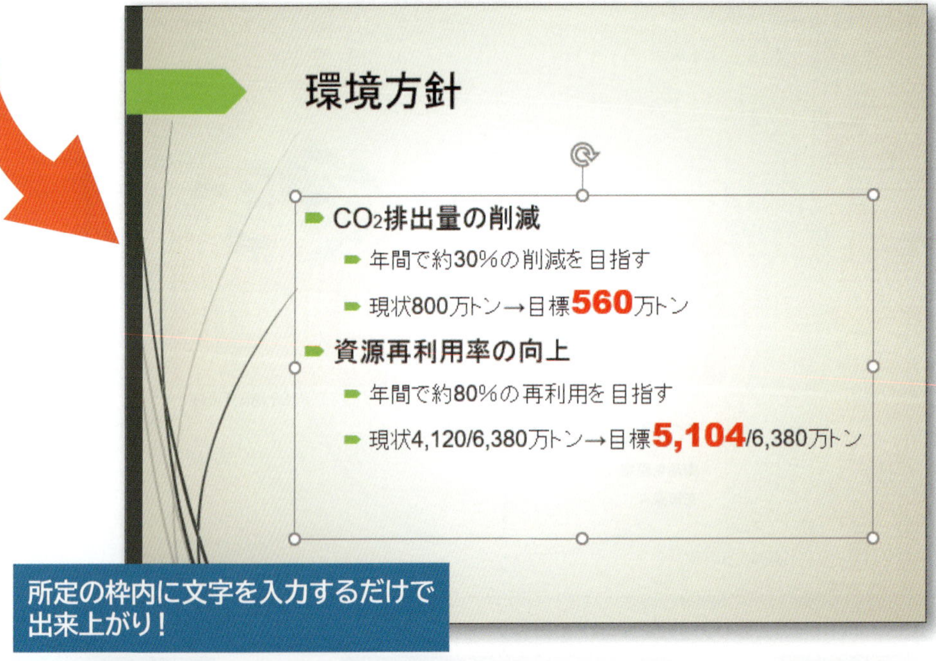

PowerPointの人気の秘密は、簡単な操作性にあり！
操作してみると、センスのよいスライドがとても簡単に作成できることがわかるよ。

基本的なプレゼンテーションの作成については **26ページ** を check!

第3章
表の作成

データを整理整頓
スライドに表を作ろう

データを比較したり、整理したりするのに適している「表」。
スライド上に配置することもしばしば。
この章を学べば、見栄えのする表を簡単に作成できるよ！

文字の羅列ではデータを比較しにくい！

新商品の概要

・新シリーズ「七曜日の果実と野菜」（仮称）

日の果実と野菜
ム　フルータブル・パープル

日の果実と野菜
ーベリー　パワフルビタミンA

日の果実と野菜
ヘイヤ　パワフルビタミンB

日の果実と野菜
イ　パワフルビタミンC

金曜日の果実と野菜
バナナ　フルータブル・イエロー

土曜日の果実と野菜
りんご　フルーティア100

日曜日の果実と野菜
トマト　フルータブル・レッド

表にすると

データを比較しやすい！

新商品の概要

・新シリーズ「七曜日の果実と野菜」（仮称）

商品名（仮称）	メイン原材料	もとにする商品
月曜日の果実と野菜	プラム	フルータブル・パープル
火曜日の果実と野菜	ブルーベリー	パワフルビタミンA
水曜日の果実と野菜	モロヘイヤ	パワフルビタミンB
木曜日の果実と野菜	キウイ	パワフルビタミンC
金曜日の果実と野菜	バナナ	フルータブル・イエロー
土曜日の果実と野菜	りんご	フルーティア100
日曜日の果実と野菜	トマト	フルータブル・レッド

列数と行数を指定するだけの簡単操作！

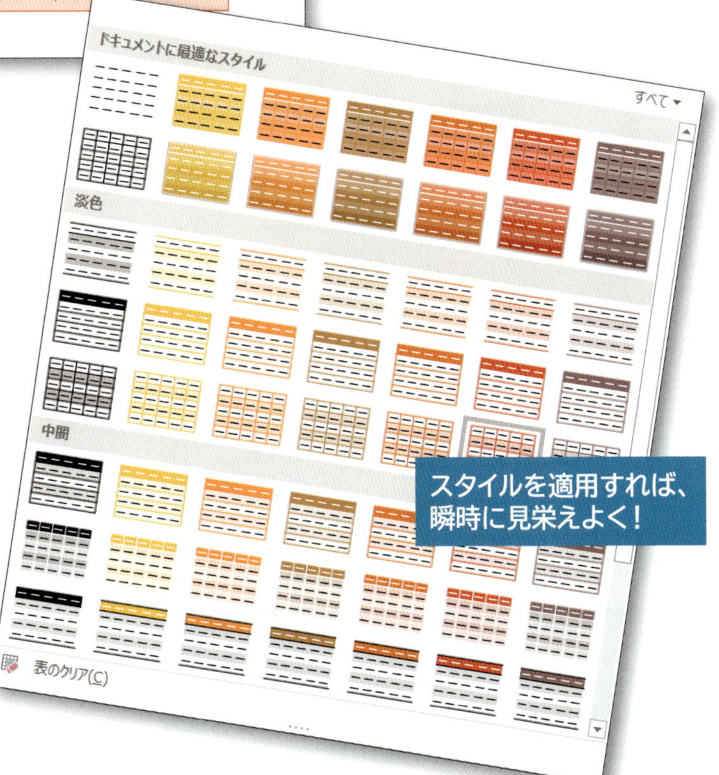

スタイルを適用すれば、瞬時に見栄えよく！

表の作成については 64ページ を check!

第4章
グラフの作成

データを視覚化
スライドにグラフを作ろう

データの傾向や変化を一目で把握できる「グラフ」。
Excel同様に、PowerPointでも様々な種類のグラフを作成できるよ！
この章を学べば、見栄えのするグラフを簡単に作成できるよ！

表から数値の大小を解読するには、
少々時間がかかるけど・・・

既存顧客分析①

・調査対象
・2018年7月1日～31日
2019年1月1日～31日
・オンラインショップ利用者
（顧客データベースより対象者4,126名抽出）

年代	人数
10歳代	335
20歳代	751
30歳代	1408
40歳代	871
50歳代	345
60歳代	215
70歳代～	201

グラフにすると

既存顧客分析①

・調査対象
・2018年7月1日～31日
2019年1月1日～31日
・オンラインショップ利用者
（顧客データベースより対象者4,126名抽出）

年代別構成比

10歳代 8%
20歳代 18%
30歳代 34%
40歳代 21%
50歳代 9%
60歳代 5%
70歳代～ 5%

数値の大小関係が一目瞭然！

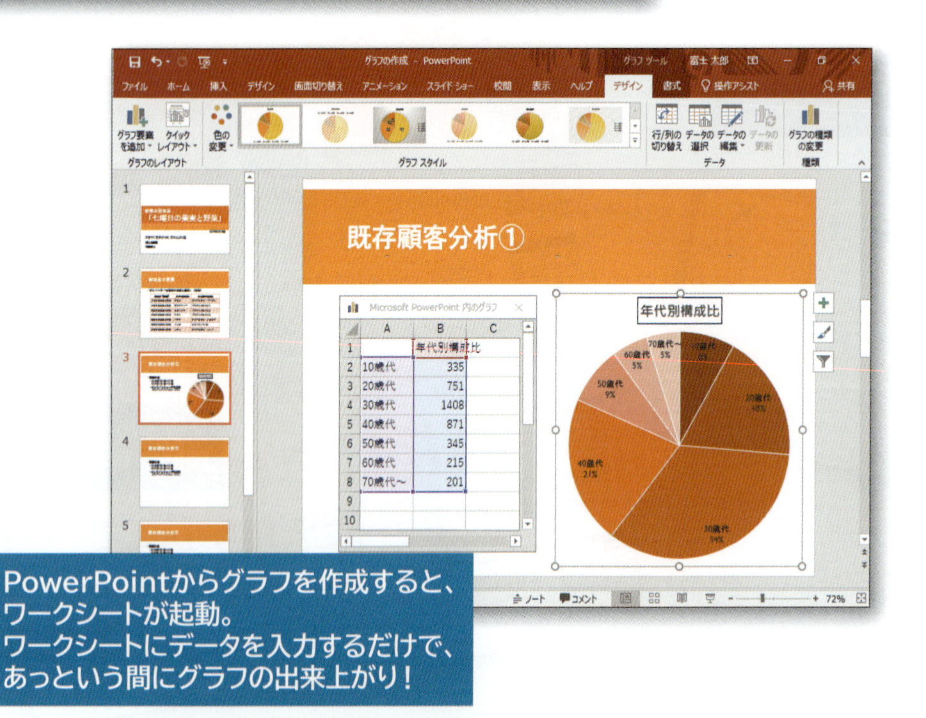

PowerPointからグラフを作成すると、
ワークシートが起動。
ワークシートにデータを入力するだけで、
あっという間にグラフの出来上がり！

グラフの作成については 80ページ を check!

第5章
図形やSmartArtグラフィックの作成

訴求力アップの工夫
スライドに図解を取り入れよう

訴求力のあるスライドに不可欠なのが「図解」。
図形を組み合わせて、情報の相互関係を視覚的に表現することで、
文字だけのスライドよりも聞き手に直感的に理解してもらえるよ！

文字だけが並んだスライドは、
どこか味気ない。

現状分析と問題点

・新商品が定番化しない
・新商品発売後、売上は一時的に上昇するが、長期に維持されない
・リピート率が徐々に下降
・2017年度 リピート率34%
・2018年度 リピート率31%
・売上金額の伸び悩み
・2017年度 売上金額135,600千円、前年比99%
・2018年度 売上金額132,500千円、前年比98%

図解にすると

情報の重要度や時系列の流れが
聞き手に直感的に伝わる！

現状分析と問題点

新商品が定番化しない
・新商品発売後、売上は一時的に上昇するが、長期に維持されない

リピート率が徐々に下降
・2017年度 リピート率34%
・2018年度 リピート率31%

売上金額の伸び悩み
・2017年度 売上金額135,600千円、前年比99%
・2018年度 売上金額132,500千円、前年比98%

最近使用した図形
線
四角形
基本図形
ブロック矢印
数式図形
フローチャート
星とリボン

「図形」を自由に組み合わせれば、
オリジナルの図解が作成できる！

あらかじめ用意された
「SmartArtグラフィック」を
使えば、さらに簡単に作成できる！

難しそうだけど、操作してみると意外と簡単。
アイデアと工夫次第で、いろいろアレンジできそうだね！！

図形やSmartArtグラフィックの作成については 102ページ を check!

第6章
画像やワードアートの挿入

表現力アップの工夫
スライドを写真やワードアートで装飾しよう

写真やワードアートを取り入れると、スライドが一気に華やいだ雰囲気に。
操作方法は、WordやExcelと同じだから、すぐにマスターできるよ！

なんとなく、さびしい・・・

写真を
挿入すると

リアリティが増して、見る人の記憶に残る！

これはこれで悪くないけど・・・

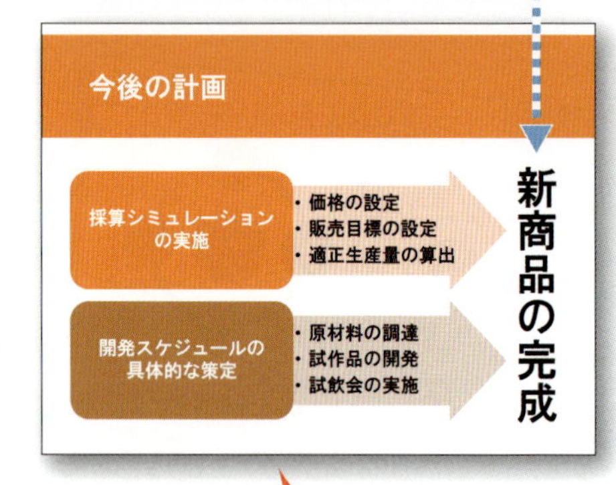

ワードアート
にすると

今後の計画

採算シミュレーションの実施
- 価格の設定
- 販売目標の設定
- 適正生産量の算出

開発スケジュールの具体的な策定
- 原材料の調達
- 試作品の開発
- 試飲会の実施

新商品の完成

文字が装飾されて、インパクト大！

画像やワードアートの挿入については 132ページ を check！

第7章
特殊効果の設定

プレゼンテーションの最終仕上げ
特殊効果で面白味を出そう

聞き手をプレゼンテーションに引き込むことができる「アニメーション」と「画面切り替え効果」。
スライドに動きや変化を出すことで、プレゼンテーションも一気にグレードアップ！

スライド上のオブジェクトの動きに、見る人の視線が集中！

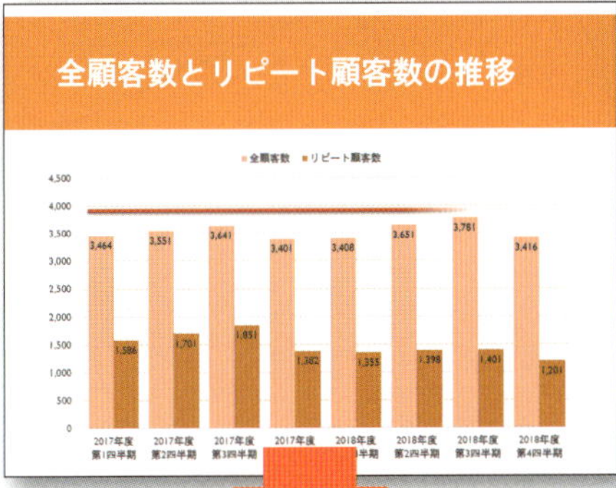

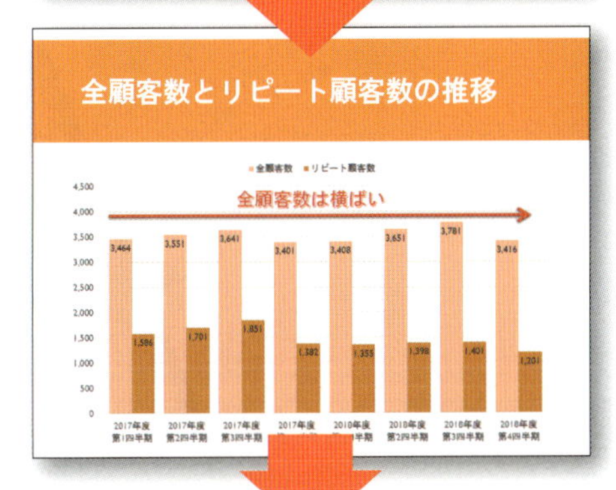

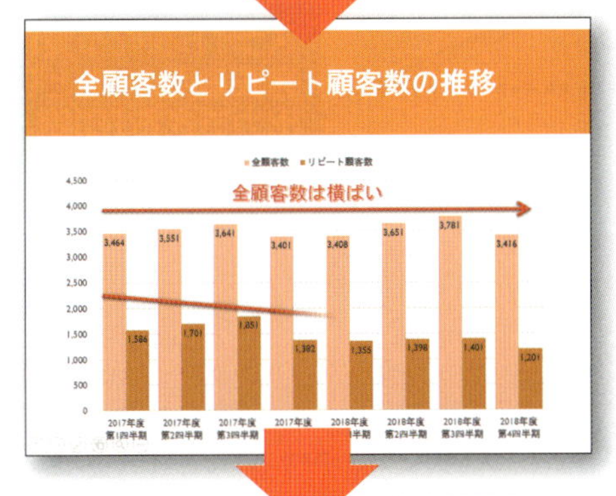

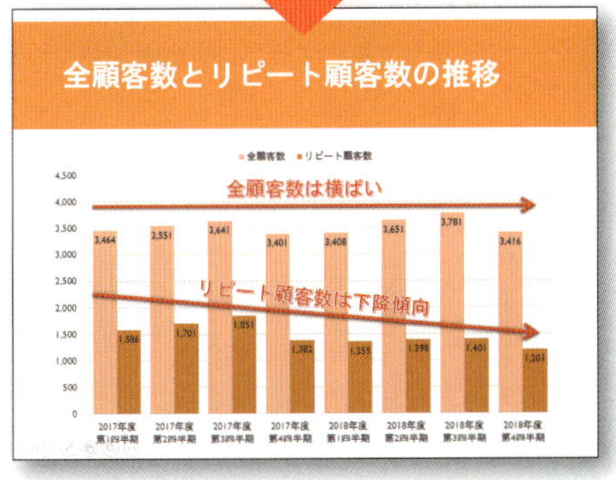

スライド切り替え時の変化に、見る人もハッとする！

特殊効果の設定については 150ページ を check!

第8章
プレゼンテーションをサポートする機能

プレゼンテーション成功の鍵
知っていると何かと役立つ機能あれこれ

プレゼンテーションを行う際に、知っているのと知らないのでは大違い。スライド作成だけではないPowerPointのお役立ち機能もわかるよ！

スライドを配布資料や発表者用ノートとして出力できる「印刷」機能。

プレゼンテーションの時間配分を調整するのに便利な「リハーサル」機能。

発表中にスライドを強調できる「ペン」機能。

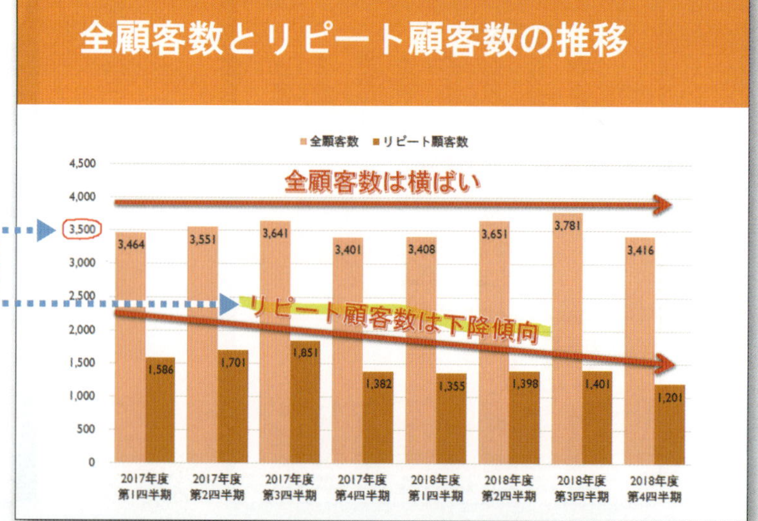

プレゼンテーションをサポートする機能については **164ページ** を check!

はじめに

Microsoft PowerPoint 2019は、訴求力のあるスライドを作成し、効果的なプレゼンテーションを行うためのプレゼンテーションソフトです。
本書は、初めてPowerPointをお使いになる方を対象に、基本操作から表やグラフ、図形、画像などを取り入れた表現力のあるプレゼンテーション資料の作成までをわかりやすく解説しています。
また、練習問題を豊富に用意しており、問題を解くことによって理解度を確認でき、着実に実力を身に付けられます。
表紙の裏にはPowerPointで使える便利な**「ショートカットキー一覧」**、巻末にはPowerPoint 2019の新機能を効率的に習得できる**「PowerPoint 2019の新機能」**を収録しています。
本書は、経験豊富なインストラクターが、日ごろのノウハウをもとに作成しており、講習会や授業の教材としてご利用いただくほか、自己学習の教材としても最適なテキストとなっております。
本書を通して、PowerPointの知識を深め、実務にいかしていただければ幸いです。

本書を購入される前に必ずご一読ください
本書は、2018年12月現在のPowerPoint 2019（16.0.10338.20019）に基づいて解説しています。本書発行後のWindowsやOfficeのアップデートによって機能が更新された場合には、本書の記載のとおりに操作できなくなる可能性があります。あらかじめご了承のうえ、ご購入・ご利用ください。

2019年3月4日
FOM出版

目次

ご購入者特典

本書を購入された方には、次の特典（PDFファイル）をご用意しています。FOM出版のホームページからダウンロードして、ご利用ください。

特典1　プレゼンテーションの基礎知識

特典2　Office 2019の基礎知識

【ダウンロード方法】

①次のホームページにアクセスします。

ホームページ・アドレス

http://www.fom.fujitsu.com/goods/eb/

②「PowerPoint 2019基礎（FPT1817）」の《特典を入手する》を選択します。

③本書の内容に関する質問に回答し、《入力完了》を選択します。

④ファイル名を選択して、ダウンロードします。

本書をご利用いただく前に

本書で学習を進める前に、ご一読ください。

1 本書の記述について

操作の説明のために使用している記号には、次のような意味があります。

記述	意味	例
[ ]	キーボード上のキーを示します。	[Ctrl] [Enter]
[ ]+[ ]	複数のキーを押す操作を示します。	[Ctrl]+[C] ([Ctrl]を押しながら[C]を押す)
《 》	ダイアログボックス名やタブ名、項目名など画面の表示を示します。	《グラフの挿入》ダイアログボックスが表示されます。 《ホーム》タブを選択します。
「 」	重要な語句や機能名、画面の表示、入力する文字などを示します。	「スライド」といいます。 「環境方針」と入力します。

学習の前に開くファイル

知っておくべき重要な内容

知っていると便利な内容

※ 補足的な内容や注意すべき内容

Let's Try 学習した内容の確認問題

確認問題の答え

問題を解くためのヒント

2 製品名の記載について

本書では、次の名称を使用しています。

正式名称	本書で使用している名称
Windows 10	Windows 10 または Windows
Microsoft Office 2019	Office 2019 または Office
Microsoft PowerPoint 2019	PowerPoint 2019 または PowerPoint
Microsoft Excel 2019	Excel 2019 または Excel

3 効果的な学習の進め方について

本書の各章は、次のような流れで学習を進めると、効果的な構成になっています。

1 学習目標を確認

学習を始める前に、「この章で学ぶこと」で学習目標を確認しましょう。
学習目標を明確にすることによって、習得すべきポイントが整理できます。

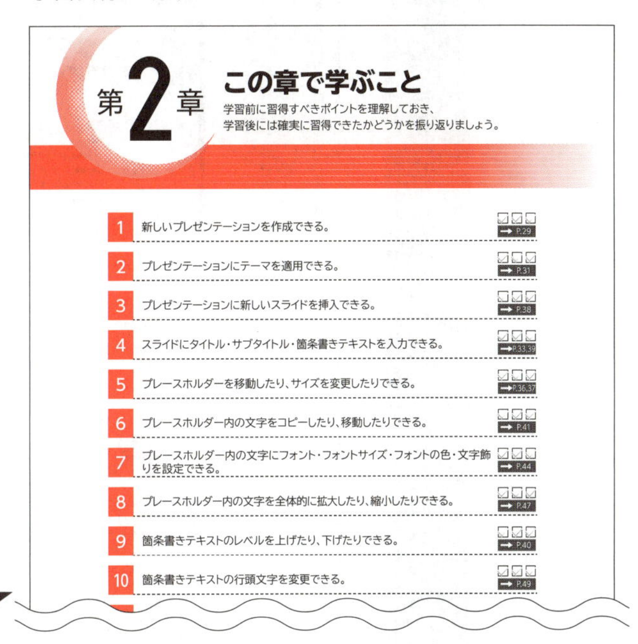
第2章 この章で学ぶこと

学習前に習得すべきポイントを理解しておき、
学習後には確実に習得できたかどうかを振り返りましょう。

1	新しいプレゼンテーションを作成できる。	→ P.29
2	プレゼンテーションにテーマを適用できる。	→ P.31
3	プレゼンテーションに新しいスライドを挿入できる。	→ P.38
4	スライドにタイトル・サブタイトル・箇条書きテキストを入力できる。	→ P.33,39
5	プレースホルダーを移動したり、サイズを変更したりできる。	→ P.36,37
6	プレースホルダー内の文字をコピーしたり、移動したりできる。	→ P.41
7	プレースホルダー内の文字にフォント・フォントサイズ・フォントの色・文字飾りを設定できる。	→ P.44
8	プレースホルダー内の文字を全体的に拡大したり、縮小したりできる。	→ P.47
9	箇条書きテキストのレベルを上げたり、下げたりできる。	→ P.40
10	箇条書きテキストの行頭文字を変更できる。	→ P.49

2 章の学習

学習目標を意識しながら、PowerPointの機能や操作を学習しましょう。

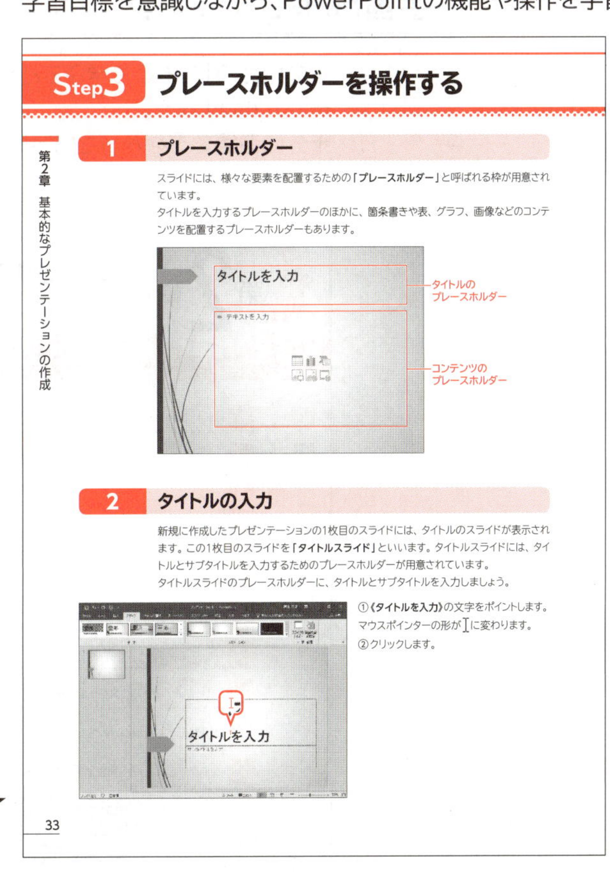
Step3 プレースホルダーを操作する

第2章 基本的なプレゼンテーションの作成

1 プレースホルダー

スライドには、様々な要素を配置するための「**プレースホルダー**」と呼ばれる枠が用意されています。
タイトルを入力するプレースホルダーのほかに、箇条書きや表、グラフ、画像などのコンテンツを配置するプレースホルダーもあります。

2 タイトルの入力

新規に作成したプレゼンテーションの1枚目のスライドには、タイトルのスライドが表示されます。この1枚目のスライドを「**タイトルスライド**」といいます。タイトルスライドには、タイトルとサブタイトルを入力するためのプレースホルダーが用意されています。
タイトルスライドのプレースホルダーに、タイトルとサブタイトルを入力しましょう。

①**《タイトルを入力》**の文字をポイントします。
マウスポインターの形が I に変わります。
②クリックします。

33

3 練習問題にチャレンジ

章の学習が終わったあと、「練習問題」にチャレンジしましょう。
章の内容がどれくらい理解できているかを把握できます。

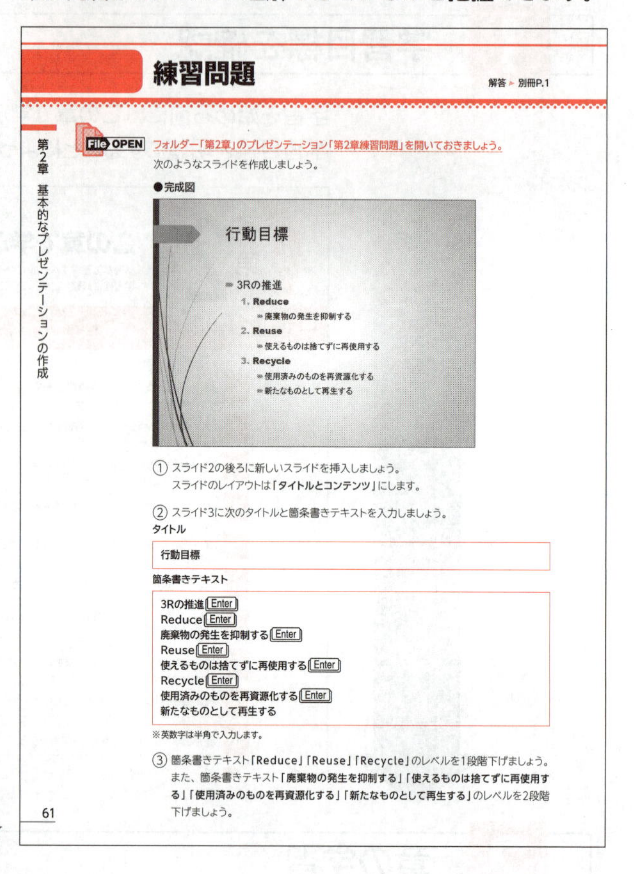
練習問題

解答▶別冊P.1

第2章 基本的なプレゼンテーションの作成

File OPEN フォルダー「第2章」のプレゼンテーション「第2章練習問題」を開いておきましょう。

次のようなスライドを作成しましょう。

●完成図

① スライド2の後ろに新しいスライドを挿入しましょう。
スライドのレイアウトは**「タイトルとコンテンツ」**にします。

② スライド3に次のタイトルと箇条書きテキストを入力しましょう。

タイトル

行動目標

箇条書きテキスト

3Rの推進 Enter
Reduce Enter
廃棄物の発生を抑制する Enter
Reuse Enter
使えるものは捨てずに再使用する Enter
Recycle Enter
使用済みのものを再資源化する Enter
新たなものとして再生する

※英数字は半角で入力します。

③ 箇条書きテキスト「Reduce」「Reuse」「Recycle」のレベルを1段階下げましょう。
また、箇条書きテキスト**「廃棄物の発生を抑制する」「使えるものは捨てずに再使用する」「使用済みのものを再資源化する」「新たなものとして再生する」**のレベルを2段階下げましょう。

61

4 学習成果をチェック

章の始めの「この章で学ぶこと」に戻って、学習目標を達成できたかどうかをチェックしましょう。
十分に習得できなかった内容については、該当ページを参照して復習するとよいでしょう。

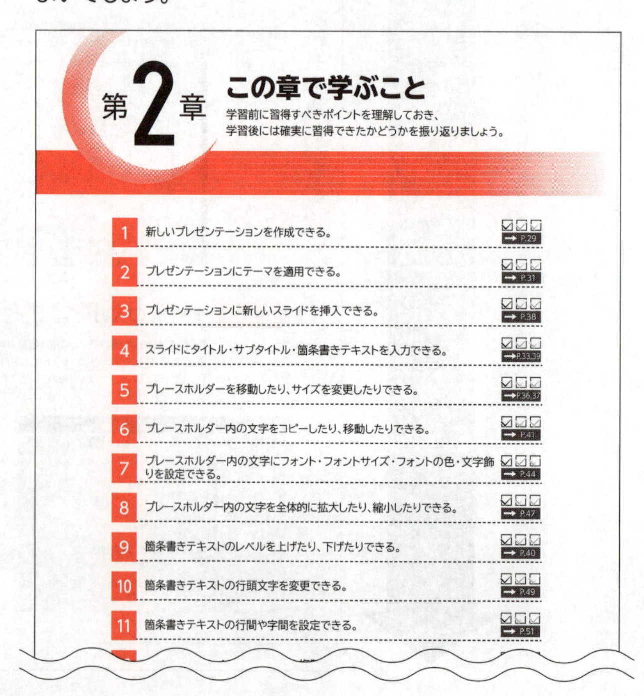
第2章 この章で学ぶこと

学習前に習得すべきポイントを理解しておき、
学習後には確実に習得できたかどうかを振り返りましょう。

1 新しいプレゼンテーションを作成できる。 → P.29
2 プレゼンテーションにテーマを適用できる。 → P.31
3 プレゼンテーションに新しいスライドを挿入できる。 → P.38
4 スライドにタイトル・サブタイトル・箇条書きテキストを入力できる。 → P.33,39
5 プレースホルダーを移動したり、サイズを変更したりできる。 → P.36,37
6 プレースホルダー内の文字をコピーしたり、移動したりできる。 → P.41
7 プレースホルダー内の文字にフォント・フォントサイズ・フォントの色・文字飾りを設定できる。 → P.44
8 プレースホルダー内の文字を全体的に拡大したり、縮小したりできる。 → P.47
9 箇条書きテキストのレベルを上げたり、下げたりできる。 → P.40
10 箇条書きテキストの行頭文字を変更できる。 → P.49
11 箇条書きテキストの行間や字間を設定できる。 → P.51

4 学習環境について

本書を学習するには、次のソフトウェアが必要です。

●PowerPoint 2019 ●Excel 2019

本書を開発した環境は、次のとおりです。

・OS：Windows 10（ビルド17763.134）

・アプリケーションソフト：Microsoft Office Professional Plus 2019
Microsoft PowerPoint 2019（16.0.10338.20019）
Microsoft Excel 2019（16.0.10338.20019）

・ディスプレイ：画面解像度　1024×768ピクセル

※インターネットに接続できる環境で学習することを前提に記述しています。

※環境によっては、画面の表示が異なる場合や記載の機能が操作できない場合があります。

◆画面解像度の設定

画面解像度を本書と同様に設定する方法は、次のとおりです。

①デスクトップの空き領域を右クリックします。

②**《ディスプレイ設定》**をクリックします。

③**《解像度》**の[v]をクリックし、一覧から**《1024×768》**を選択します。

※確認メッセージが表示される場合は、《変更の維持》をクリックします。

◆ボタンの形状

ディスプレイの画面解像度やウィンドウのサイズなど、お使いの環境によって、ボタンの形状やサイズが異なる場合があります。ボタンの操作は、ポップヒントに表示されるボタン名を確認してください。

※本書に掲載しているボタンは、ディスプレイの画面解像度を「1024×768ピクセル」、ウィンドウを最大化した環境を基準にしています。

◆スタイルや色の名前

本書発行後のWindowsやOfficeのアップデートによって、ポップヒントに表示されるスタイルや色などの項目の名前が変更される場合があります。本書に記載されている項目名が一覧にない場合は、掲載画面の色が付いている位置を参考に、任意の項目を選択してください。

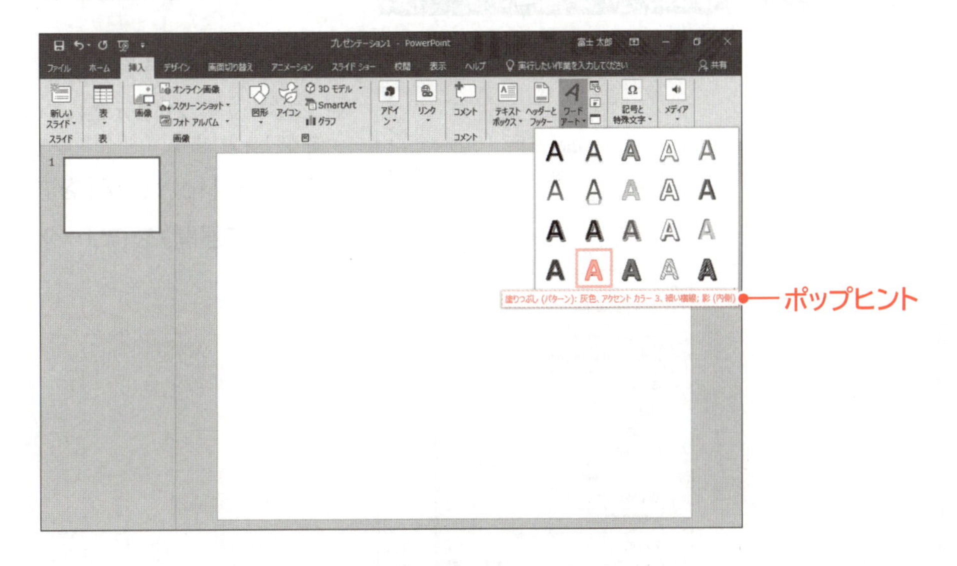

5 学習ファイルのダウンロードについて

本書で使用するファイルは、FOM出版のホームページで提供しています。
ダウンロードしてご利用ください。

ホームページ・アドレス

http://www.fom.fujitsu.com/goods/

ホームページ検索用キーワード

FOM出版

◆ダウンロード

学習ファイルをダウンロードする方法は、次のとおりです。

①ブラウザーを起動し、FOM出版のホームページを表示します。

※アドレスを直接入力するか、キーワードでホームページを検索します。

②**《ダウンロード》**をクリックします。

③**《アプリケーション》**の**《PowerPoint》**をクリックします。

④**《PowerPoint 2019 基礎　FPT1817》**をクリックします。

⑤**「fpt1817.zip」**をクリックします。

⑥ダウンロードが完了したら、ブラウザーを終了します。

※ダウンロードしたファイルは、パソコン内のフォルダー「ダウンロード」に保存されます。

◆ダウンロードしたファイルの解凍

ダウンロードしたファイルは圧縮されているので、解凍（展開）します。
ダウンロードしたファイル**「fpt1817.zip」**を**《ドキュメント》**に解凍する方法は、次のとおりです。

①デスクトップ画面を表示します。

②タスクバーの（エクスプローラー）をクリックします。

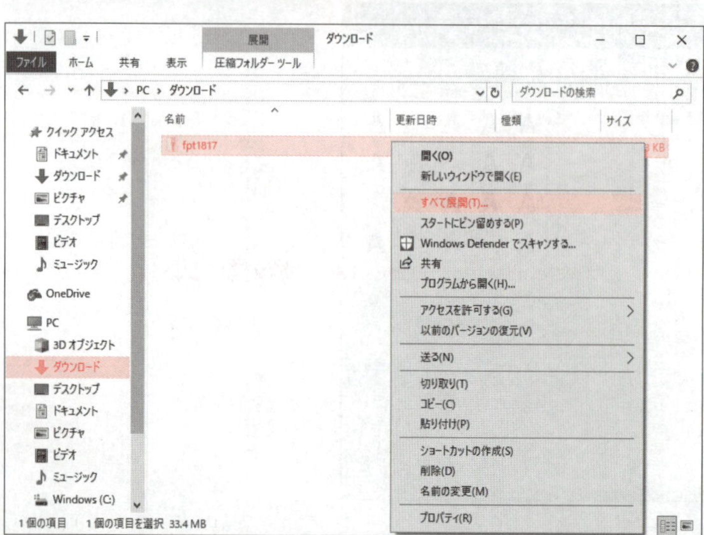

③**《ダウンロード》**をクリックします。

※《ダウンロード》が表示されていない場合は、《PC》をクリックします。

④ファイル**「fpt1817」**を右クリックします。

⑤**《すべて展開》**をクリックします。

⑥《**参照**》をクリックします。

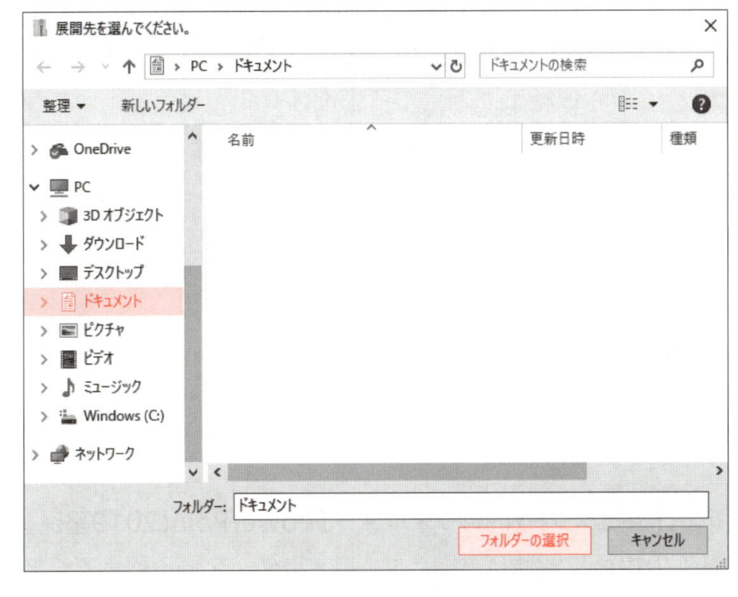

⑦《**ドキュメント**》をクリックします。

※《ドキュメント》が表示されていない場合は、《PC》をダブルクリックします。

⑧《**フォルダーの選択**》をクリックします。

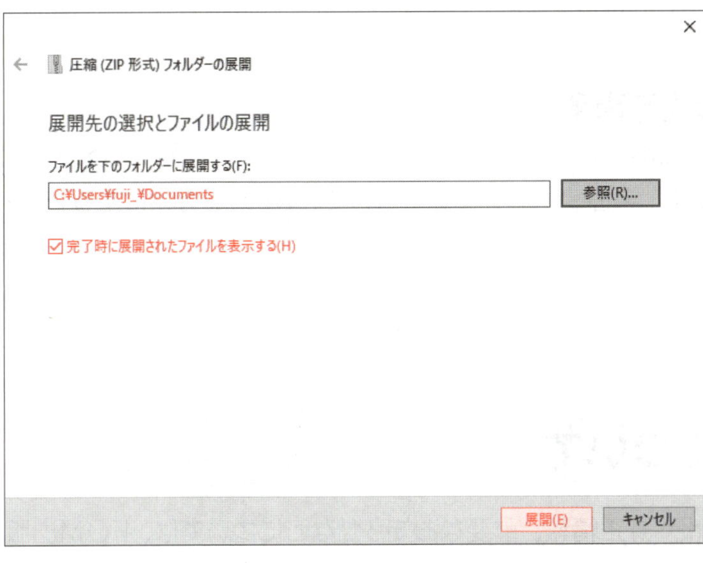

⑨《**ファイルを下のフォルダーに展開する**》が「**C:¥Users¥(ユーザー名)¥Documents**」に変更されます。

⑩《**完了時に展開されたファイルを表示する**》を☑にします。

⑪《**展開**》をクリックします。

⑫ファイルが解凍され、《**ドキュメント**》が開かれます。

⑬フォルダー「**PowerPoint2019基礎**」が表示されていることを確認します。

※すべてのウィンドウを閉じておきましょう。

◆学習ファイルの一覧

フォルダー「**PowerPoint2019基礎**」には、学習ファイルが入っています。タスクバーの（エクスプローラー）→《**PC**》→《**ドキュメント**》をクリックし、一覧からフォルダーを開いて確認してください。

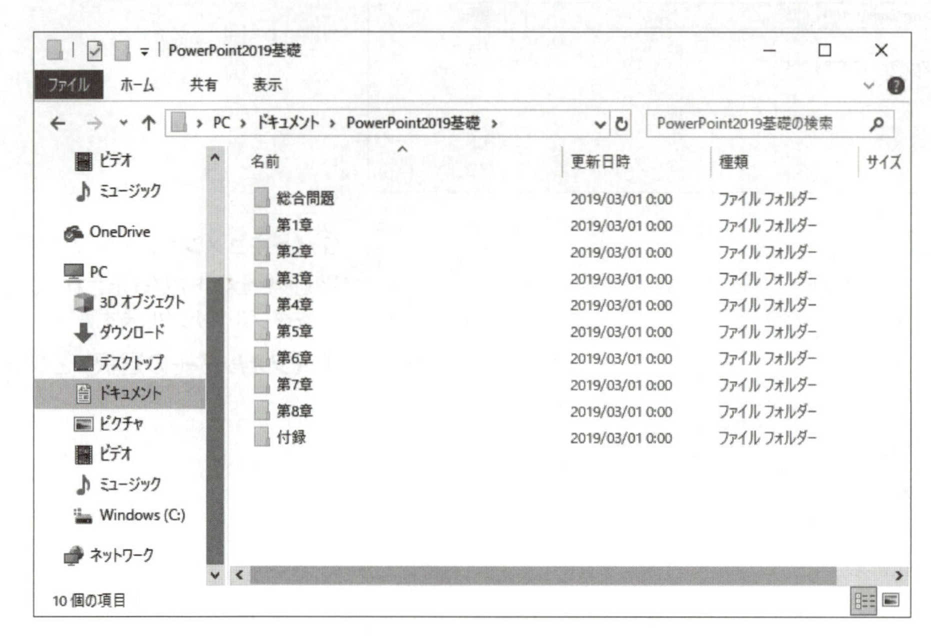

◆学習ファイルの場所

本書では、学習ファイルの場所を《**ドキュメント**》内のフォルダー「**PowerPoint2019基礎**」としています。《**ドキュメント**》以外の場所に解凍した場合は、フォルダーを読み替えてください。

◆学習ファイル利用時の注意事項

ダウンロードした学習ファイルを開く際、そのファイルが安全かどうかを確認するメッセージが表示される場合があります。学習ファイルは安全なので、《**編集を有効にする**》をクリックして、編集可能な状態にしてください。

保護ビュー　注意—インターネットから入手したファイルは、ウイルスに感染している可能性があります。編集する必要がなければ、保護ビューのままにしておくことをお勧めします。　編集を有効にする(E)

6 本書の最新情報について

本書に関する最新のQ&A情報や訂正情報、重要なお知らせなどについては、FOM出版のホームページでご確認ください。

ホームページ・アドレス

http://www.fom.fujitsu.com/goods/

ホームページ検索用キーワード

FOM出版

第1章

PowerPointの基礎知識

第1章 この章で学ぶこと

学習前に習得すべきポイントを理解しておき、
学習後には確実に習得できたかどうかを振り返りましょう。

1	PowerPointで何ができるかを説明できる。	☐☐☐ → P.10
2	PowerPointを起動できる。	☐☐☐ → P.14
3	PowerPointのスタート画面の使い方を説明できる。	☐☐☐ → P.15
4	既存のプレゼンテーションを開くことができる。	☐☐☐ → P.16
5	プレゼンテーションとスライドの違いを説明できる。	☐☐☐ → P.18
6	PowerPointの画面各部の名称や役割を説明できる。	☐☐☐ → P.19
7	表示モードの違いを理解し、使い分けることができる。	☐☐☐ → P.20
8	表示モードを切り替えることができる。	☐☐☐ → P.20
9	複数のスライドで構成されているプレゼンテーションから目的のスライドを表示できる。	☐☐☐ → P.23
10	プレゼンテーションを閉じることができる。	☐☐☐ → P.24
11	PowerPointを終了できる。	☐☐☐ → P.25

Step 1 PowerPointの概要

1 PowerPointの概要

企画や商品の説明、研究や調査の発表など、ビジネスの様々な場面でプレゼンテーションは行われています。プレゼンテーションの内容を聞き手にわかりやすく伝えるためには、口頭で説明するだけでなく、スライドを見てもらいながら説明するのが一般的です。
「PowerPoint」は、訴求力のあるスライドを簡単に作成し、効果的なプレゼンテーションを行うためのプレゼンテーションソフトです。
PowerPointには、主に次のような機能があります。

1 効果的なスライドの作成

あらかじめ用意されている**「プレースホルダー」**と呼ばれる領域に、文字を入力するだけで、タイトルや箇条書きが配置されたスライドを作成できます。

2 表やグラフの作成

スライドに**「表」**を作成して、データを読み取りやすくすることができます。
また、スライドに**「グラフ」**を作成して、数値を視覚的に表現することもできます。

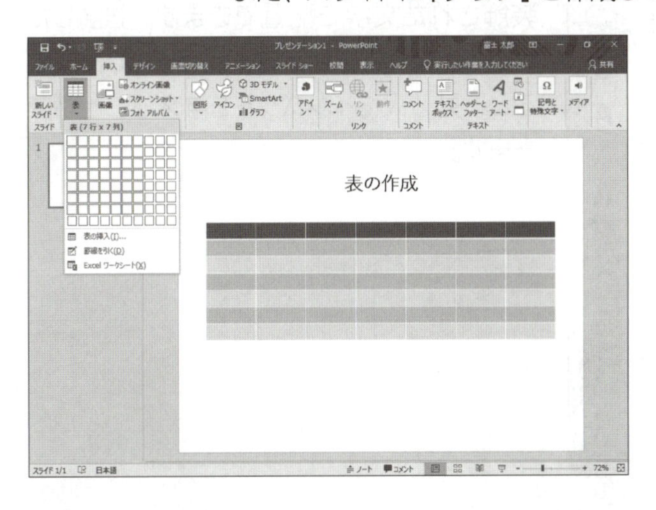

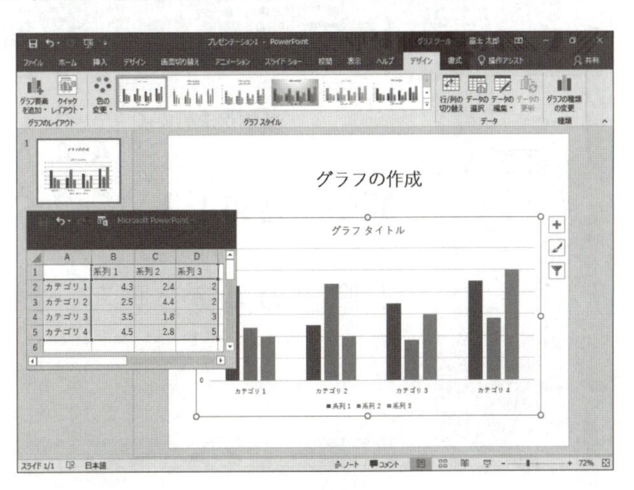

3 図解の作成

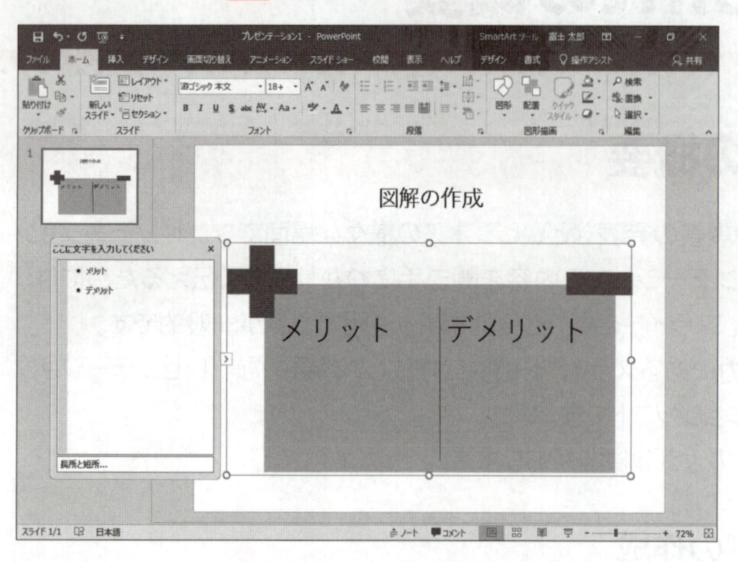

「SmartArtグラフィック」の機能を使って、スライドに簡単に図解を配置できます。

また、様々な図形を組み合わせて、ユーザーが独自に図解を作成することもできます。図解を使うと、文字だけの箇条書きで表現するより、聞き手に直感的に理解してもらうことができます。

4 画像・動画・音声の挿入

スライドには、画像はもちろん、動画や音声も配置できます。

自分で撮影した写真や動画なども挿入できます。

5 装飾文字の作成

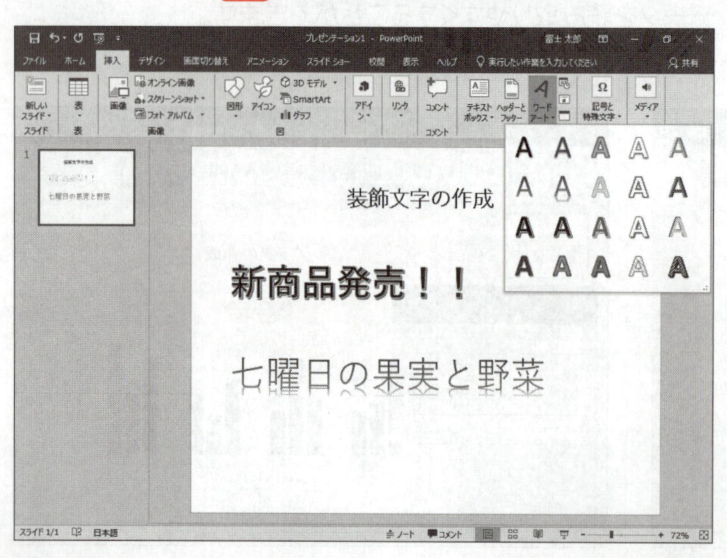

「ワードアート」の機能を使って、スライドに装飾された文字を配置できます。強調したいタイトルや見出しをワードアートで作成すると、見る人にインパクトを与えることができます。

6 洗練されたデザインの利用

「テーマ」の機能を使って、すべてのスライドに一貫性のある洗練されたデザインを適用できます。また、**「スタイル」**の機能を使って、表・グラフ・SmartArtグラフィック・図形などの各要素に洗練されたデザインを瞬時に適用できます。

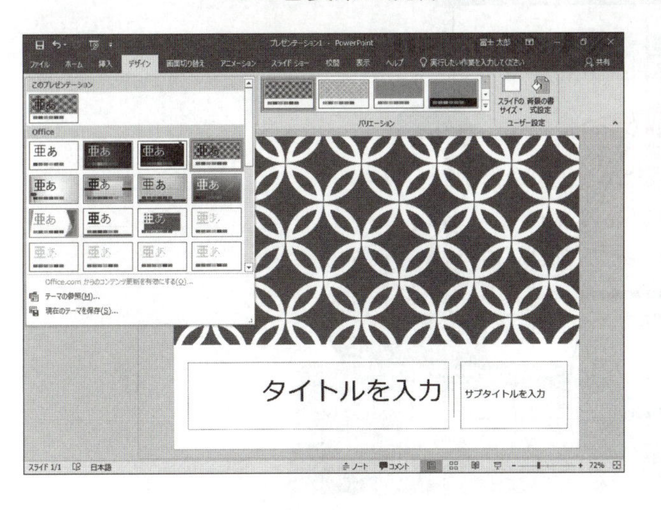

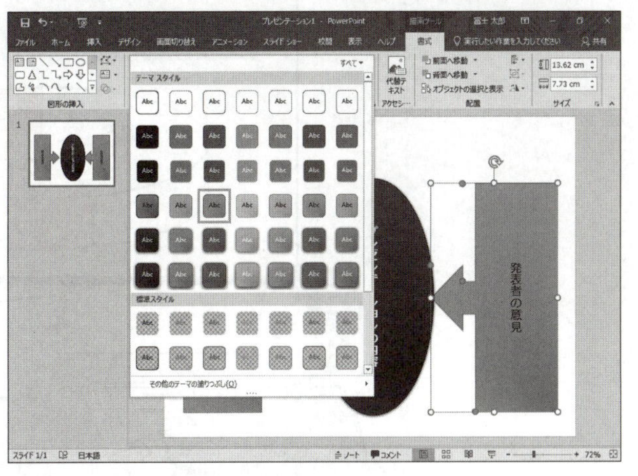

7 特殊効果の設定

「アニメーション」や**「画面切り替え効果」**を使って、スライドに動きを加えることができます。見る人を惹きつける効果的なプレゼンテーションを作成できます。

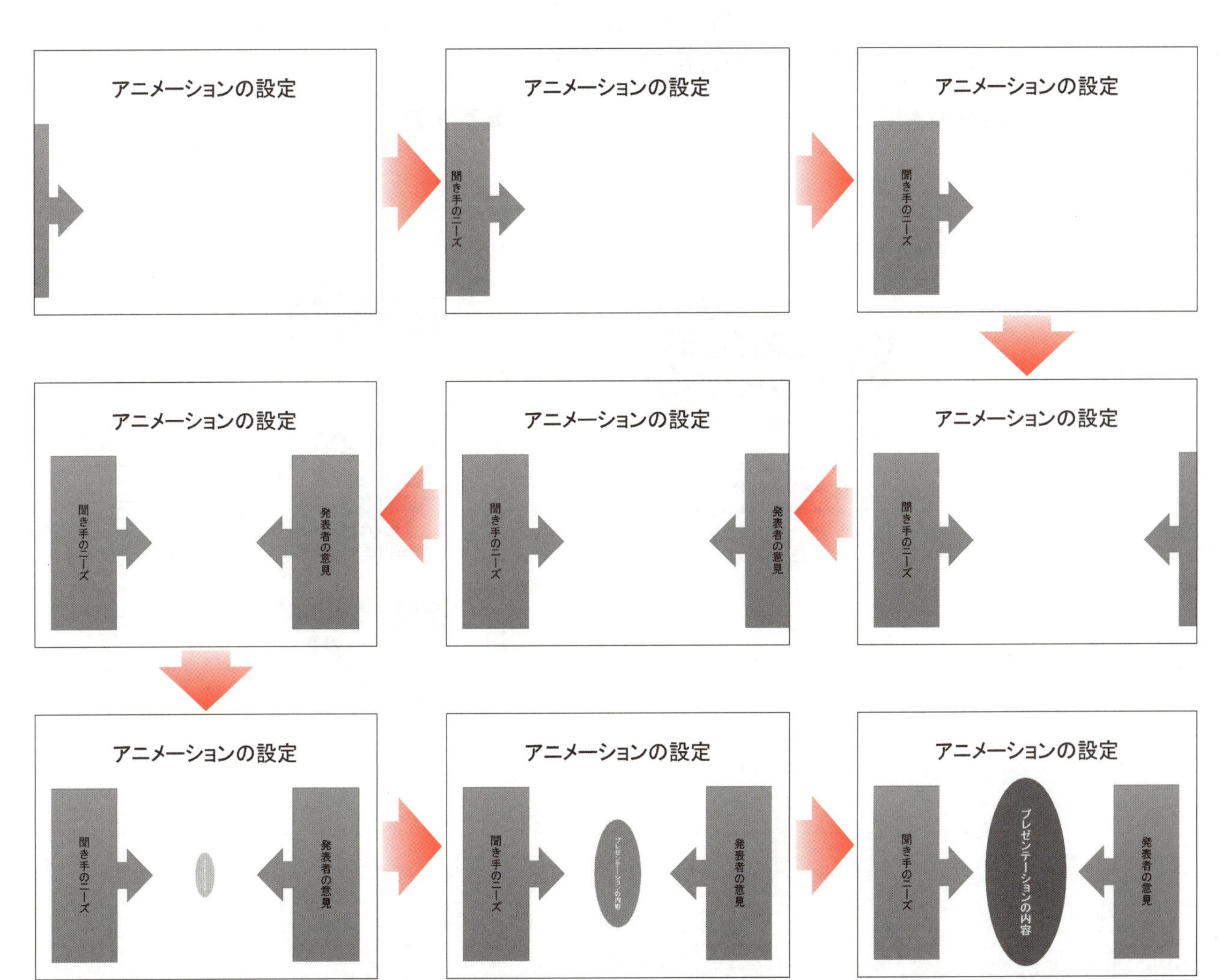

8 プレゼンテーションの実施

「スライドショー」の機能を使って、プレゼンテーションを行うことができます。プロジェクターに投影したり、パソコンの画面に表示したりして、指し示しながら説明できます。

9 発表者用ノートや配布資料の作成

プレゼンテーションを行う際の補足説明を記入した発表者用の**「ノート」**や、聞き手に事前に配布する**「配布資料」**を印刷できます。

●発表者用ノート

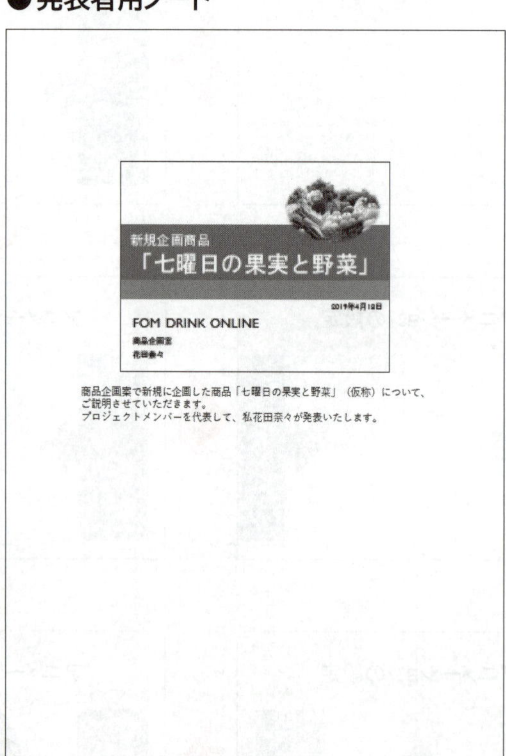

●配布資料

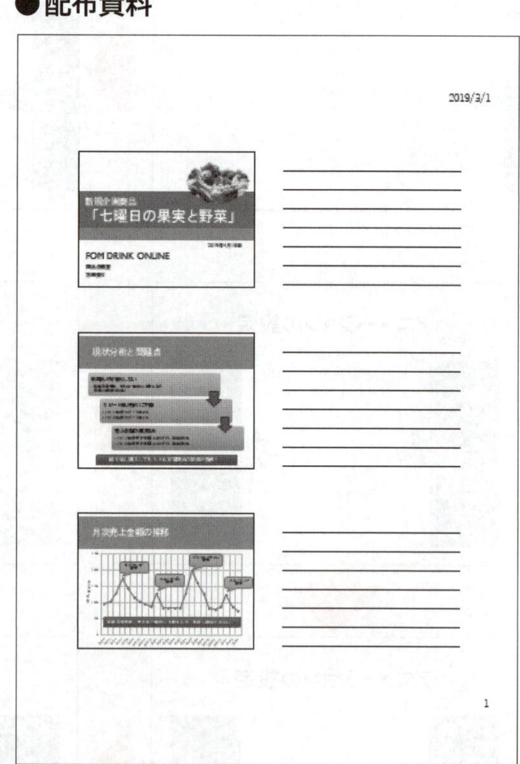

Step2 PowerPointを起動する

1 PowerPointの起動

PowerPointを起動しましょう。

①（スタート）をクリックします。

スタートメニューが表示されます。

②《PowerPoint》をクリックします。

※表示されていない場合は、スクロールして調整します。

PowerPointが起動し、PowerPointのスタート画面が表示されます。

③タスクバーにが表示されていることを確認します。

※ウィンドウが最大化されていない場合は、（最大化）をクリックしておきましょう。

2 PowerPointのスタート画面

PowerPointが起動すると、**「スタート画面」**が表示されます。
スタート画面でこれから行う作業を選択します。
スタート画面を確認しましょう。

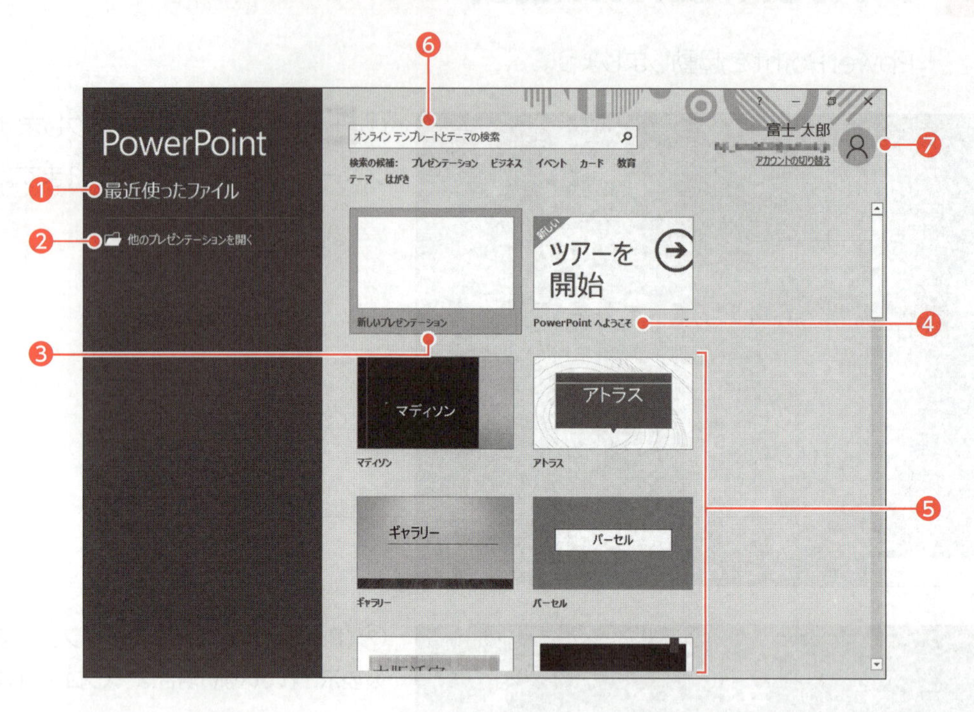

❶最近使ったファイル
最近開いたプレゼンテーションがある場合、その一覧が表示されます。
一覧から選択すると、プレゼンテーションが開かれます。

❷他のプレゼンテーションを開く
すでに保存済みのプレゼンテーションを開く場合に使います。

❸新しいプレゼンテーション
新しいプレゼンテーションを作成します。
デザインされていない白紙のスライドが表示されます。

❹PowerPointへようこそ
PowerPoint 2019の新機能を紹介するプレゼンテーションが開かれます。

❺その他のプレゼンテーション
新しいプレゼンテーションを作成します。
あらかじめデザインされたスライドが表示されます。

❻検索ボックス
あらかじめデザインされたスライドをインターネット上から検索する場合に使います。

❼Microsoftアカウントのユーザー情報
Microsoftアカウントでサインインしている場合、その表示名やメールアドレスなどが表示されます。
※サインインしなくても、PowerPointを利用できます。

POINT サインイン・サインアウト

「サインイン」とは、正規のユーザーであることを証明し、サービスを利用できる状態にする操作です。
「サインアウト」とは、サービスの利用を終了する操作です。

Step3 プレゼンテーションを開く

1 プレゼンテーションを開く

すでに保存済みのプレゼンテーションをPowerPointのウィンドウに表示することを**「プレゼンテーションを開く」**といいます。
スタート画面からプレゼンテーション**「PowerPointの基礎知識」**を開きましょう。

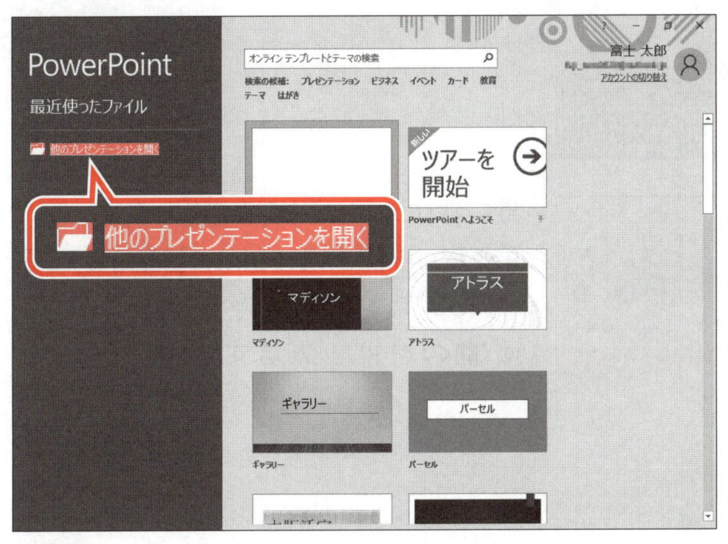

①スタート画面が表示されていることを確認します。
②**《他のプレゼンテーションを開く》**をクリックします。

プレゼンテーションが保存されている場所を選択します。
③**《参照》**をクリックします。

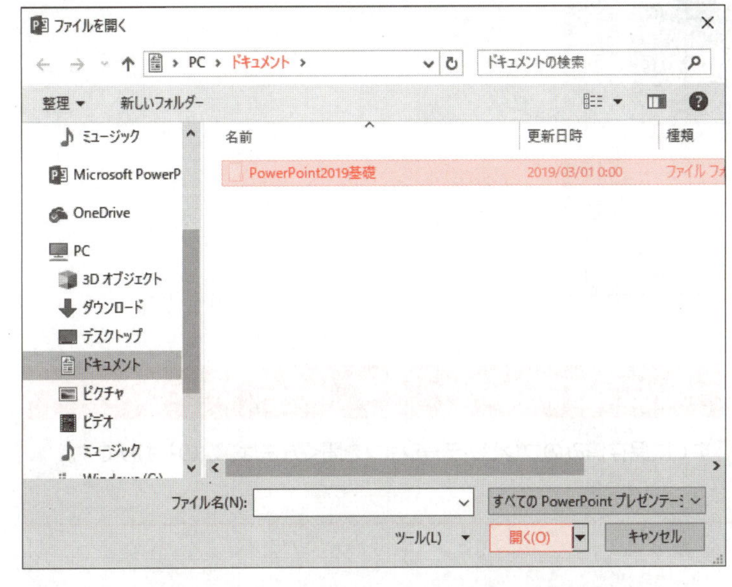

《ファイルを開く》ダイアログボックスが表示されます。
④**《ドキュメント》**が開かれていることを確認します。
※《ドキュメント》が開かれていない場合は、《PC》→《ドキュメント》をクリックします。
⑤一覧から**「PowerPoint2019基礎」**を選択します。
⑥**《開く》**をクリックします。

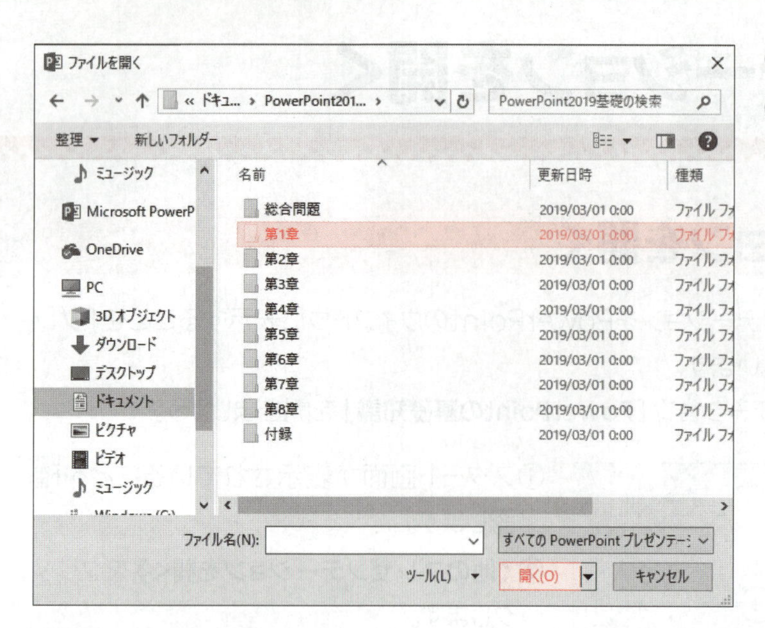

⑦一覧から**「第1章」**を選択します。

⑧**《開く》**をクリックします。

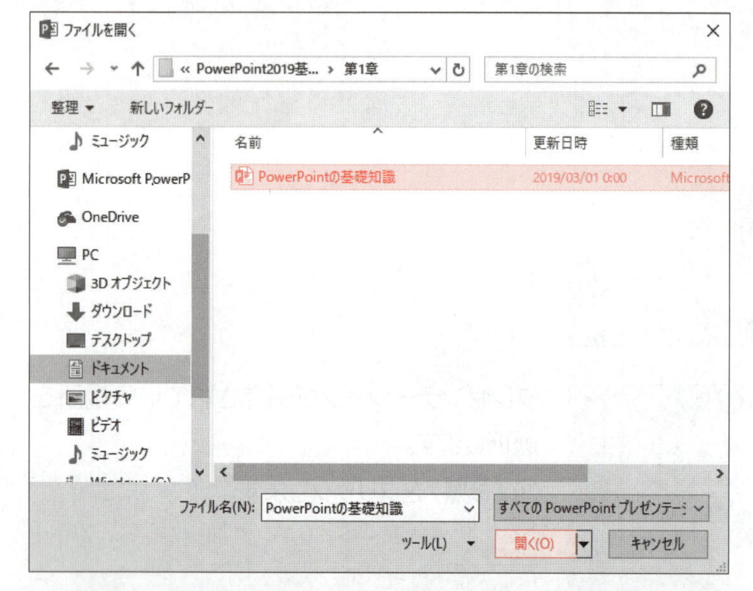

開くプレゼンテーションを選択します。

⑨一覧から**「PowerPointの基礎知識」**を選択します。

⑩**《開く》**をクリックします。

プレゼンテーションが開かれます。

⑪タイトルバーにプレゼンテーションの名前が表示されていることを確認します。

POINT プレゼンテーションを開く

PowerPointを起動した状態で、すでに保存済みのプレゼンテーションを開く方法は、次のとおりです。

◆《ファイル》タブ→《開く》

2 プレゼンテーションとスライド

PowerPointではひとつの発表で使う一連のデータをまとめて、ひとつのファイルで管理します。このファイルを「**プレゼンテーション**」といい、1枚1枚の資料を「**スライド**」といいます。

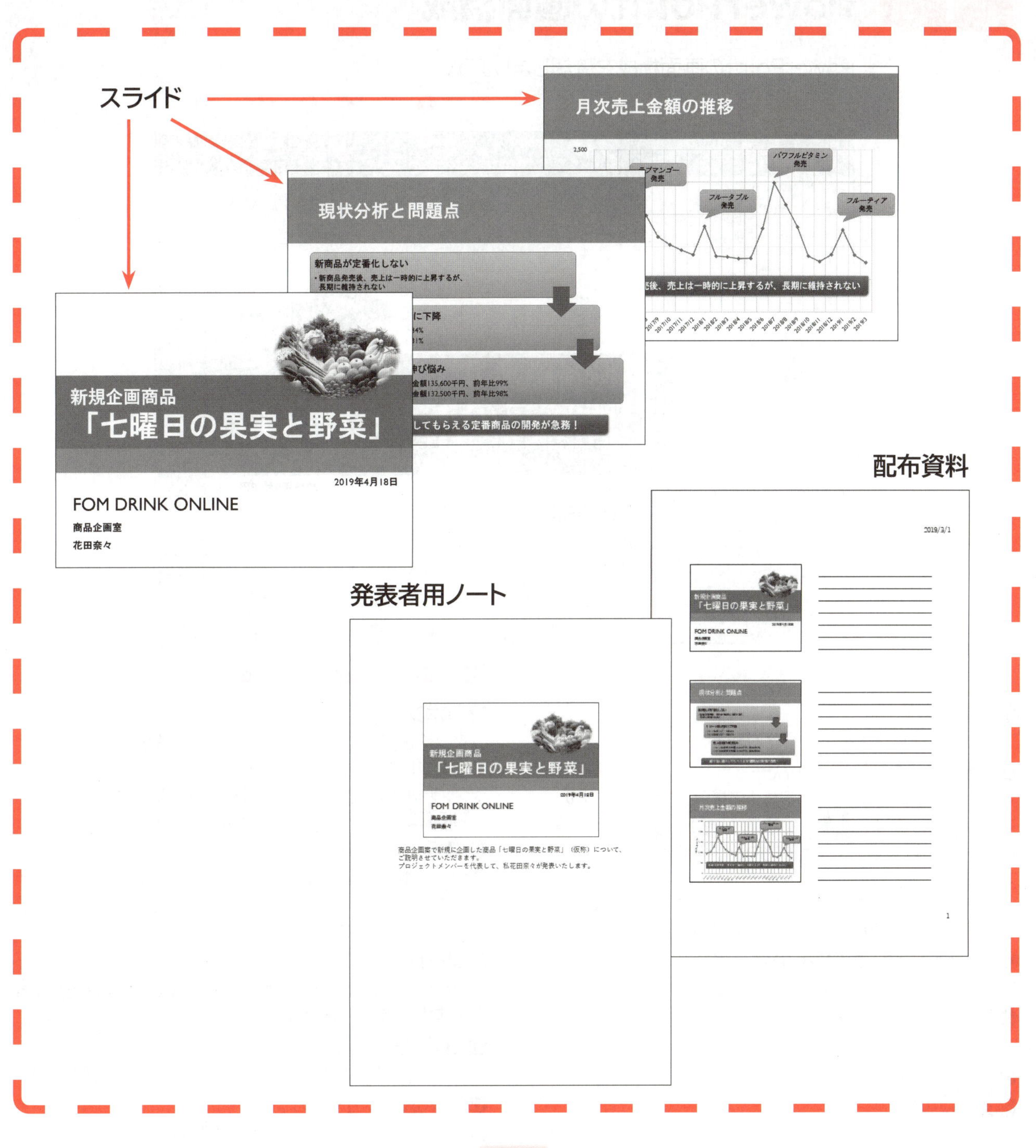

すべてをまとめて「プレゼンテーション」という

Step4 PowerPointの画面構成

1 PowerPointの画面構成

PowerPointの画面構成を確認しましょう。

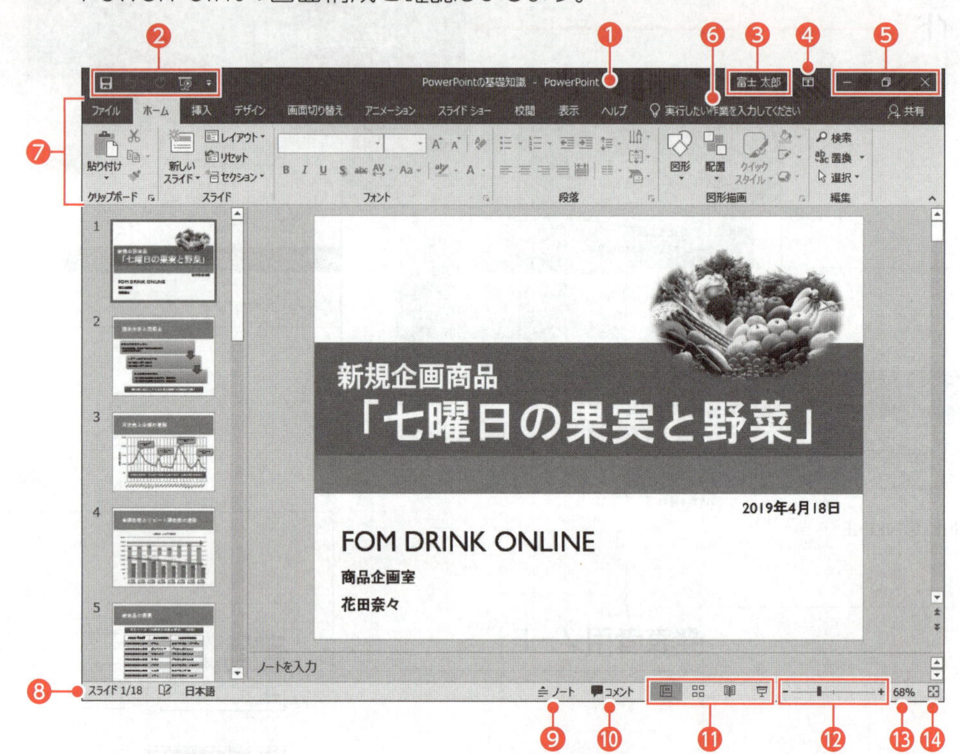

❶タイトルバー
ファイル名やアプリ名が表示されます。

❷クイックアクセスツールバー
よく使うコマンド（作業を進めるための指示）を登録できます。
初期の設定では、（上書き保存）、（元に戻す）、（繰り返し）、（先頭から開始）の4つのコマンドが登録されています。
※タッチ対応のパソコンでは、4つのコマンドのほかに（タッチ/マウスモードの切り替え）が登録されています。

❸Microsoftアカウントの表示名
サインインしている場合に表示されます。

❹リボンの表示オプション
リボンの表示方法を変更するときに使います。

❺ウィンドウの操作ボタン
（最小化）
ウィンドウが一時的に非表示になり、タスクバーにアイコンで表示されます。
（元に戻す（縮小））
ウィンドウが元のサイズに戻ります。
※（最大化）
ウィンドウを元のサイズに戻すと、（元に戻す（縮小））から（最大化）に切り替わります。クリックすると、ウィンドウが最大化されて、画面全体に表示されます。
（閉じる）
PowerPointを終了します。

❻操作アシスト
機能や用語の意味を調べたり、リボンから探し出せないコマンドをダイレクトに実行したりするときに使います。

❼リボン
コマンドを実行するときに使います。関連する機能ごとに、タブに分類されています。
※タッチ対応のパソコンでは、《挿入》タブと《デザイン》タブの間に《描画》タブが表示される場合があります。

❽ステータスバー
スライド番号や選択されている言語などが表示されます。また、コマンドを実行すると、作業状況や処理手順などが表示されます。

❾ノート
ノートペイン（スライドに補足説明を書き込む領域）の表示・非表示を切り替えます。

❿コメント
《コメント》作業ウィンドウの表示・非表示を切り替えます。

⓫表示選択ショートカット
表示モードを切り替えるときに使います。

⓬ズームスライダー
（拡大）や（縮小）をクリックしたり、をドラッグしたりして、スライドの表示倍率を変更できます。

⓭ズーム
クリックすると表示される《ズーム》ダイアログボックスで、スライドの表示倍率を変更できます。

⓮ウィンドウのサイズに合わせて大きさを変更
ウィンドウのサイズに合わせて、スライドの表示倍率を自動的に拡大・縮小します。

2 表示モードの切り替え

PowerPointには、次のような表示モードが用意されています。
表示モードを切り替えるには、表示選択ショートカットのボタンをそれぞれクリックします。

1 標準

スライドに文字を入力したりレイアウトを変更したりする場合に使います。
通常、標準表示モードでプレゼンテーションを作成します。
標準表示モードは、**「ペイン」**と呼ばれる複数の領域で構成されています。

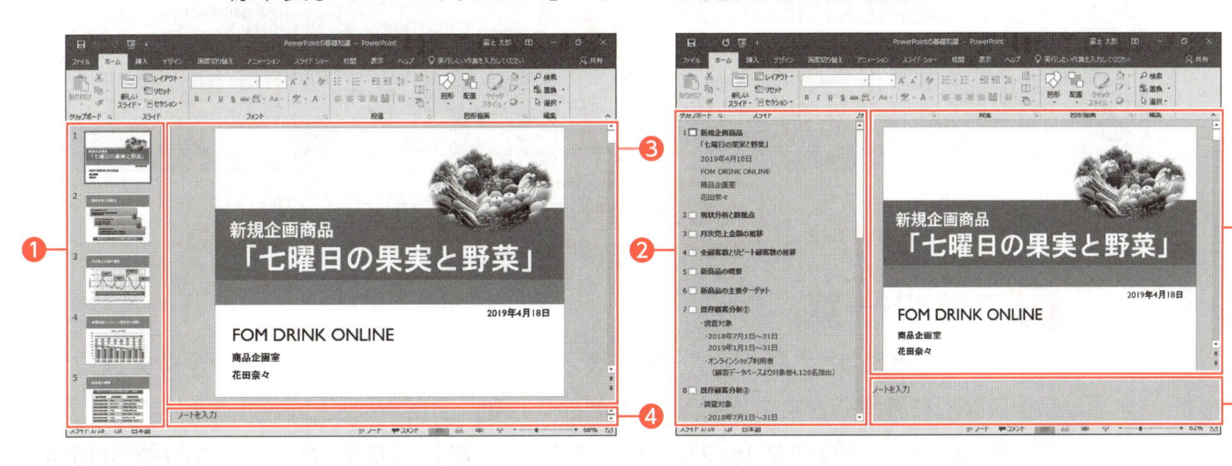

❶サムネイルペイン
スライドのサムネイル（縮小版）が表示されます。スライドの選択や移動、コピーなどを行う場合に使います。

❷アウトラインペイン
すべてのスライドのタイトルと箇条書きが表示されます。プレゼンテーションの構成を考えながら文字を編集したり、内容を確認したりする場合に使います。
※サムネイルペインとアウトラインペインを切り替えるには、ステータスバーの［標準］（標準）をクリックします。

❸スライドペイン
作業中のスライドが1枚ずつ表示されます。スライドのレイアウトを変更したり、図形やグラフなどを挿入したりする場合に使います。

❹ノートペイン
作業中のスライドに補足説明を書き込む場合に使います。
※ノートペインの表示・非表示を切り替えるには、ステータスバーの［ノート］（ノート）をクリックします。ノートペインを非表示にしておきましょう。

（標準）をクリックすると、画面が次のように切り替わります。

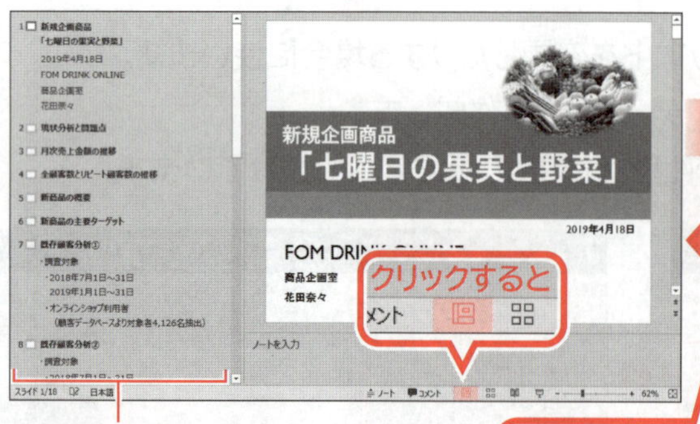

2 スライド一覧

すべてのスライドのサムネイルが一覧で表示されます。プレゼンテーション全体の構成やバランスなどを確認できます。スライドの削除や移動、コピーなどにも適しています。

（スライド一覧）をクリックすると、**「スライド一覧」**と**「標準」**が交互に切り替わります。

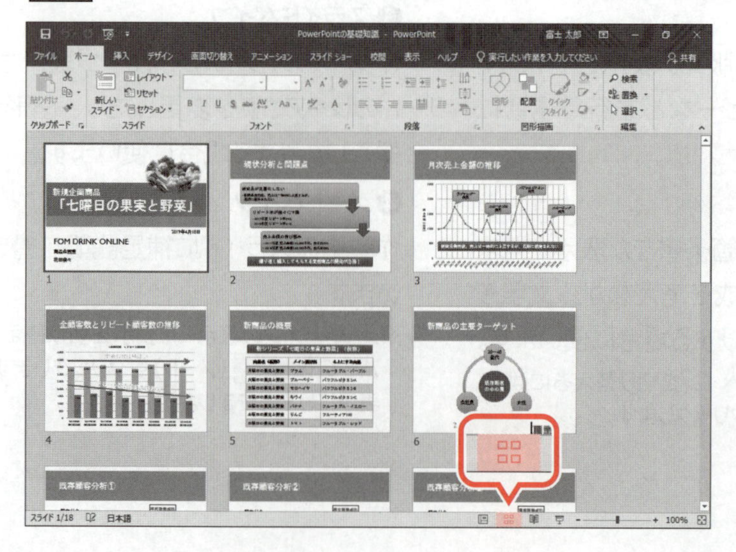

3 閲覧表示

スライドが1枚ずつ画面に大きく表示されます。ステータスバーやタスクバーも表示されるので、ボタンを使ってスライドを切り替えたり、ウィンドウを操作したりすることもできます。設定しているアニメーションや画面切り替え効果などを確認できます。
主に、パソコンの画面上でプレゼンテーションを行う場合に使います。

4 スライドショー

スライド1枚だけが画面全体に表示され、ステータスバーやタスクバーは表示されません。設定しているアニメーションや画面切り替え効果などを確認できます。
主に、プロジェクターにスライドを投影して、聴講形式のプレゼンテーションを行う場合に使います。
※スライドショーからもとの表示モードに戻すには、Escを押します。

STEP UP ノート表示

PowerPointには、「ノート表示」と呼ばれる表示モードも用意されています。
スライドの下に補足説明などを入力するノートが表示されます。
◆《表示》タブ→《プレゼンテーションの表示》グループの（ノート表示）

3 スライドの切り替え

スライドペインに表示するスライドを切り替えるには、サムネイルペインから目的のスライドをクリックします。スライド4に切り替えましょう。

①サムネイルペインの一覧からスライド4を選択します。

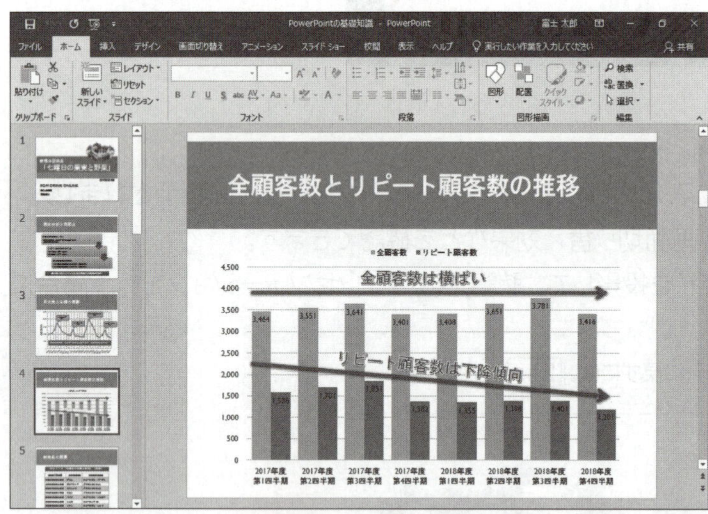

スライドペインにスライド4が表示されます。

STEP UP サムネイルペインのスクロール

サムネイルペインに目的のスライドが表示されていない場合は、スクロールバーを使って画面に表示されている範囲を移動し、目的のスライドを表示します。

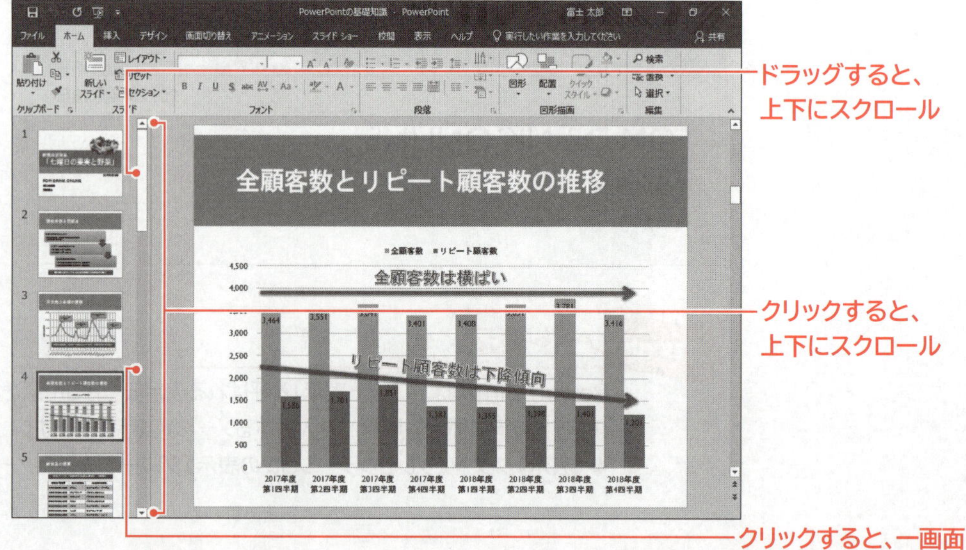

プレゼンテーションを閉じる

1 プレゼンテーションを閉じる

開いているプレゼンテーションの作業を終了することを「**プレゼンテーションを閉じる**」といいます。
プレゼンテーション「**PowerPointの基礎知識**」を閉じましょう。

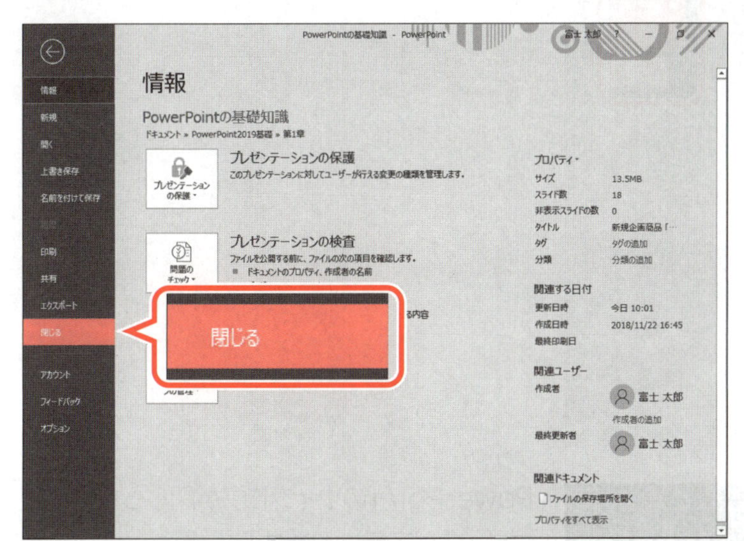

①**《ファイル》**タブを選択します。
②**《閉じる》**をクリックします。

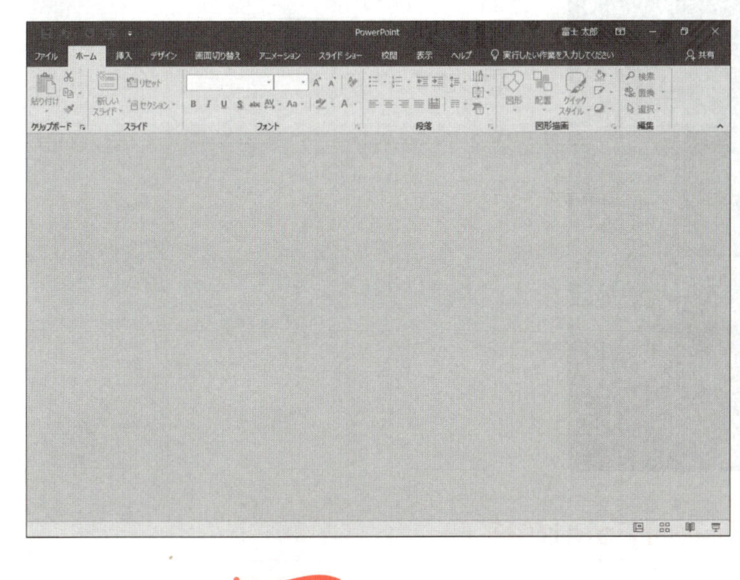

プレゼンテーションが閉じられます。

STEP UP その他の方法（プレゼンテーションを閉じる）

◆ Ctrl + W

STEP UP プレゼンテーションを変更して保存せずに閉じた場合

プレゼンテーションの内容を変更して保存せずに閉じると、次のようなメッセージが表示されます。
保存するかどうかを選択します。

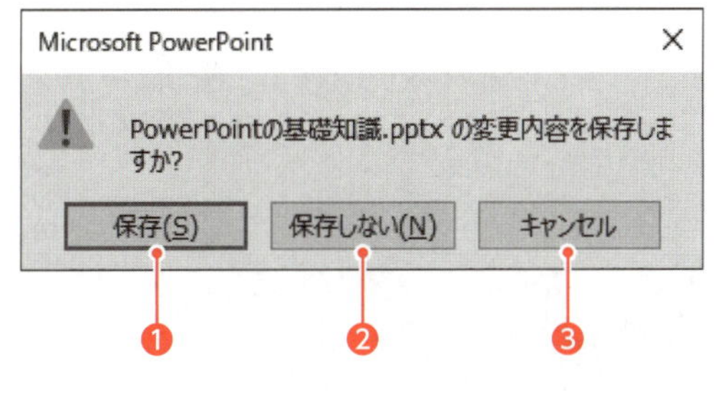

❶**保存**
プレゼンテーションを保存し、閉じます。

❷**保存しない**
プレゼンテーションを保存せずに、閉じます。

❸**キャンセル**
プレゼンテーションを閉じる操作を取り消します。

Step6 PowerPointを終了する

1 PowerPointの終了

PowerPointを終了しましょう。

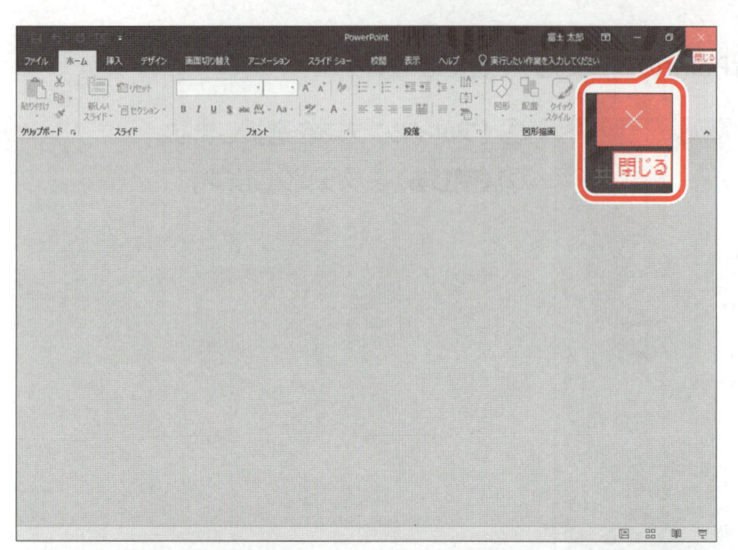

① ×（閉じる）をクリックします。

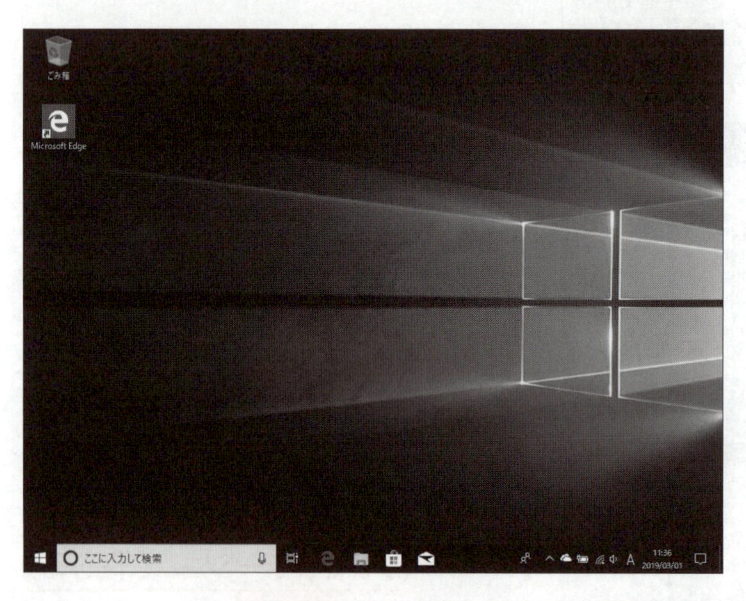

PowerPointのウィンドウが閉じられ、デスクトップが表示されます。

②タスクバーから P が消えていることを確認します。

STEP UP その他の方法（PowerPointの終了）

◆ Alt ＋ F4

第2章

基本的なプレゼンテーションの作成

第2章 この章で学ぶこと

学習前に習得すべきポイントを理解しておき、
学習後には確実に習得できたかどうかを振り返りましょう。

1	新しいプレゼンテーションを作成できる。	☑☑☑ → P.29
2	プレゼンテーションにテーマを適用できる。	☑☑☑ → P.31
3	プレゼンテーションに新しいスライドを挿入できる。	☑☑☑ → P.38
4	スライドにタイトル・サブタイトル・箇条書きテキストを入力できる。	☑☑☑ →P.33,39
5	プレースホルダーを移動したり、サイズを変更したりできる。	☑☑☑ →P.36,37
6	プレースホルダー内の文字をコピーしたり、移動したりできる。	☑☑☑ → P.41
7	プレースホルダー内の文字にフォント・フォントサイズ・フォントの色・文字飾りを設定できる。	☑☑☑ → P.44
8	プレースホルダー内の文字を全体的に拡大したり、縮小したりできる。	☑☑☑ → P.47
9	箇条書きテキストのレベルを上げたり、下げたりできる。	☑☑☑ → P.40
10	箇条書きテキストの行頭文字を変更できる。	☑☑☑ → P.49
11	箇条書きテキストの行間や字間を設定できる。	☑☑☑ → P.51
12	プレゼンテーション内でスライドを複製できる。	☑☑☑ → P.52
13	プレゼンテーション内でスライドの順番を入れ替えることができる。	☑☑☑ → P.53
14	スライドショーを実行できる。	☑☑☑ → P.57
15	プレゼンテーションに名前を付けて保存できる。	☑☑☑ → P.59

Step1 作成するプレゼンテーションを確認する

1 作成するプレゼンテーションの確認

次のようなプレゼンテーションを作成しましょう。

1枚目

オフィスにおける
環境活動

FOM Group
環境活動ワーキング

2枚目

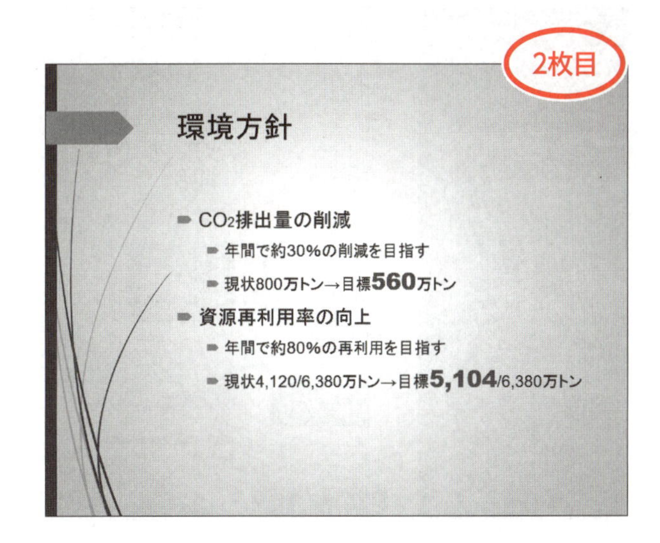

3枚目

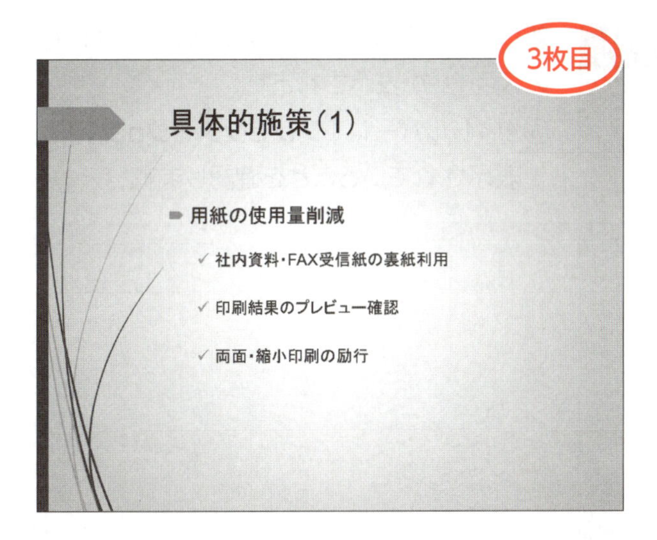

4枚目

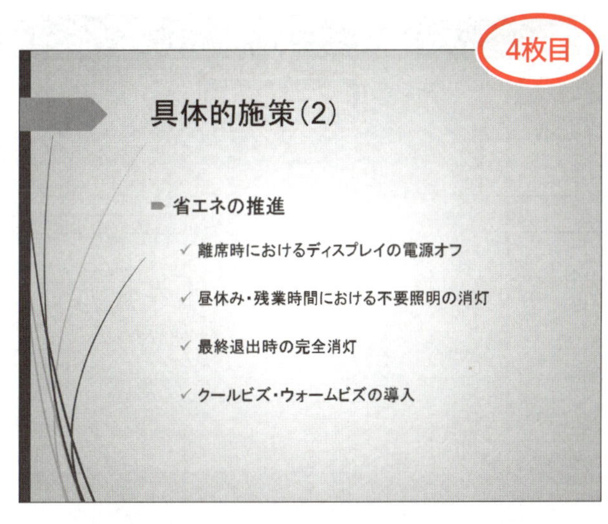

5枚目

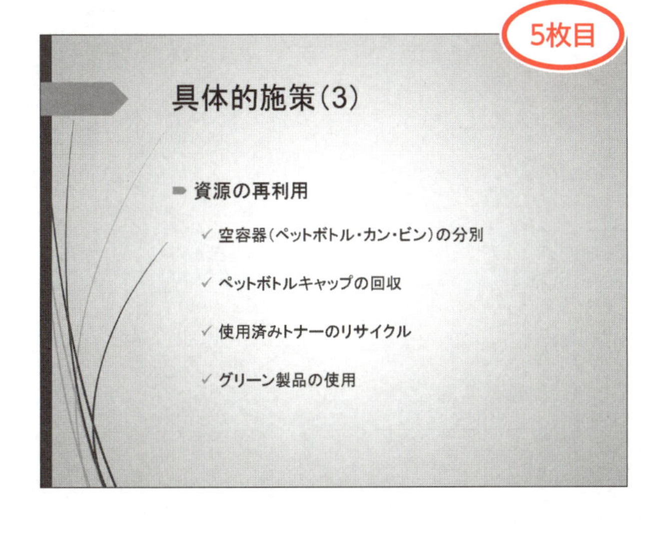

Step2 新しいプレゼンテーションを作成する

1 新しいプレゼンテーションの作成

PowerPointを起動し、新しいプレゼンテーションを作成しましょう。

①PowerPointを起動し、PowerPointのスタート画面を表示します。

②**《新しいプレゼンテーション》**をクリックします。

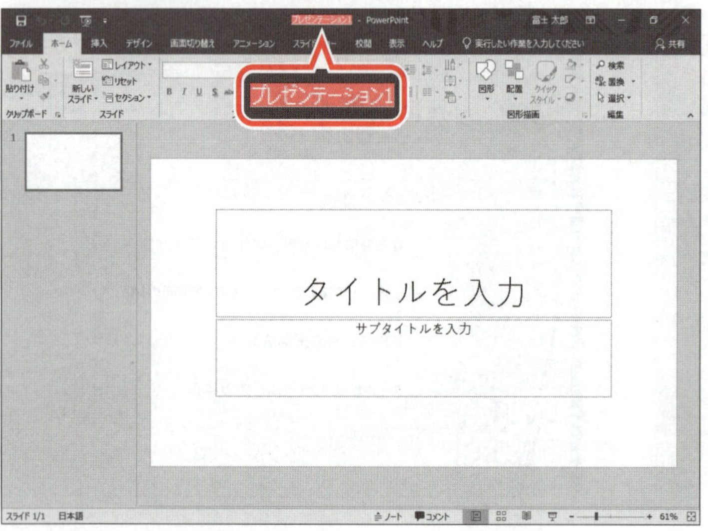

新しいプレゼンテーションが開かれ、1枚目のスライドが表示されます。

③タイトルバーに**「プレゼンテーション1」**と表示されていることを確認します。

2 スライドの縦横比の設定

初期の設定では、スライドの縦横比は**「ワイド画面(16:9)」**になっています。
プレゼンテーションを実施するモニターがあらかじめわかっている場合には、スライドの縦横比をモニターの縦横比に合わせておくとよいでしょう。
スライドの縦横比を**「標準(4:3)」**に設定しましょう。

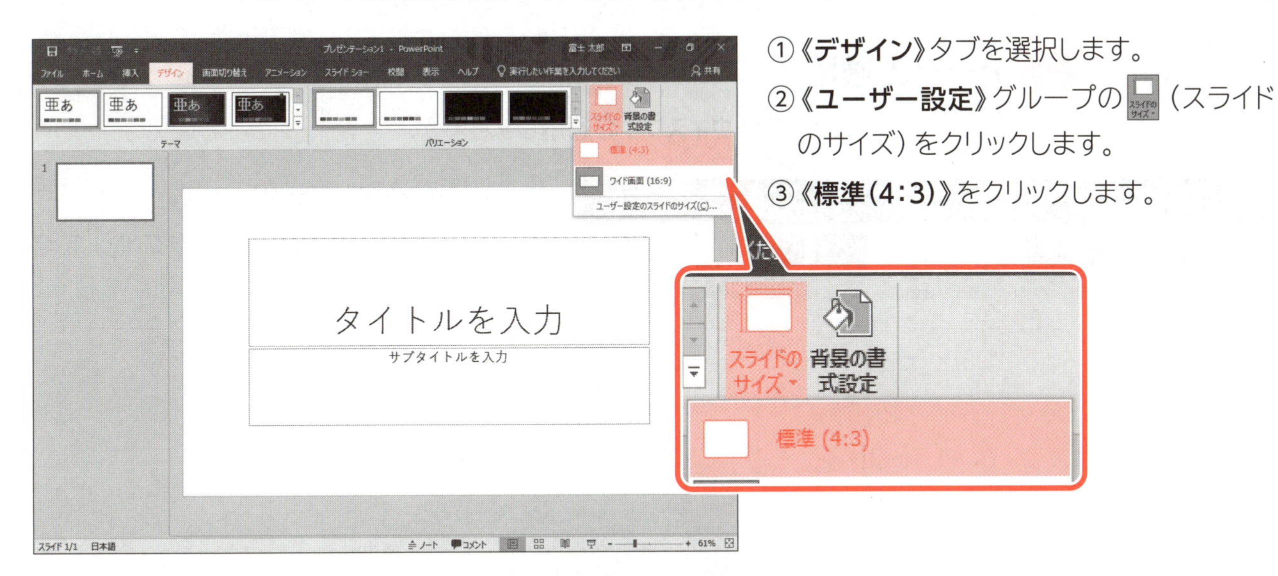

①**《デザイン》**タブを選択します。
②**《ユーザー設定》**グループの（スライドのサイズ）をクリックします。
③**《標準(4:3)》**をクリックします。

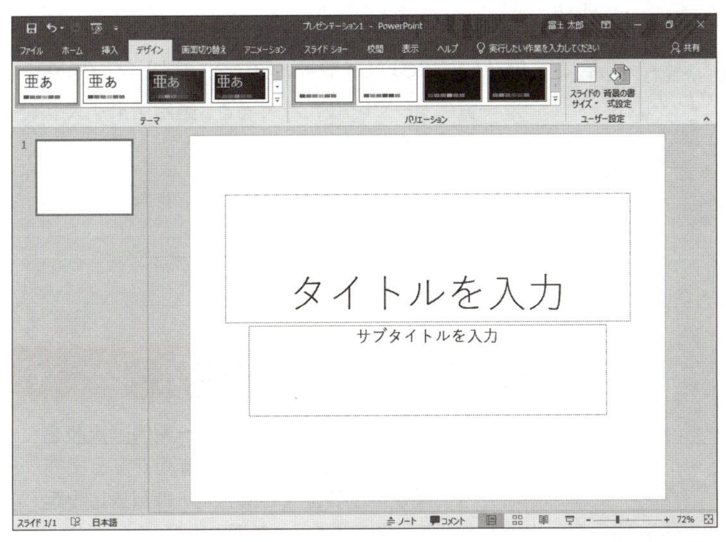

スライドの縦横比が変更されます。

POINT スライドのサイズ

スライドのサイズには「16:9」のワイドサイズと「4:3」の標準サイズがあります。
どちらのサイズのスライドにするかは、実際にプレゼンテーションで利用するモニターの比率に合わせて選択します。
ワイドモニター搭載のパソコンを使用するのであればワイドサイズ、ワイドモニター以外のパソコンやタブレットを使用するのであれば標準サイズを選択するとよいでしょう。
また、プレゼンテーションではなくチラシやポスターを作成する場合には、《ユーザー設定のスライドのサイズ》を使って、用紙に合わせてスライドのサイズを設定できます。
スライドのサイズは、あとから変更することもできますが、図形などが正しく表示されないことがあるので、スライドを作成する前に選択しておくとよいでしょう。

3 テーマの適用

「テーマ」とは、配色・フォント・効果などのデザインを組み合わせたものです。テーマを適用すると、プレゼンテーション全体のデザインを一括して変更できます。スライドごとにひとつずつ書式を設定する手間を省くことができ、統一感のある洗練されたプレゼンテーションを簡単に作成できます。

1 テーマの適用

プレゼンテーションにテーマ**「ウィスプ」**を適用しましょう。

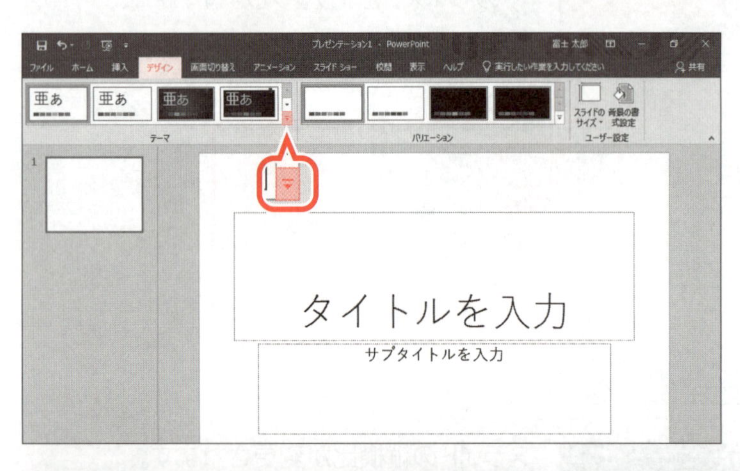

①**《デザイン》**タブを選択します。

②**《テーマ》**グループの（その他）をクリックします。

③**《Office》**の**《ウィスプ》**をクリックします。

※一覧のテーマをポイントすると、適用結果がスライドで確認できます。

> **POINT リアルタイムプレビュー**
>
> 「リアルタイムプレビュー」とは、一覧の選択肢をポイントして、設定後の結果を確認できる機能です。設定前に確認できるため、繰り返し設定しなおす手間を省くことができます。

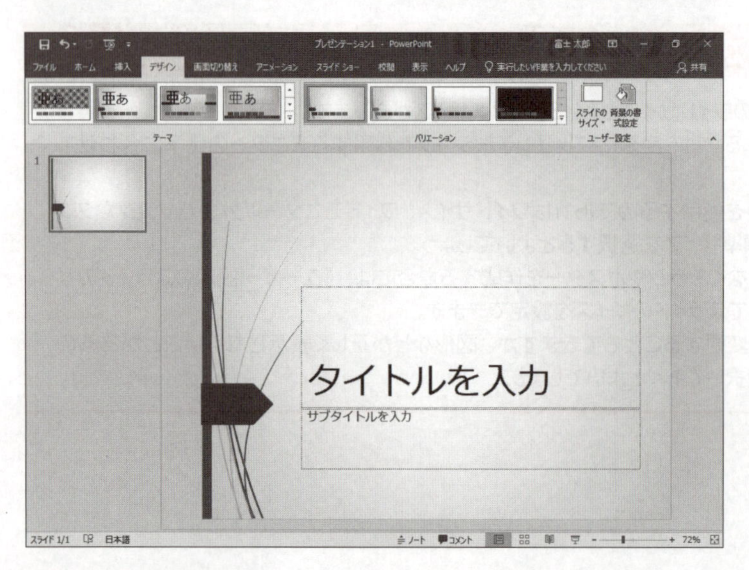

プレゼンテーションにテーマが適用されます。

2 バリエーションによるアレンジ

それぞれのテーマには、いくつかのバリエーションが用意されており、デザインを簡単にアレンジできます。また、**「配色」「フォント」「効果」「背景のスタイル」**をそれぞれ設定して、オリジナルにアレンジすることも可能です。

次のように、プレゼンテーションに適用したテーマの配色とフォントを変更しましょう。

配色　　：黄緑 **フォント：Arial　MSPゴシック　MSPゴシック**

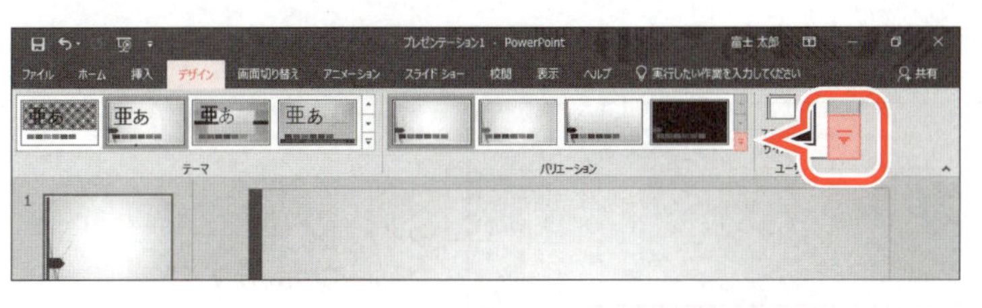

①**《デザイン》**タブを選択します。

②**《バリエーション》**グループの（その他）をクリックします。

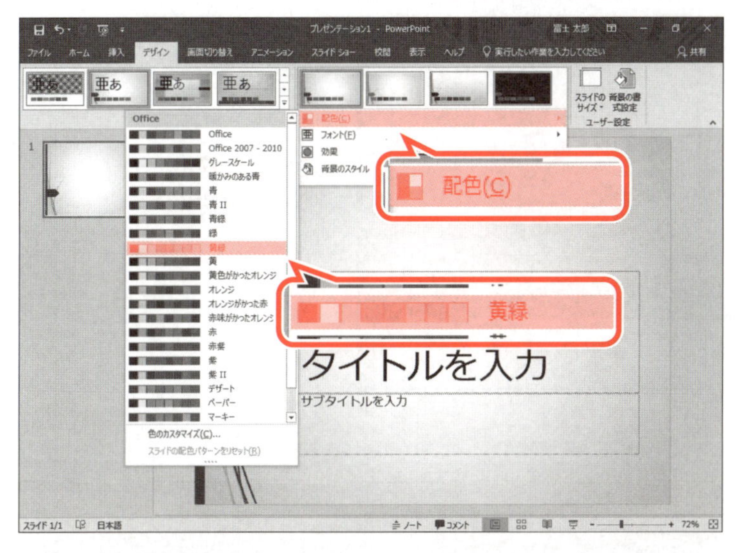

③**《配色》**をポイントし、**《黄緑》**をクリックします。

配色が変更されます。

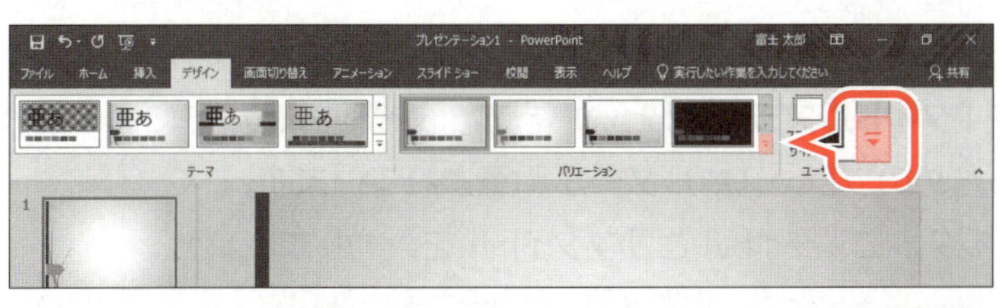

④**《バリエーション》**グループの（その他）をクリックします。

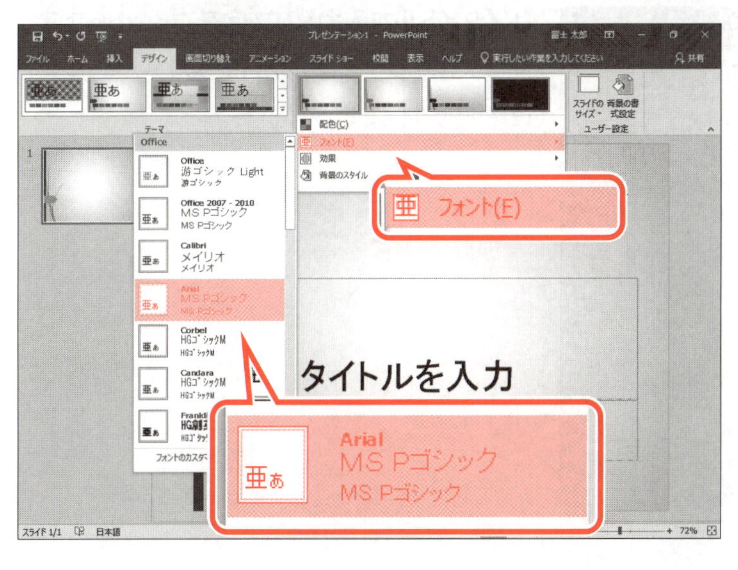

⑤**《フォント》**をポイントし、**《Arial　MSPゴシック　MSPゴシック》**をクリックします。

フォントが変更されます。

Step3 プレースホルダーを操作する

1 プレースホルダー

スライドには、様々な要素を配置するための**「プレースホルダー」**と呼ばれる枠が用意されています。
タイトルを入力するプレースホルダーのほかに、箇条書きや表、グラフ、画像などのコンテンツを配置するプレースホルダーもあります。

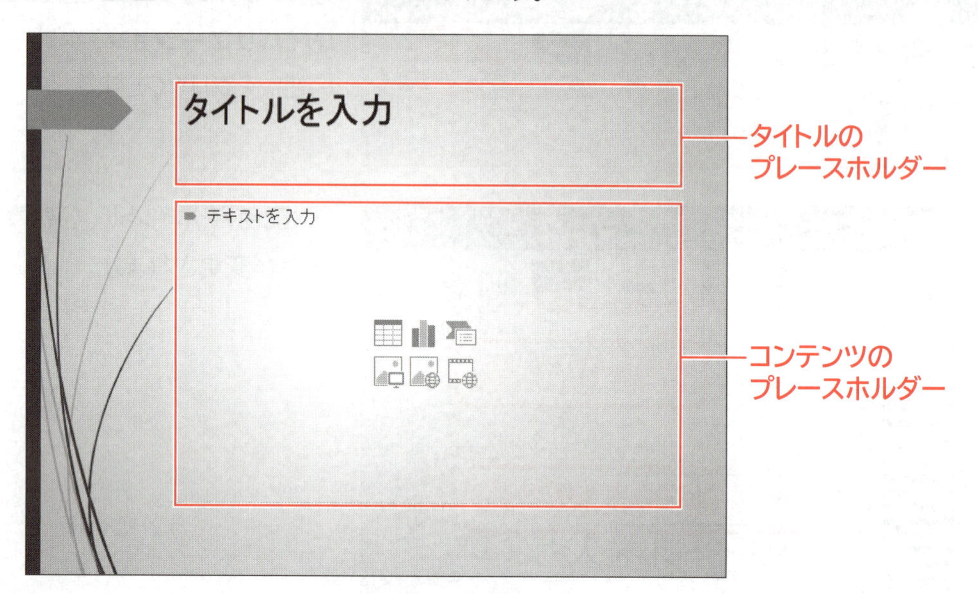

2 タイトルの入力

新規に作成したプレゼンテーションの1枚目のスライドには、タイトルのスライドが表示されます。この1枚目のスライドを**「タイトルスライド」**といいます。タイトルスライドには、タイトルとサブタイトルを入力するためのプレースホルダーが用意されています。
タイトルスライドのプレースホルダーに、タイトルとサブタイトルを入力しましょう。

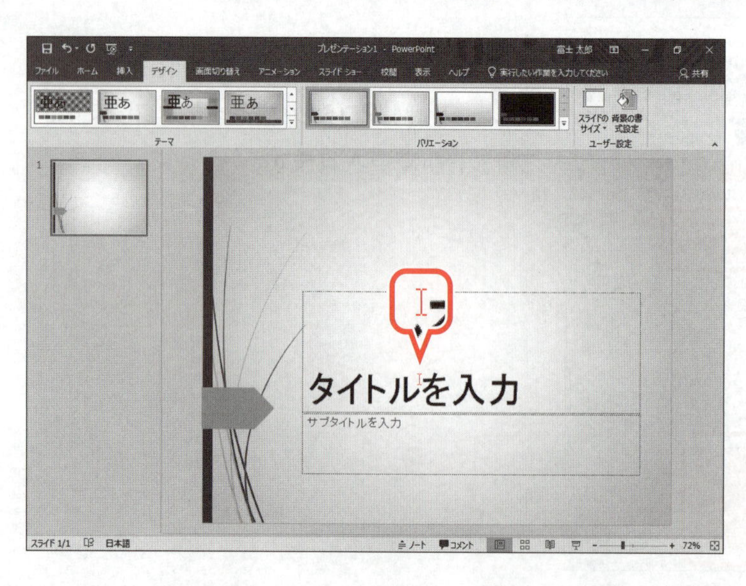

①**《タイトルを入力》**の文字をポイントします。
マウスポインターの形が I に変わります。
②クリックします。

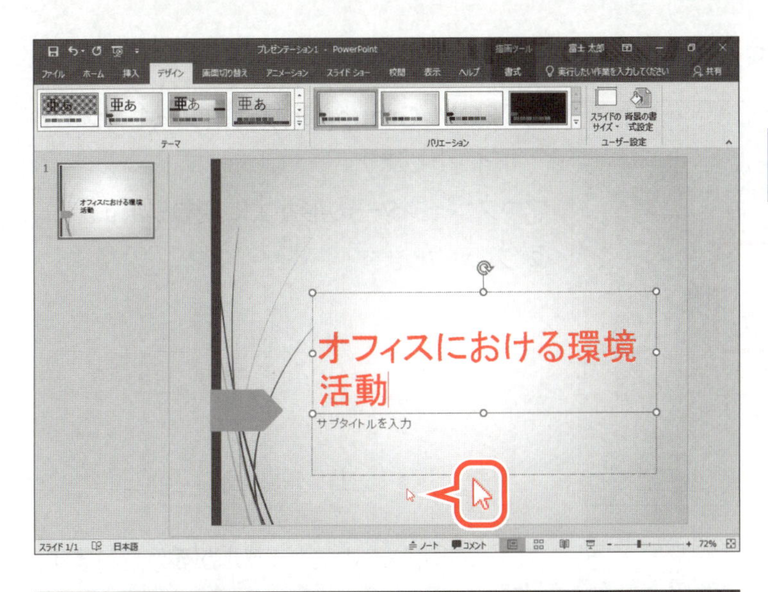

プレースホルダー内にカーソルが表示されます。

③次のように入力します。

オフィスにおける環境活動

④プレースホルダー以外の場所をポイントします。

マウスポインターの形が に変わります。

⑤クリックします。

タイトルが確定されます。

⑥《**サブタイトルを入力**》をクリックします。

⑦次のように入力します。

FOM Group Enter **環境活動ワーキング**

※英字は半角で入力します。

※ Enter で改行します。

⑧プレースホルダー以外の場所をクリックします。

サブタイトルが確定されます。

3 プレースホルダーの選択

プレースホルダーを移動したり書式を設定したりするには、プレースホルダーを選択して操作します。

プレースホルダー内をクリックすると、カーソルが表示され、枠線が点線になります。この状態のとき、文字を入力したり文字の一部の書式を設定したりできます。

プレースホルダーの枠線をクリックすると、プレースホルダーが選択され、枠線が実線になります。この状態のとき、プレースホルダー内のすべての文字に書式を設定できます。

●プレースホルダー内にカーソルがある状態

●プレースホルダーが選択されている状態

プレースホルダーを選択する方法と、選択を解除する方法を確認しましょう。

①「**FOM Group　環境活動ワーキング**」をポイントします。

マウスポインターの形が I に変わります。

②クリックします。

プレースホルダー内にカーソルが表示されます。

③プレースホルダーの枠線が点線で囲まれていることを確認します。

④プレースホルダーの枠線をポイントします。

マウスポインターの形が ✣ に変わります。

⑤クリックします。

プレースホルダーが選択されます。

⑥カーソルが消え、プレースホルダーの枠線が実線で表示されていることを確認します。

⑦プレースホルダー以外の場所をクリックします。

プレースホルダーの選択が解除され、枠線と周囲の○（ハンドル）が消えます。

STEP UP プレースホルダーのリセットと削除

文字が入力されているプレースホルダーを選択して、Delete を押すと、プレースホルダーが初期の状態（「タイトルを入力」「サブタイトルを入力」など）に戻ります。

初期の状態のプレースホルダーを選択して、Delete を押すと、プレースホルダーそのものが削除されます。

4 プレースホルダーのサイズ変更

プレースホルダーのサイズを変更するには、プレースホルダーを選択し、周囲に表示される○（ハンドル）をドラッグします。
タイトルのプレースホルダーのサイズを変更しましょう。

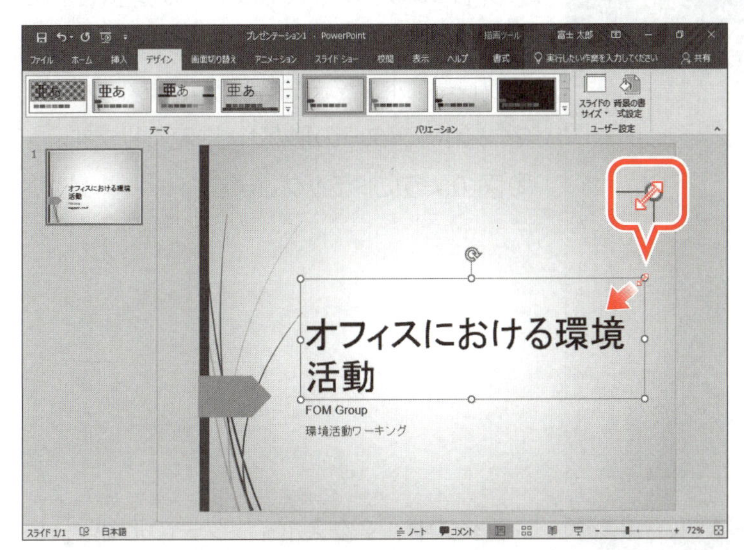

①タイトルのプレースホルダーを選択します。
※プレースホルダー内をクリックし、枠線をクリックします。
②プレースホルダーの右上の○（ハンドル）をポイントします。
マウスポインターの形が⤢に変わります。
③図のようにドラッグします。

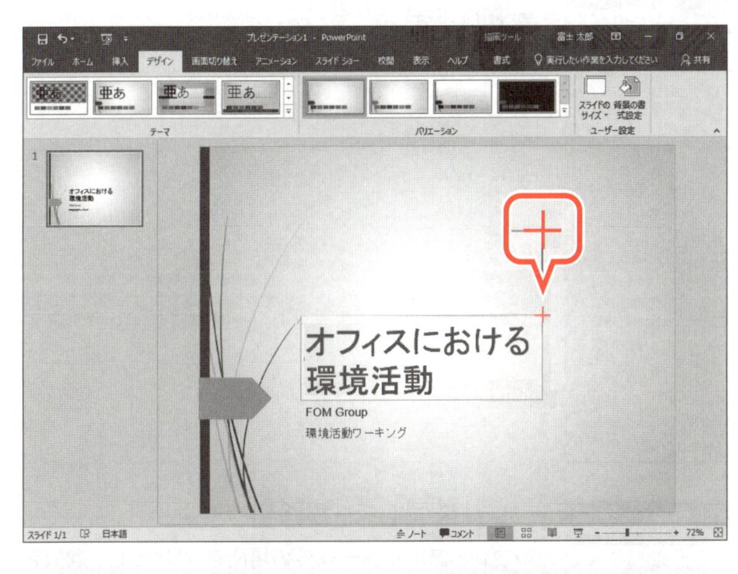

ドラッグ中、マウスポインターの形が＋に変わります。

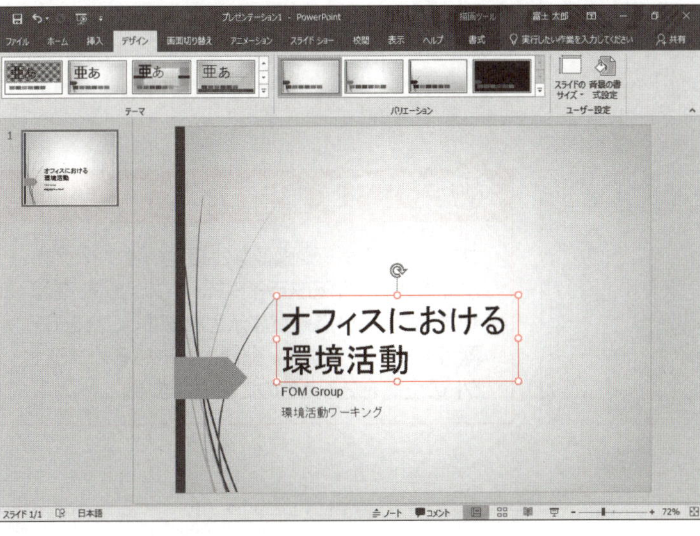

マウスから手を離すと、プレースホルダーのサイズが変更されます。

5 プレースホルダーの移動

プレースホルダーを移動するには、プレースホルダーの枠線をドラッグします。
タイトルのプレースホルダーを移動しましょう。

①タイトルのプレースホルダーが選択されていることを確認します。
②プレースホルダーの枠線をポイントします。
マウスポインターの形が に変わります。
③図のようにドラッグします。

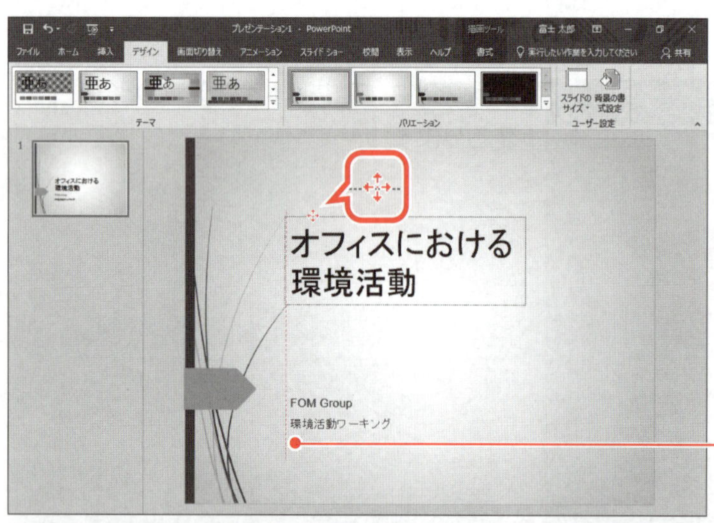

ドラッグ中、マウスポインターの形が に変わります。

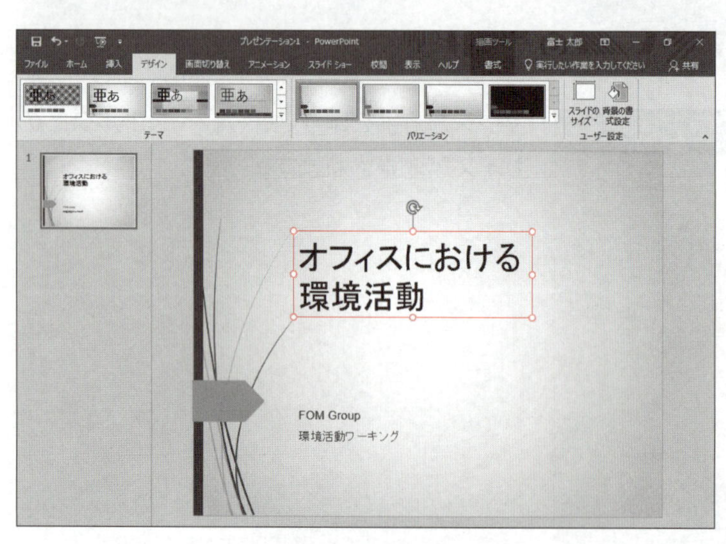

プレースホルダーが移動します。
※プレースホルダー以外の場所をクリックし、選択を解除しておきましょう。

POINT 配置ガイド

プレースホルダーや画像など複数のオブジェクトが配置されているスライドで、オブジェクトを移動する際、赤い点線が表示されます。これを「配置ガイド」といいます。配置されているオブジェクトの位置をそろえるのに役立ちます。

Step4 新しいスライドを挿入する

1 新しいスライドの挿入

スライドには、様々な種類のレイアウトが用意されており、スライドを挿入するときに選択できます。新しくスライドを挿入するときは、作成するスライドのイメージに近いレイアウトを選択すると効率的です。
スライド1の後ろに新しいスライドを挿入しましょう。
スライドのレイアウトは、タイトルとコンテンツのプレースホルダーが配置された**「タイトルとコンテンツ」**にします。

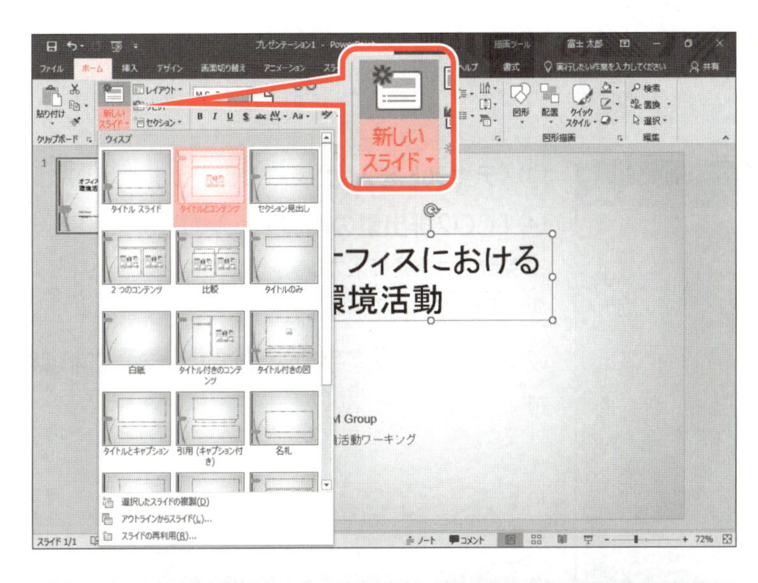

①**《ホーム》**タブを選択します。
②**《スライド》**グループの（新しいスライド）の新しいスライドをクリックします。
③**《タイトルとコンテンツ》**をクリックします。

スライド2が挿入されます。

POINT スライドの挿入位置

新しいスライドは、選択されているスライドの後ろに挿入されます。

STEP UP スライドのレイアウトの変更

スライドのレイアウトは、あとから変更することもできます。
◆スライドを選択→《ホーム》タブ→《スライド》グループの レイアウト（スライドのレイアウト）

Step5 箇条書きテキストを入力する

1 箇条書きテキストの入力

PowerPointでは、箇条書きの文字のことを**「箇条書きテキスト」**といいます。
挿入したスライドにタイトルと箇条書きテキストを入力しましょう。

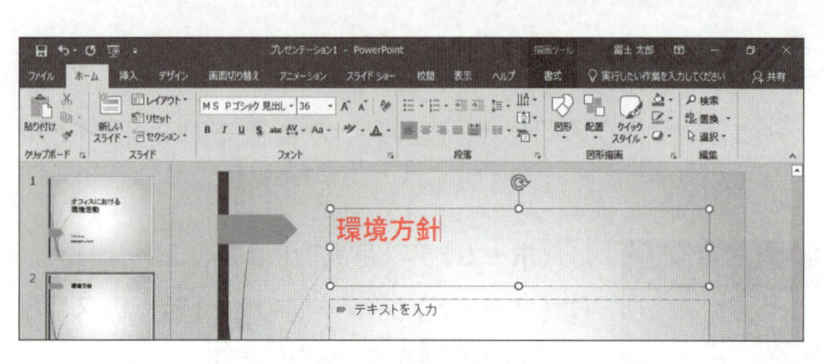

①**《タイトルを入力》**をクリックします。

②**「環境方針」**と入力します。

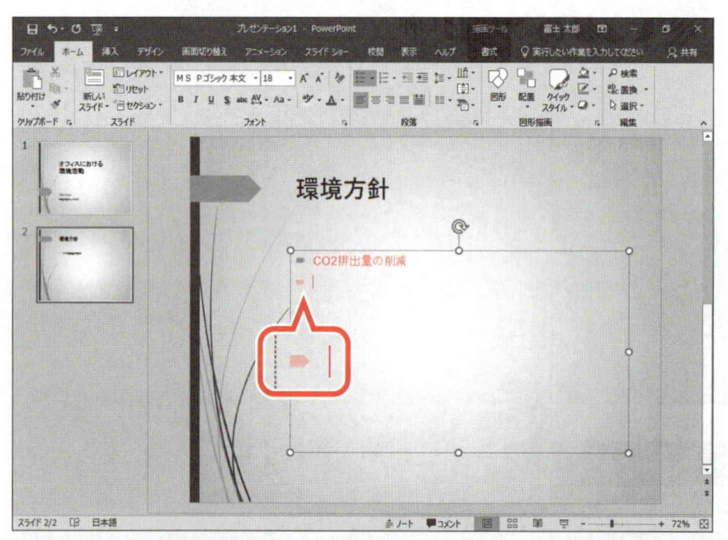

③**《テキストを入力》**をクリックします。

④**「CO2排出量の削減」**と入力します。

※英数字は半角で入力します。

⑤ Enter を押します。

次の行に行頭文字が自動的に表示されます。

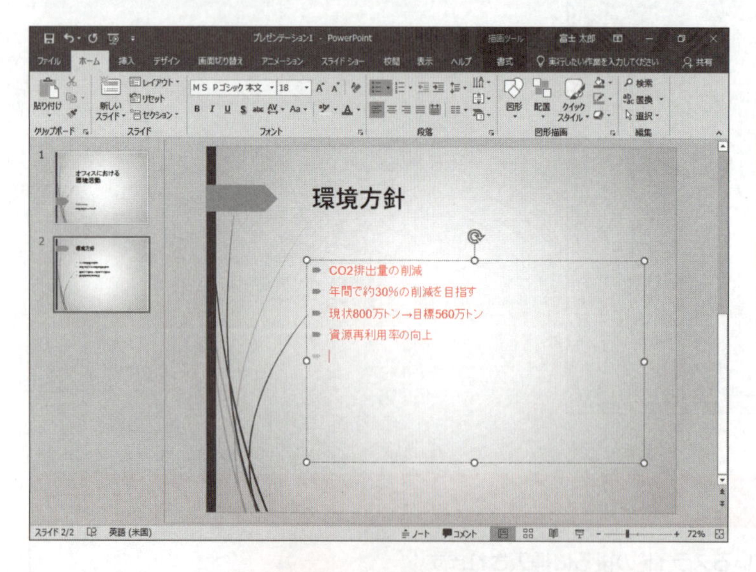

⑥同様に、次の箇条書きテキストを入力します。

年間で約30%の削減を目指す Enter
現状800万トン→目標560万トン Enter
資源再利用率の向上 Enter

※数字は半角で入力します。

※「→」は「みぎ」と入力して変換します。

STEP UP 箇条書きテキストの改行

箇条書きテキストは、 Enter を押して改行すると、次の行に行頭文字が表示され、新しい項目が入力できる状態になります。
行頭文字を表示せずに前の行の続きの項目として扱うには、 Shift + Enter を押して改行します。

2 箇条書きテキストのレベル上げ・レベル下げ

箇条書きテキストのレベルは、上げたり下げたりできます。
箇条書きテキストの2行目と3行目のレベルを1段階下げましょう。

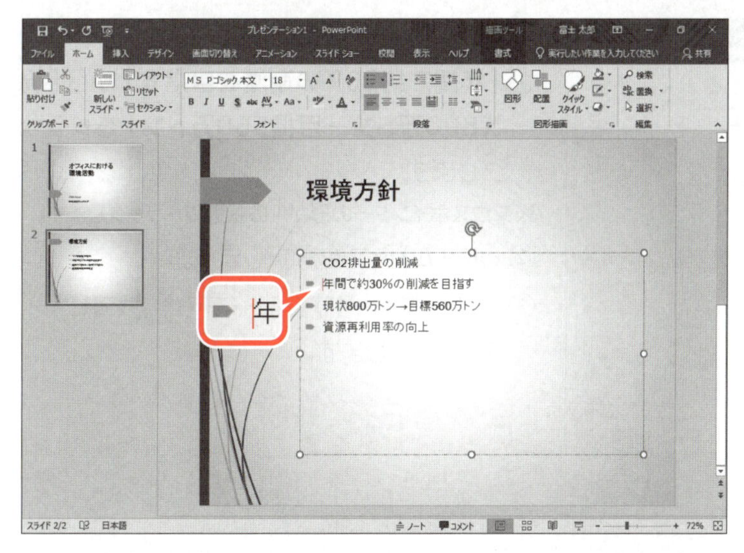

①**「年間で約30%の削減を目指す」**の前にカーソルを移動します。

② Tab を押します。

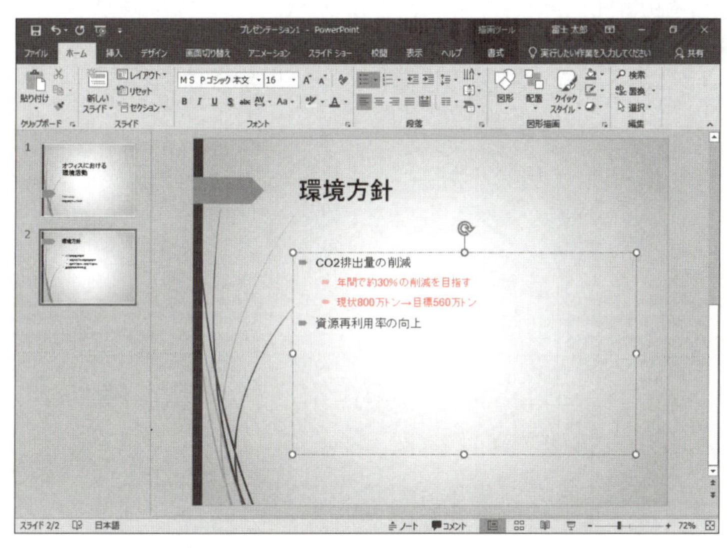

箇条書きテキストのレベルが1段階下がります。

③同様に、**「現状800万トン→目標560万トン」**のレベルを1段階下げます。

STEP UP その他の方法(箇条書きテキストのレベル下げ)

◆《ホーム》タブ→《段落》グループの (インデントを増やす)

POINT 箇条書きテキストのレベル上げ

箇条書きテキストのレベルを上げる方法は、次のとおりです。

◆箇条書きテキストの先頭にカーソルを移動→ Shift + Tab

◆《ホーム》タブ→《段落》グループの (インデントを減らす)

3 文字のコピー

同じような文字を繰り返し入力する場合、コピーしてから修正すると効率的です。
箇条書きテキストの2行目と3行目をコピーし、コピーした文字の一部を修正しましょう。

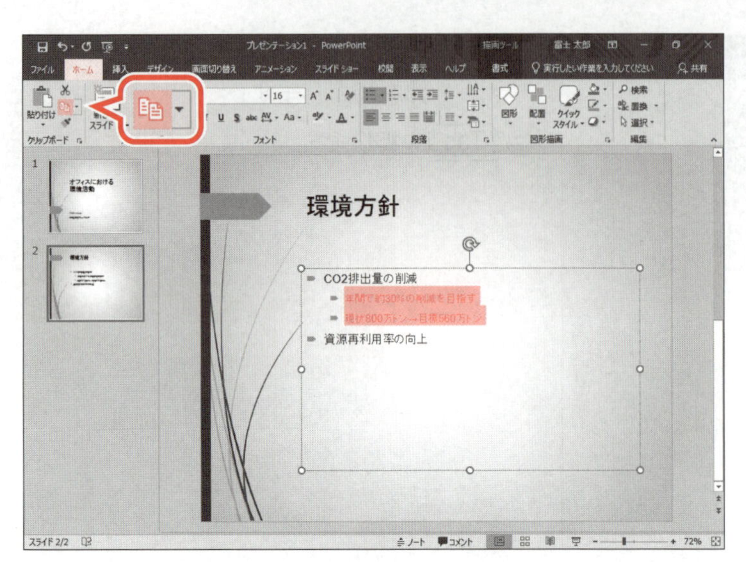

コピー元の文字を選択します。

①「**年間で約30%の削減を目指す**」から「**現状800万トン→目標560万トン**」をドラッグします。

※マウスポインターの形が I の状態でドラッグします。

②《**ホーム**》タブを選択します。

③《**クリップボード**》グループの (コピー)をクリックします。

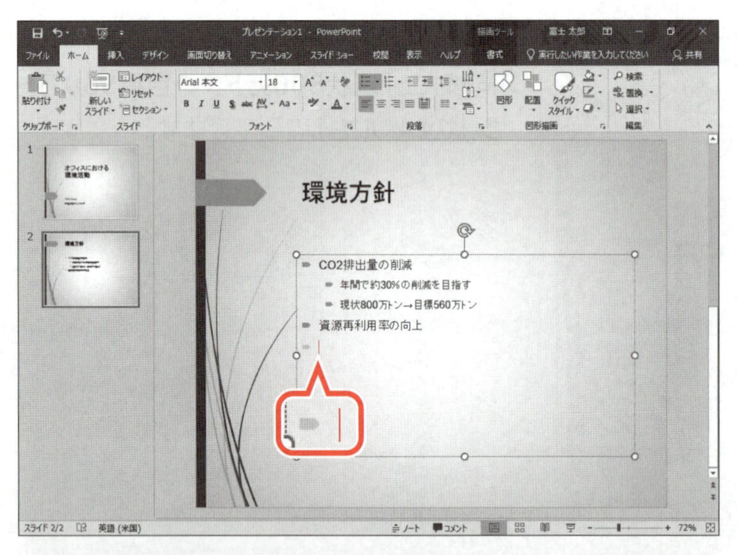

コピー先にカーソルを移動します。

④図の位置にカーソルを移動します。

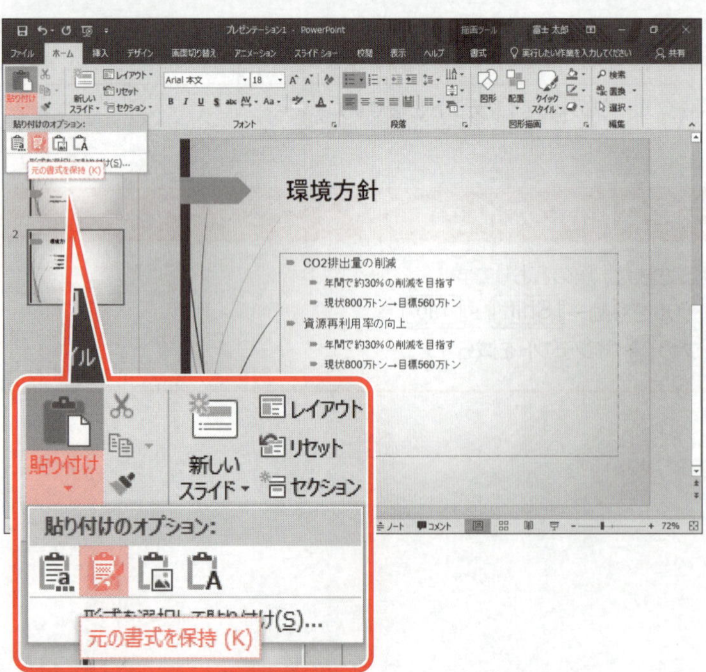

⑤《**クリップボード**》グループの (貼り付け)の 貼り付け をクリックします。

《**貼り付けのオプション**》が表示されます。

⑥ (元の書式を保持)をポイントします。

※ボタンをポイントすると、コピー結果がスライドで確認できます。

⑦クリックします。

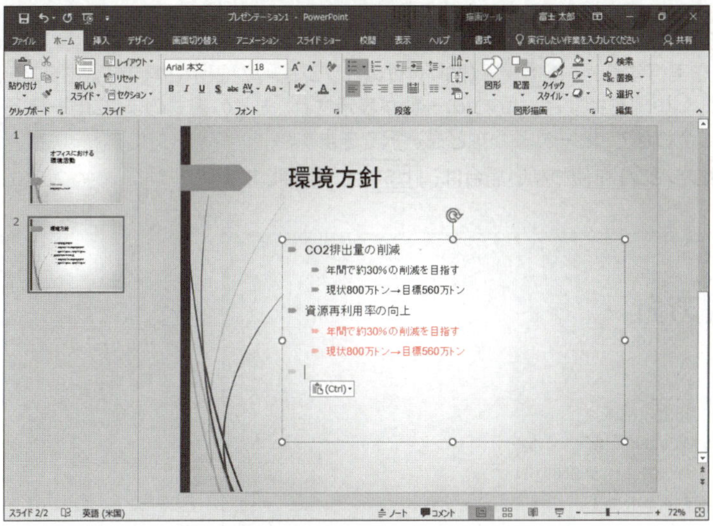

文字がコピーされます。

※コピー結果を確認する必要がない場合には、（貼り付け）をクリックすると、すぐにコピーが実行されます。

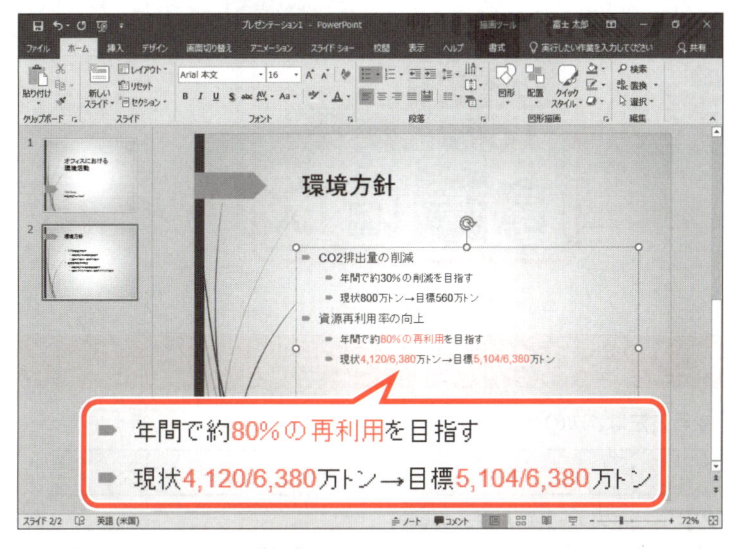

文字を修正します。

⑧**「30%の削減」**を**「80%の再利用」**に修正します。

⑨**「800」**を**「4,120/6,380」**に修正します。

⑩**「560」**を**「5,104/6,380」**に修正します。

※数字は半角で入力します。

※プレースホルダー以外の場所をクリックし、修正を確定しておきましょう。

STEP UP その他の方法（文字のコピー）

◆コピー元を選択して右クリック→《コピー》→コピー先にカーソルを移動して右クリック→《貼り付けのオプション》から選択

◆コピー元を選択→Ctrl+C→コピー先にカーソルを移動→Ctrl+V

STEP UP 貼り付けのオプション

「コピー」と「貼り付け」を実行すると、(Ctrl)（貼り付けのオプション）が表示されます。ボタンをクリックするか、または Ctrl を押すと、ボタンの一覧が表示され、もとの書式のままコピーするか、貼り付け先の書式に合わせてコピーするかなどを選択できます。

(Ctrl)（貼り付けのオプション）を使わない場合は、Esc を2回押します。

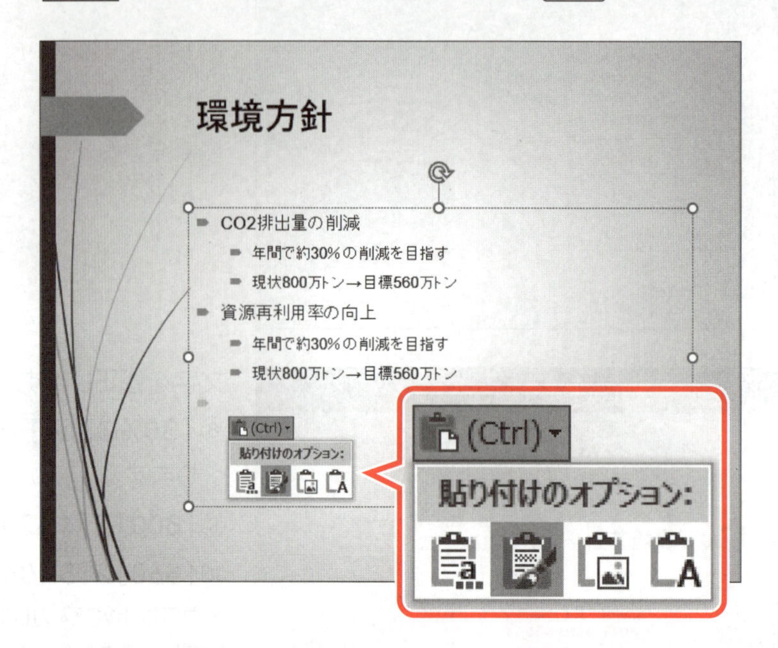

POINT 文字の選択

プレースホルダー内の文字を選択する方法は、次のとおりです。

選択対象	操作方法
プレースホルダー内のすべての文字	プレースホルダーを選択
プレースホルダー内の一部の文字	方法1）開始文字から終了文字までドラッグ 方法2）開始文字の前にカーソルを移動 → Shift を押しながら、終了文字の後ろをクリック
プレースホルダー内の複数の文字	1つ目の文字を範囲選択→ Ctrl を押しながら、2つ目以降の文字を範囲選択
プレースホルダー内の箇条書きテキスト	行頭文字をクリック

POINT 文字の移動

文字を移動する方法は、次のとおりです。

◆移動元の文字を選択→《ホーム》タブ→《クリップボード》グループの（切り取り）→移動先にカーソルを移動→《クリップボード》グループの（貼り付け）

◆移動元を選択→ Ctrl ＋ X →移動先にカーソルを移動→ Ctrl ＋ V

Step6 文字や段落に書式を設定する

1 フォント・フォントサイズ・フォントの色の変更

適用するテーマによってプレースホルダー内のフォント・フォントサイズ・フォントの色などは決まっていますが、自由に変更できます。
プレースホルダー内のすべての文字をまとめて変更する場合は、プレースホルダーを選択してからコマンドを実行します。プレースホルダー内の文字を部分的に変更する場合は、対象の文字を選択してからコマンドを実行します。
次のように、箇条書きテキストにある「560」と「5,104」に書式を設定しましょう。

フォント	：Arial Black
フォントサイズ	：20ポイント
フォントの色	：赤

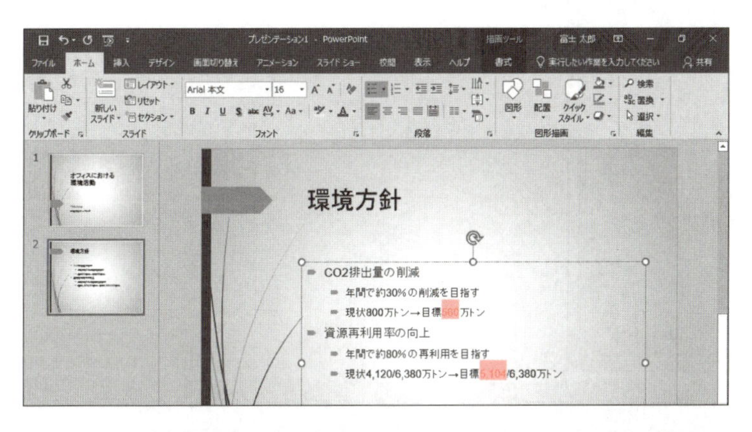

①「560」を選択します。
②[Ctrl]を押しながら、「5,104」を選択します。
※[Ctrl]を押しながら文字を選択すると、複数の文字を選択できます。

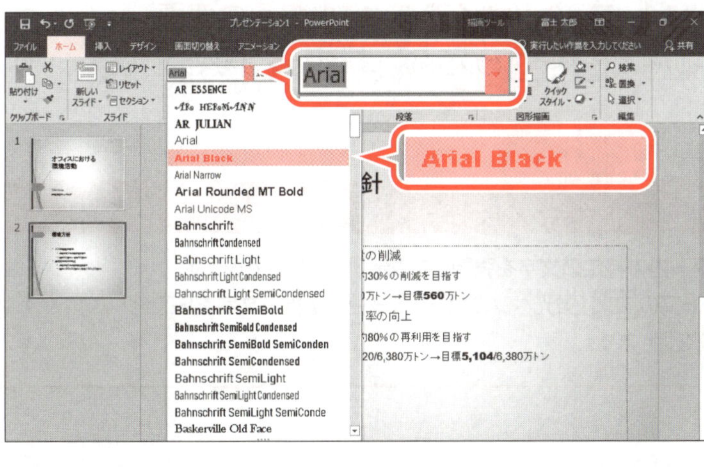

③《ホーム》タブを選択します。
④《フォント》グループの[Arial 本文]（フォント）の[▼]をクリックし、一覧から《Arial Black》を選択します。
※一覧に表示されていない場合は、スクロールして調整します。

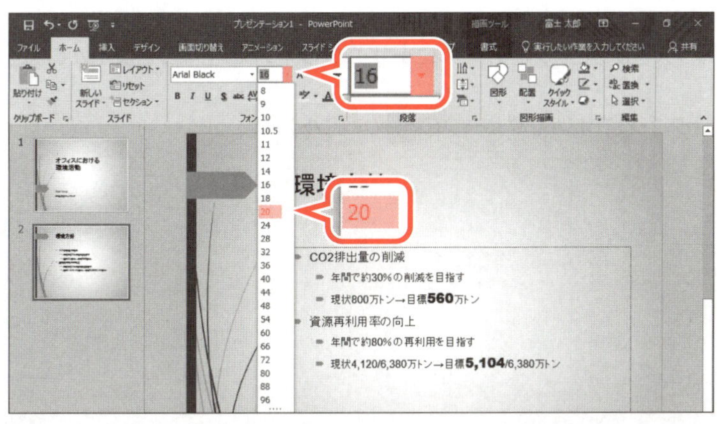

⑤《フォント》グループの[16]（フォントサイズ）の[▼]をクリックし、一覧から《20》を選択します。

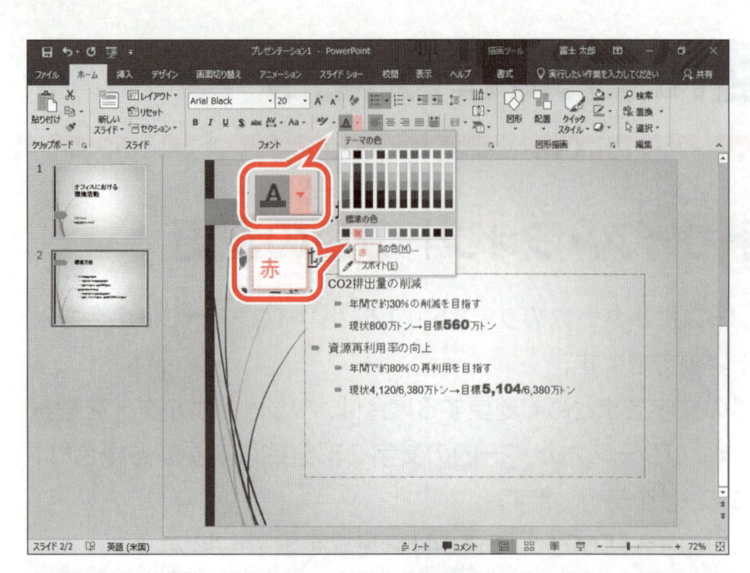

⑥**《フォント》**グループの［A▾］（フォントの色）の［▾］をクリックします。

⑦**《標準の色》**の**《赤》**をクリックします。

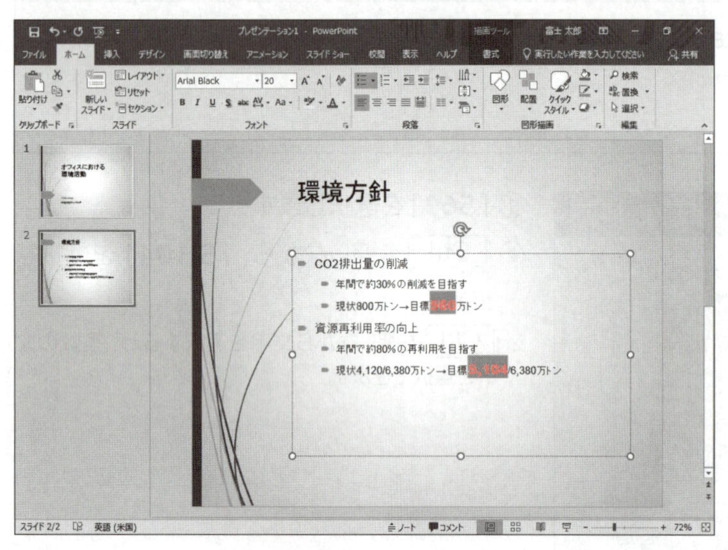

文字に書式が設定されます。

※プレースホルダー以外の場所をクリックし、選択を解除しておきましょう。

STEP UP その他の方法（フォント・フォントサイズ・フォントの色の変更）

◆文字を選択→ミニツールバーの［Arial 本文▾］（フォント）／［16▾］（フォントサイズ）／［A▾］（フォントの色）

POINT 蛍光ペン

蛍光ペンを使うと、プレースホルダー内の特定の文字を強調して表示することができます。

◆《ホーム》タブ→《フォント》グループの［▾］（蛍光ペンの色）の［▾］→色を選択→文字をドラッグ

※蛍光ペンを終了するには［Esc］を押します。

STEP UP 書式の一括設定

《フォント》ダイアログボックスを使うと、フォント・フォントサイズ・フォントの色などをまとめて設定できます。

◆文字を選択→《ホーム》タブ→《フォント》グループの［⧉］（フォント）

2 下付き文字の設定

《フォント》ダイアログボックスを使うと、取り消し線や二重取り消し線、上付き文字、下付き文字などの文字飾りを設定できます。
箇条書きテキストにある「CO2」の「2」を下付きに変更し、下がり具合を「−4%」に設定しましょう。

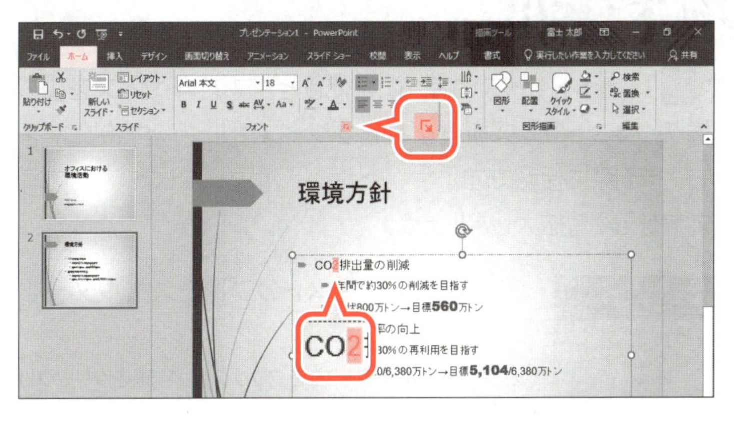

①「CO2」の「2」を選択します。
②《**ホーム**》タブを選択します。
③《**フォント**》グループの（フォント）をクリックします。

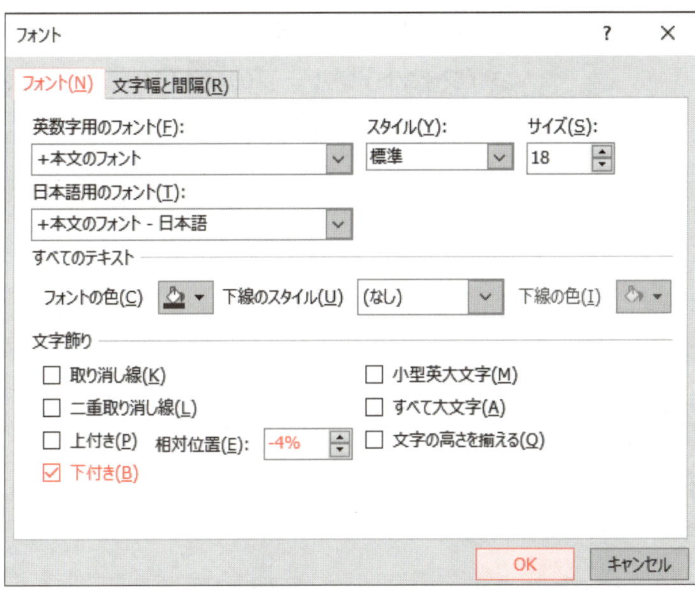

《**フォント**》ダイアログボックスが表示されます。
④《**フォント**》タブを選択します。
⑤《**文字飾り**》の《**下付き**》を☑にします。
⑥《**相対位置**》を「-4%」に設定します。
⑦《**OK**》をクリックします。

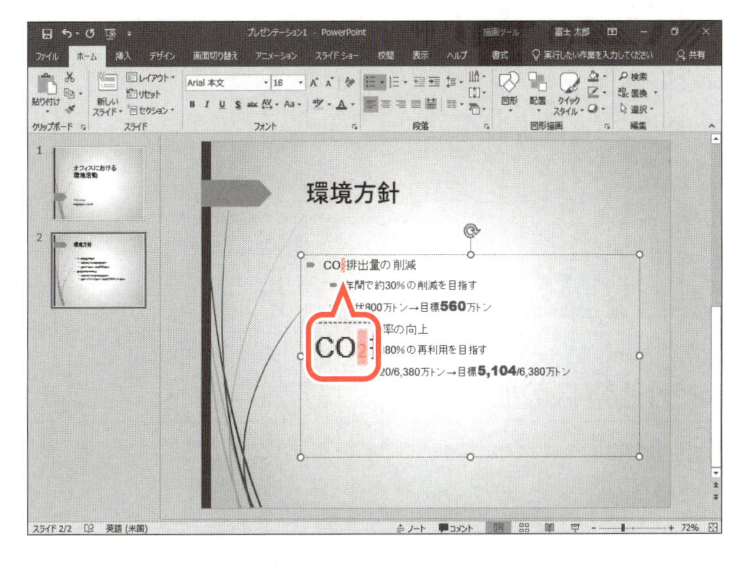

「2」が下付きに変更されます。

STEP UP 書式のコピー/貼り付け

「書式のコピー/貼り付け」を使うと、文字に設定されている書式を別の場所にコピーできます。同じ書式を複数の文字に設定するときに便利です。

◆コピー元を選択→《ホーム》タブ→《クリップボード》グループの (書式のコピー/貼り付け)→コピー先を選択

3 フォントサイズの拡大・縮小

(フォントサイズの拡大)や (フォントサイズの縮小)を使うと、フォントサイズを少しずつ拡大・縮小できます。複数のフォントサイズが含まれるプレースホルダー内の文字を全体的に拡大したり、縮小したりする際に便利です。

箇条書きテキストのすべての文字を2段階拡大しましょう。

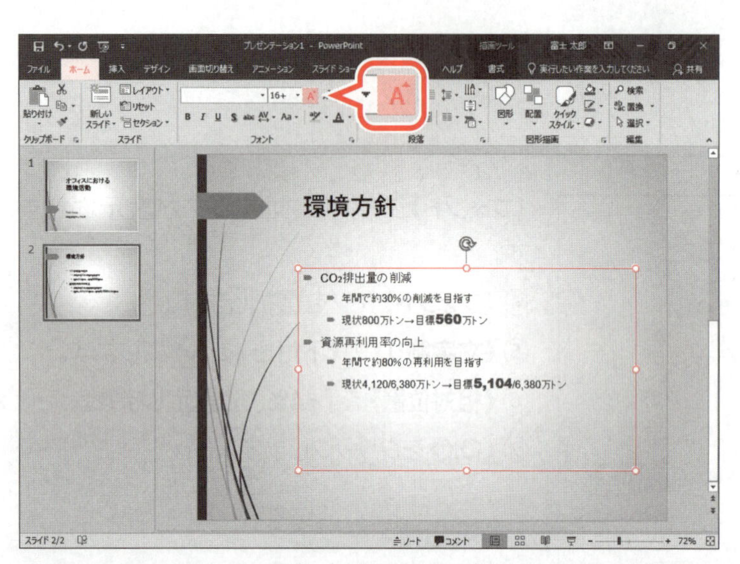

①箇条書きテキストのプレースホルダーを選択します。

※プレースホルダー内をクリックし、枠線をクリックします。

②**《ホーム》**タブを選択します。

③**《フォント》**グループの (フォントサイズの拡大)を2回クリックします。

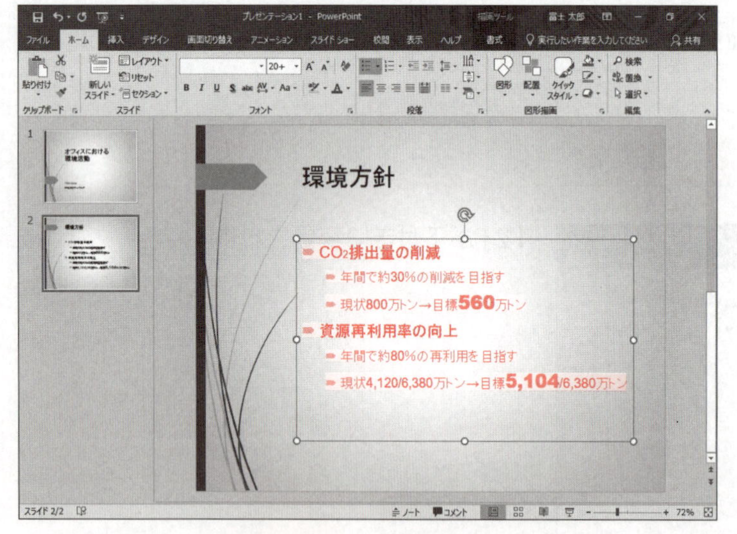

すべての文字が全体的に拡大されます。

STEP UP その他の方法(フォントサイズの拡大)

◆ Ctrl + Shift + >

Let's Try ためしてみよう

次のようなスライドを作成しましょう。

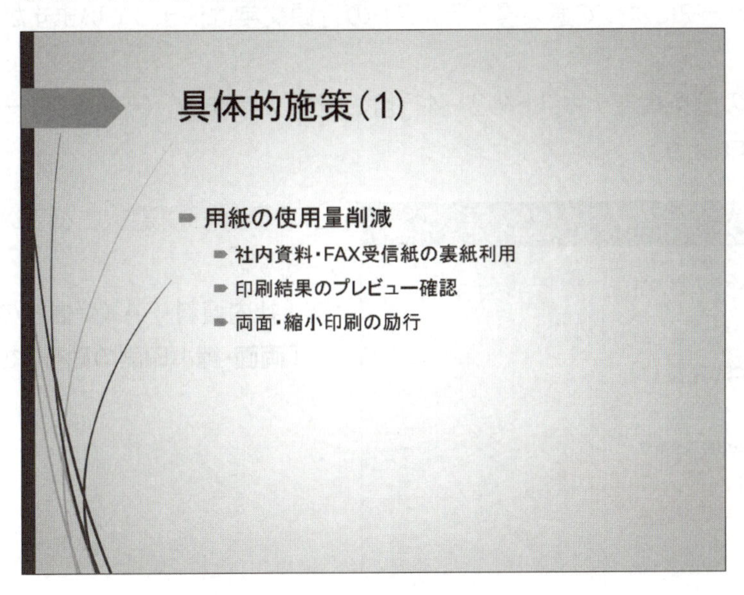

①スライド2の後ろに新しいスライドを挿入しましょう。スライドのレイアウトは「タイトルとコンテンツ」にします。

②スライド3に次のタイトルと箇条書きテキストを入力しましょう。

タイトル

具体的施策(1)

箇条書きテキスト

用紙の使用量削減 Enter 社内資料・FAX受信紙の裏紙利用 Enter 印刷結果のプレビュー確認 Enter 両面・縮小印刷の励行

※英数字は半角で入力します。

③箇条書きテキストの2～4行目のレベルを1段階下げましょう。

④箇条書きテキストのすべての文字を2段階拡大しましょう。

Let's Try Answer

①

①スライド2を選択

②《ホーム》タブを選択

③《スライド》グループの (新しいスライド)の 新しいスライド をクリック

④《タイトルとコンテンツ》をクリック

②

省略

③

①「社内資料・FAX受信紙の裏紙利用」から「両面・縮小印刷の励行」を選択

② Tab を押す

④

①箇条書きテキストのプレースホルダーを選択

②《ホーム》タブを選択

③《フォント》グループの A (フォントサイズの拡大)を2回クリック

4 行頭文字の変更

適用するテーマによって箇条書きテキストの行頭文字は決まっていますが、自由に変更できます。
スライド3の箇条書きテキストの2～4行目の行頭文字を✓（チェックマークの行頭文字）に変更しましょう。

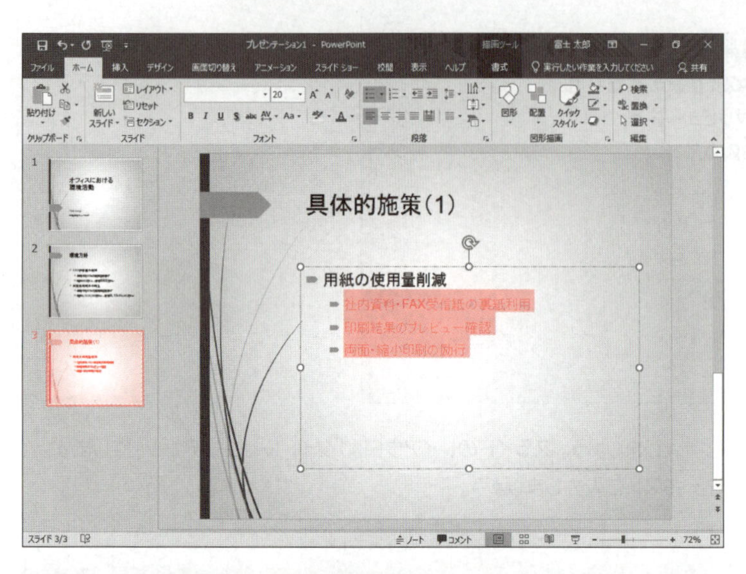

①スライド3が選択されていることを確認します。

②**「社内資料・FAX受信紙の裏紙利用」**から**「両面・縮小印刷の励行」**を選択します。

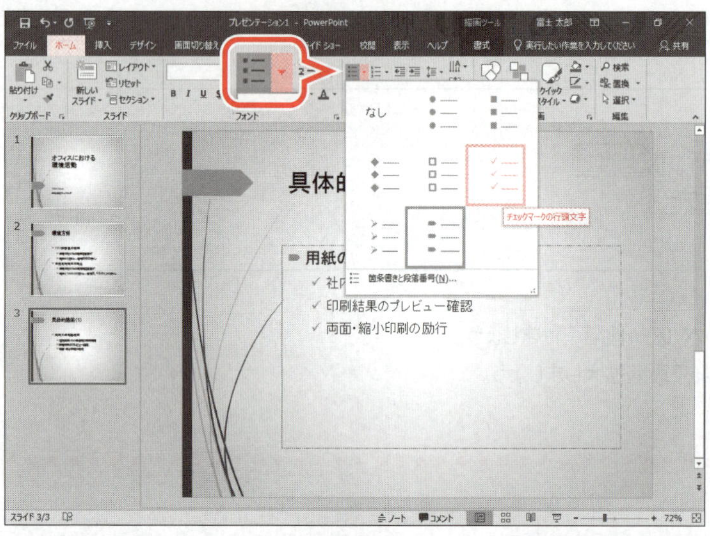

③**《ホーム》**タブを選択します。

④**《段落》**グループの（箇条書き）のをクリックします。

⑤**《チェックマークの行頭文字》**をクリックします。

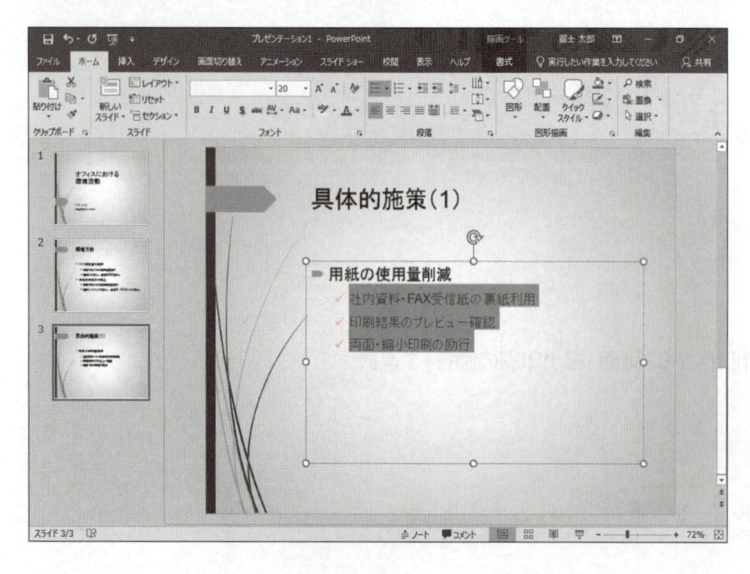

行頭文字が変更されます。

STEP UP その他の方法（行頭文字の変更）

◆箇条書きテキストを右クリック→《箇条書き》の▸

STEP UP 行頭文字の詳細設定

行頭文字の色やサイズは変更できます。また、行頭文字として、様々な記号や絵文字などを利用できます。

◆箇条書きテキストを選択→《ホーム》タブ→《段落》グループの（箇条書き）の→《箇条書きと段落番号》→《箇条書き》タブ

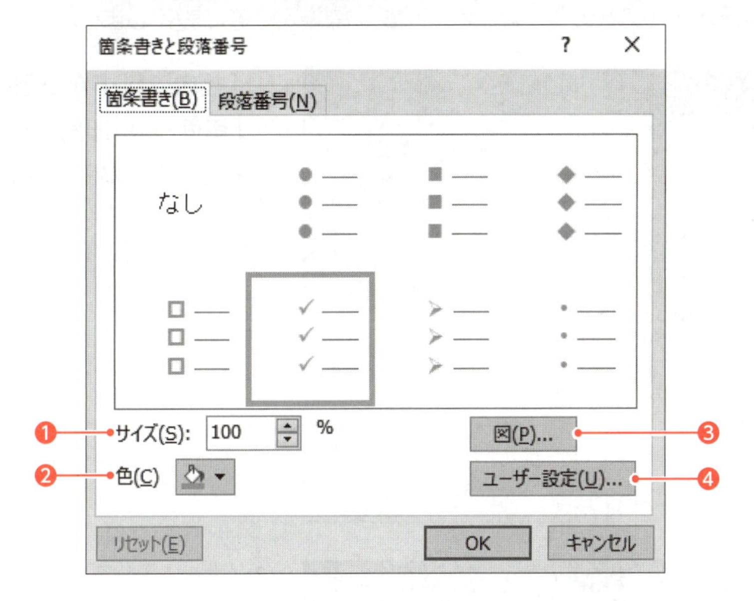

❶サイズ

行頭文字のサイズを設定します。

❷色

行頭文字の色を設定します。

❸図

コンピューター内の画像やインターネット上の画像を行頭絵文字として利用できます。

❹ユーザー設定

記号や特殊文字を行頭文字として利用できます。

POINT 段落番号の設定

箇条書きテキストに連続する段落番号を設定することもできます。

◆箇条書きテキストを選択→《ホーム》タブ→《段落》グループの（段落番号）の

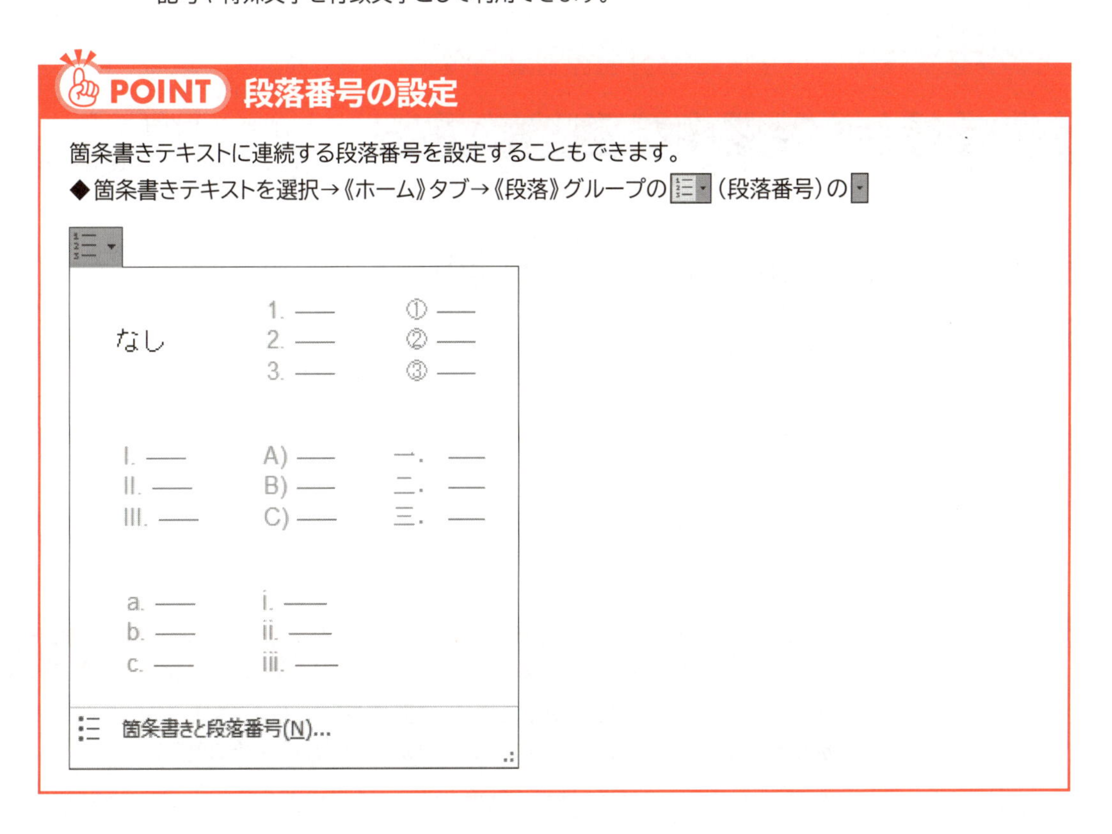

5　行間の設定

行間が詰まって文字が読みにくい場合や、スライドの余白が大き過ぎる場合には、箇条書きテキストの行間を変更して、スライド上の文字のバランスを調整できます。
箇条書きテキストの2～4行目の行間を標準の2倍に設定しましょう。

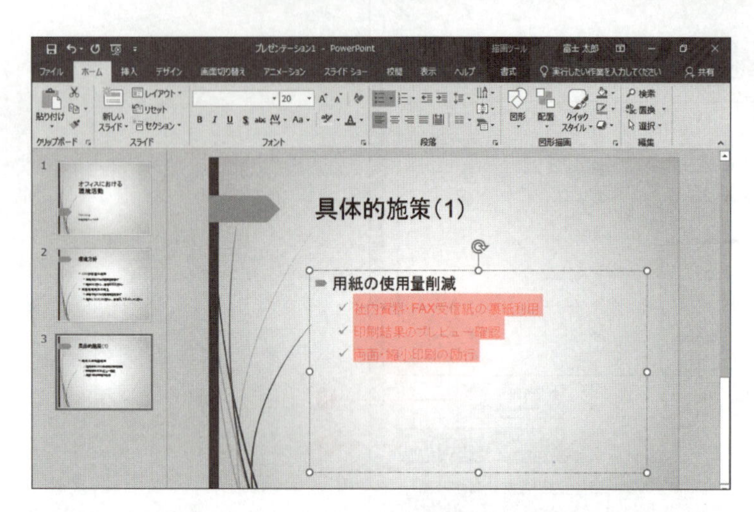

①**「社内資料・FAX受信紙の裏紙利用」**から**「両面・縮小印刷の励行」**が選択されていることを確認します。

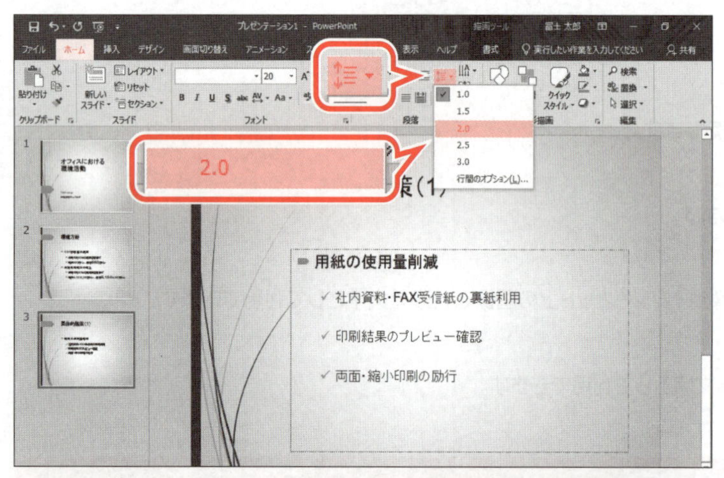

②**《ホーム》**タブを選択します。
③**《段落》**グループの（行間）をクリックします。
④**《2.0》**をクリックします。

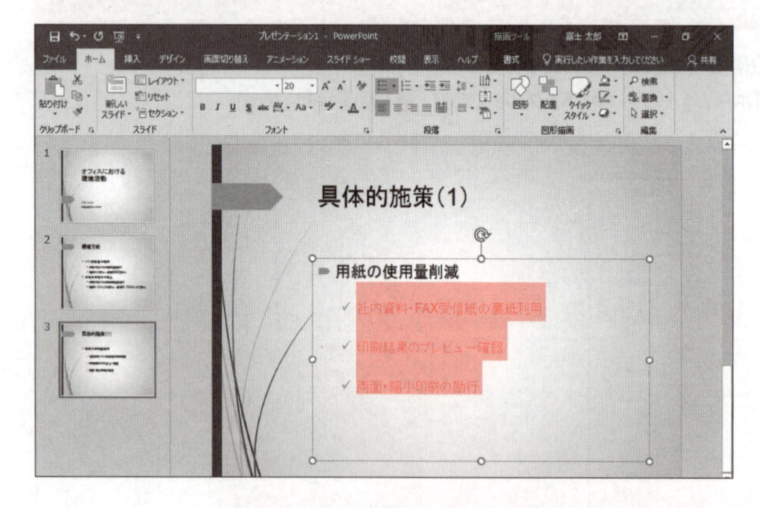

行間が変更されます。
※プレースホルダー以外の場所をクリックし、選択を解除しておきましょう。

POINT　文字の間隔

文字と文字の間隔を狭くしたり広くしたりして調整することができます。
◆文字を選択→《ホーム》タブ→《フォント》グループの（文字の間隔）

Step 7 プレゼンテーションの構成を変更する

1 スライドの複製

既存のスライドと同じようなスライドを作成する場合、既存のスライドを複製して流用すると効率的です。スライド3を複製して、スライド4とスライド5を作成しましょう。

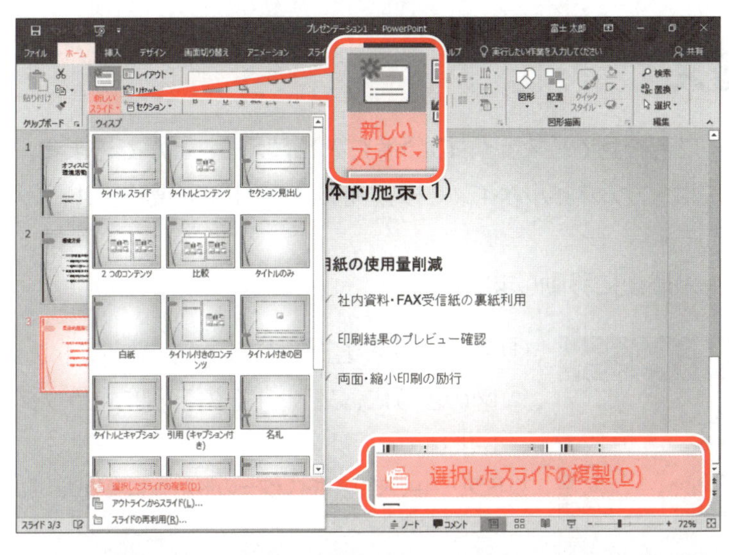

①スライド3が選択されていることを確認します。

②**《ホーム》**タブを選択します。

③**《スライド》**グループの（新しいスライド）の 新しいスライド▾ をクリックします。

④**《選択したスライドの複製》**をクリックします。

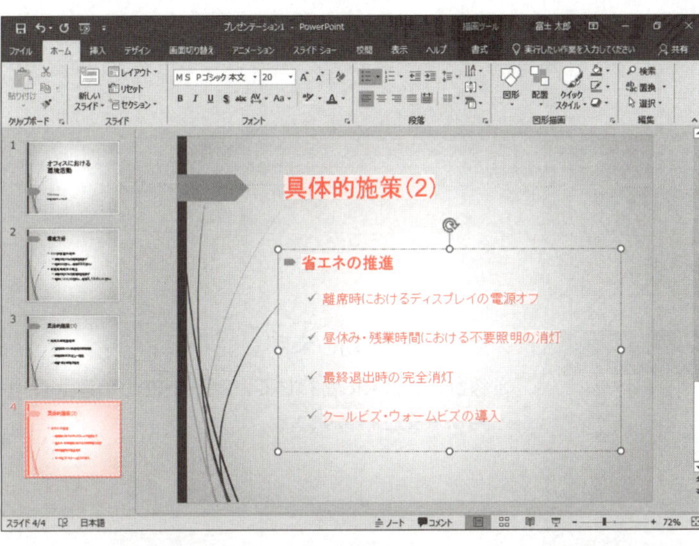

スライドが複製され、スライド4が作成されます。

⑤次のように文字を修正します。

タイトル

具体的施策(2)

箇条書きテキスト

省エネの推進 　離席時におけるディスプレイの電源オフ 　昼休み・残業時間における不要照明の消灯 　最終退出時の完全消灯 　クールビズ・ウォームビズの導入

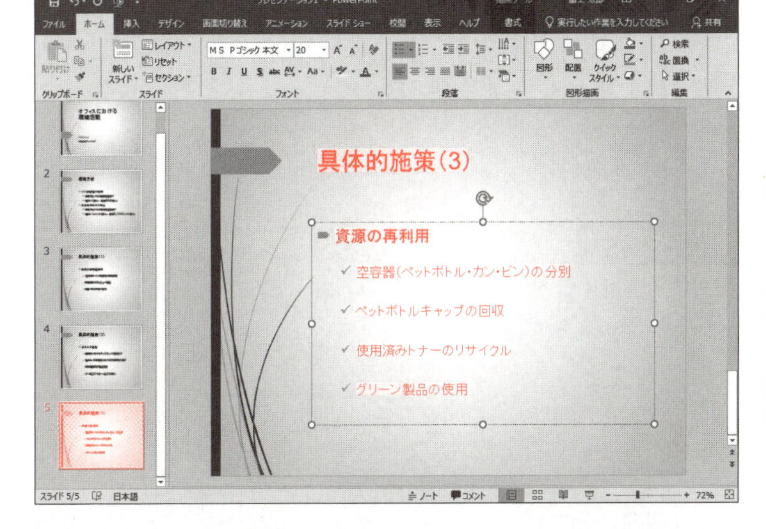

⑥同様に、スライドを複製し、スライド5を作成します。

⑦次のように文字を修正します。

タイトル

具体的施策(3)

箇条書きテキスト

資源の再利用 　空容器(ペットボトル・カン・ビン)の分別 　ペットボトルキャップの回収 　使用済みトナーのリサイクル 　グリーン製品の使用

STEP UP その他の方法(スライドの複製)

◆スライドを選択→《ホーム》タブ→《クリップボード》グループの (コピー)の →《複製》

◆サムネイルペインでスライドを右クリック→《スライドの複製》

POINT スライドの削除

スライドを削除するには、スライドを選択して Delete を押します。

2 スライドの入れ替え

プレゼンテーションのストーリーに合わせて、スライドの順番を入れ替えることができます。
スライドの順番を入れ替えるには、サムネイルペインで移動元のスライドを移動先にドラッグします。
スライド2をプレゼンテーションの最後に移動しましょう。

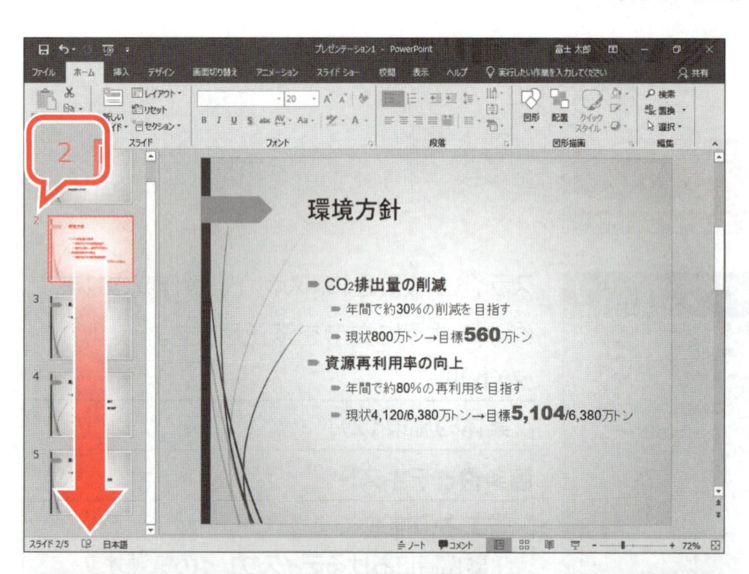

①スライド2を選択します。

②図のように、スライド5の下側にドラッグします。

※ドラッグ中、マウスポインターの形が に変わります。

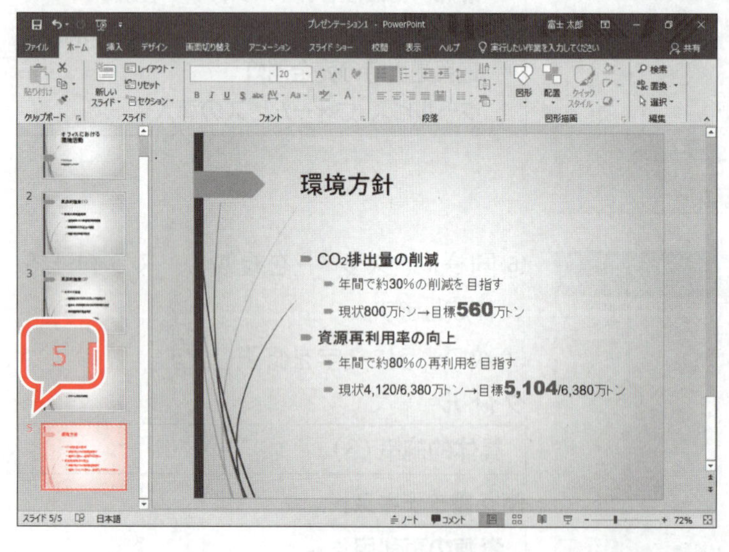

スライドが移動します。

※移動した結果に合わせて、スライド左上のスライド番号が変更されます。

3 スライド一覧でのスライドの入れ替え

表示モードをスライド一覧に切り替えると、プレゼンテーション全体の流れを確認しやすくなります。全体の構成を確認しながら、スライドの順番を入れ替えたり、不要なスライドを削除したりする場合に便利です。

1 スライド一覧への切り替え

スライド一覧表示モードに切り替えましょう。

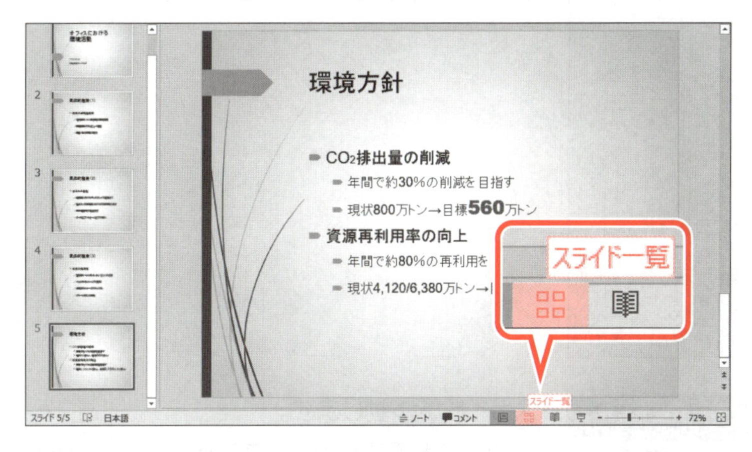

①ステータスバーの（スライド一覧）をクリックします。

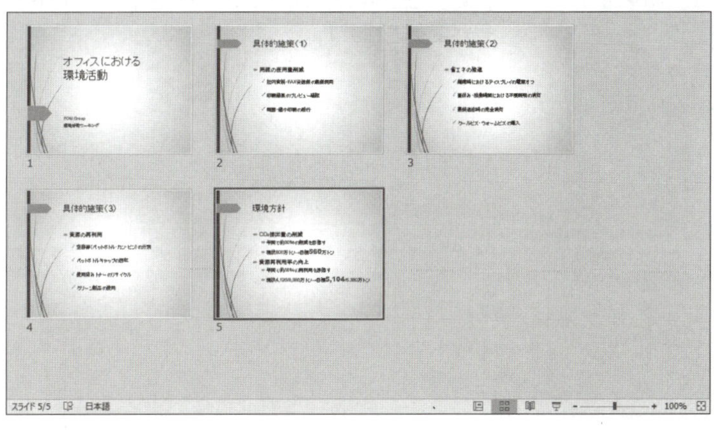

表示モードがスライド一覧に切り替わります。

STEP UP その他の方法（スライド一覧への切り替え）

◆《表示》タブ→《プレゼンテーションの表示》グループの（スライド一覧表示）

STEP UP 表示倍率の変更

標準表示モードだけでなく、スライド一覧表示モードでも、スライドの表示倍率を変更できます。
一画面にたくさんのスライドを表示したい場合には、表示倍率を縮小しましょう。
スライドの文字を大きくして確認したい場合には、表示倍率を拡大しましょう。
表示倍率は、ステータスバーのズーム機能を使って変更できます。

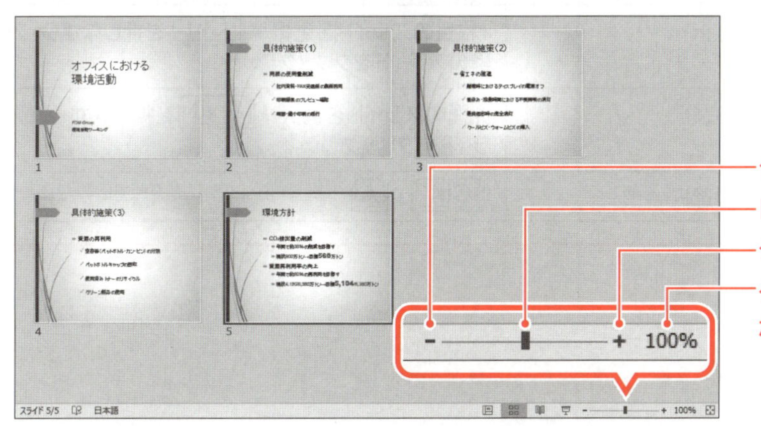

クリックすると、10%単位で縮小
ドラッグして、表示倍率を指定
クリックすると、10%単位で拡大
クリックして、《ズーム》ダイアログボックスで表示倍率を指定

2 スライドの入れ替え

標準表示モードと同様に、スライド一覧表示モードでもスライドをドラッグするだけで、スライドの順番を入れ替えることができます。
スライド5をスライド1の後ろに移動しましょう。

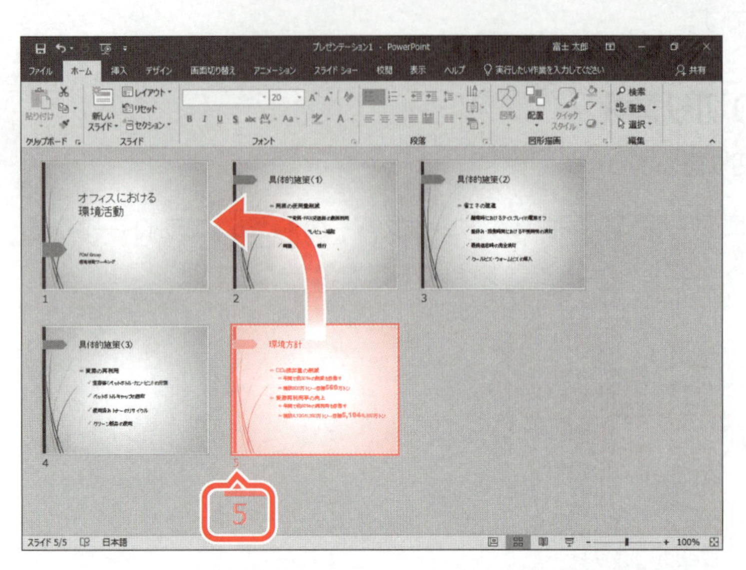

①スライド5を選択します。

②図のように、スライド1の右側にドラッグします。

※ドラッグ中、マウスポインターの形がに変わります。

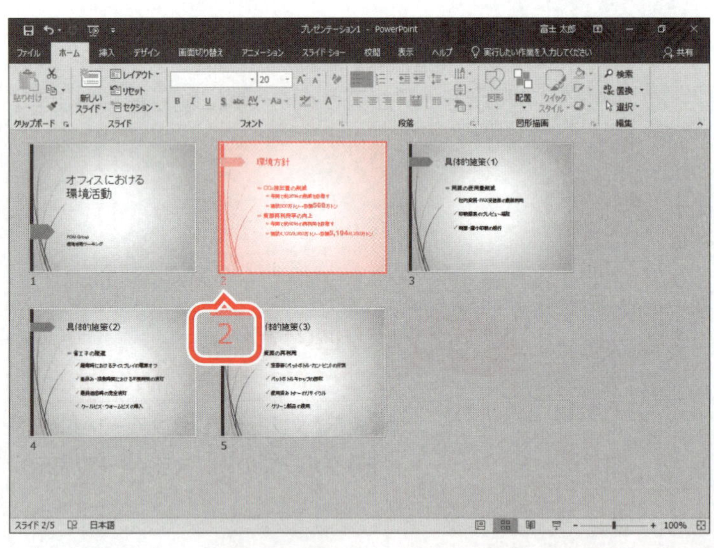

スライドが移動します。

※移動した結果に合わせて、スライド左下のスライド番号が変更されます。

POINT 複数のスライドの選択

複数のスライドを選択すると、まとめて操作の対象にできます。

選択対象	操作方法
離れたスライドの選択	1枚目のスライドを選択→【Ctrl】を押しながら、2枚目以降のスライドをクリック
連続するスライドの選択	先頭のスライドを選択→【Shift】を押しながら、最終のスライドをクリック
すべてのスライドの選択	【Ctrl】+【A】

3 標準に戻す

スライド一覧表示モードから標準表示モードに戻す方法には、ステータスバーのボタンを使うほかに、スライドをダブルクリックする方法があります。
ダブルクリックしたスライドがスライドペインに表示されます。
表示モードをスライド一覧から標準に戻しましょう。

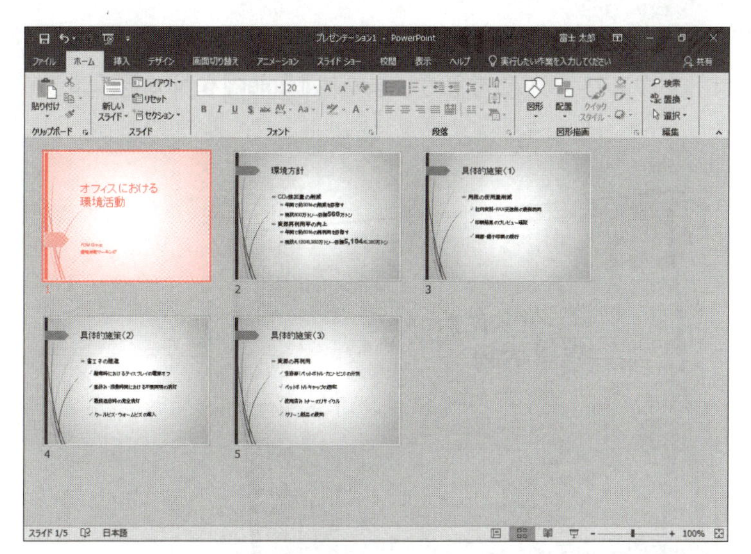

①スライド1をダブルクリックします。

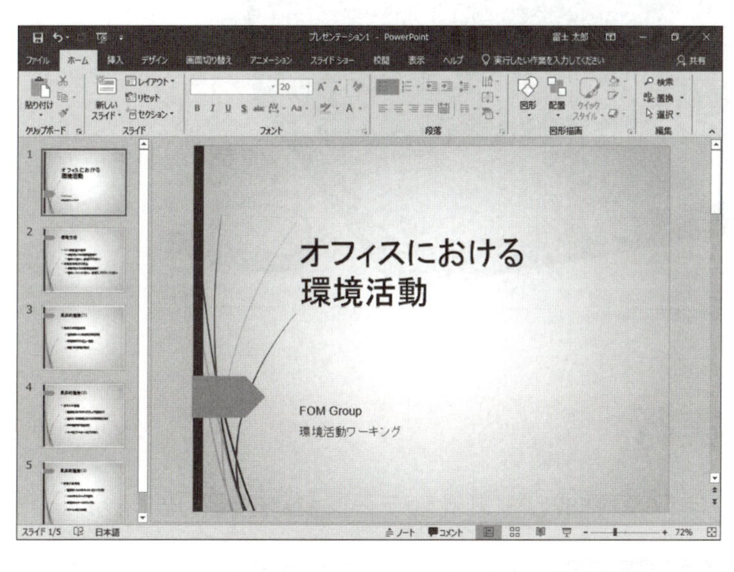

表示モードが標準に戻り、スライドペインにスライド1が表示されます。

STEP UP その他の方法(標準に戻す)

◆ステータスバーの［標準ボタン］(標準)
◆《表示》タブ→《プレゼンテーションの表示》グループの［標準表示ボタン］(標準表示)

Step8 スライドショーを実行する

1 スライドショー

プレゼンテーションを行う際に、スライドを画面全体に表示して、順番に閲覧していくことを「**スライドショー**」といいます。マウスでクリックするか、または Enter を押すと、スライドが1枚ずつ切り替わります。

2 スライドショーの実行

スライド1からスライドショーを実行し、作成したプレゼンテーションを確認しましょう。

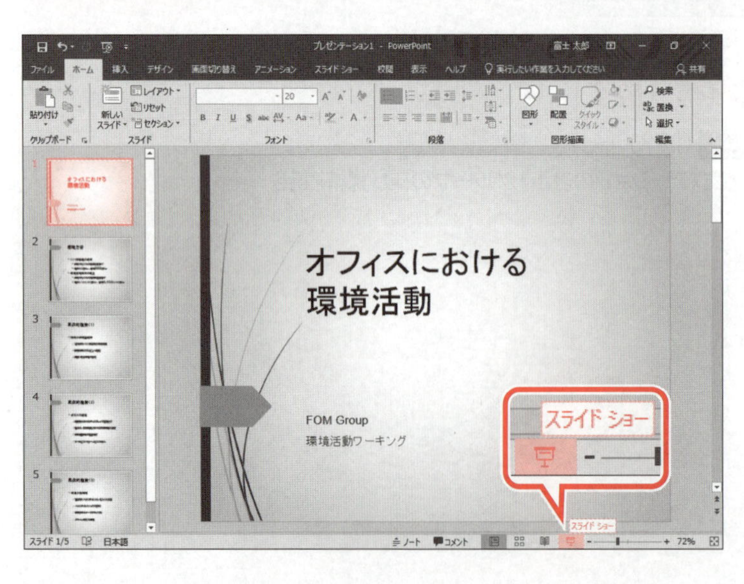

①スライド1が選択されていることを確認します。

②ステータスバーの (スライドショー) をクリックします。

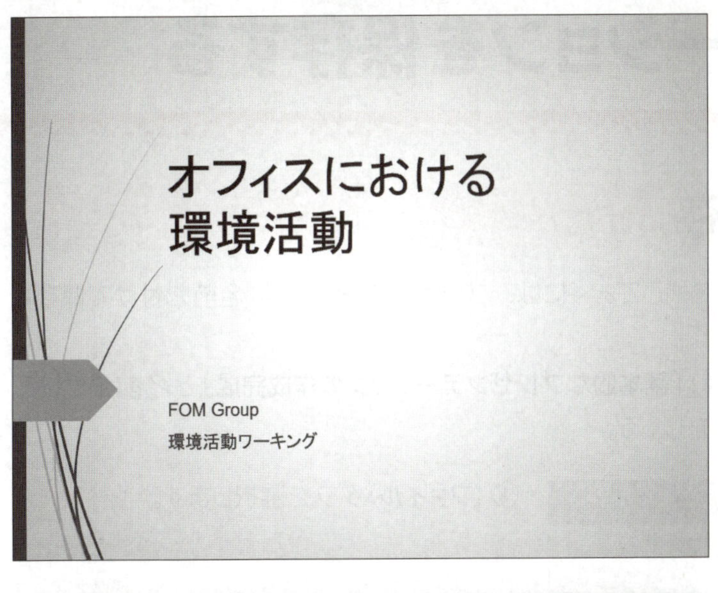

スライドショーが実行され、スライド1が画面全体に表示されます。

次のスライドを表示します。

③クリックします。

※ Enter を押してもかまいません。

④同様に、最後のスライドまで表示します。

スライドショーが終了すると、**「スライドショーの最後です。クリックすると終了します。」**というメッセージが表示されます。

⑤クリックします。

※ Enter を押してもかまいません。

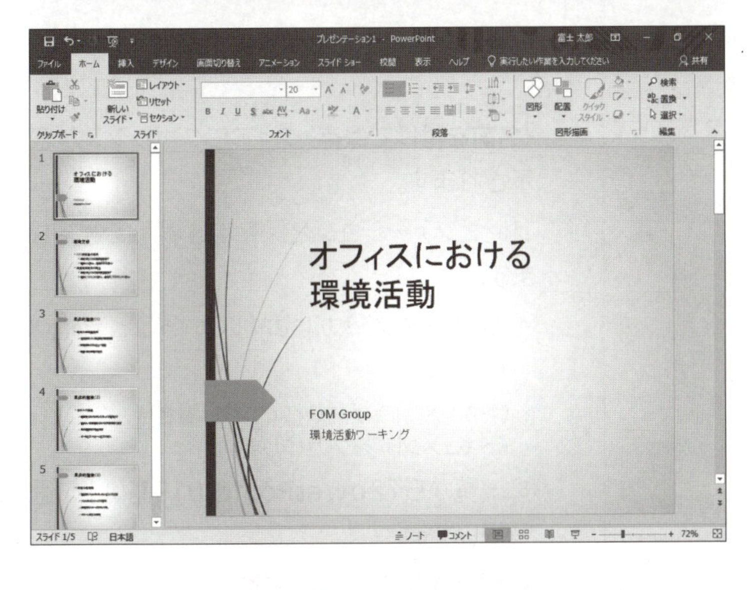

スライドショーが終了し、もとの表示モードに戻ります。

POINT スライドショーの中断

スライドショーを途中で終了するには、Esc を押します。

STEP UP その他の方法（スライドショーの実行）

◆クイックアクセスツールバーの（先頭から開始）

◆《スライドショー》タブ→《スライドショーの開始》グループの（先頭から開始）または（このスライドから開始）

◆ F5 または Shift + F5

Step9 プレゼンテーションを保存する

1 名前を付けて保存

作成したプレゼンテーションを残しておくには、プレゼンテーションに名前を付けて保存します。

作成したプレゼンテーションに「**基本的なプレゼンテーションの作成完成**」と名前を付けてフォルダー「**第2章**」に保存しましょう。

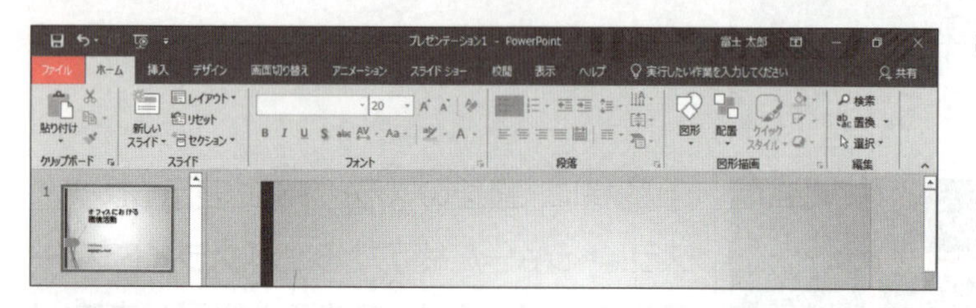

①《**ファイル**》タブを選択します。

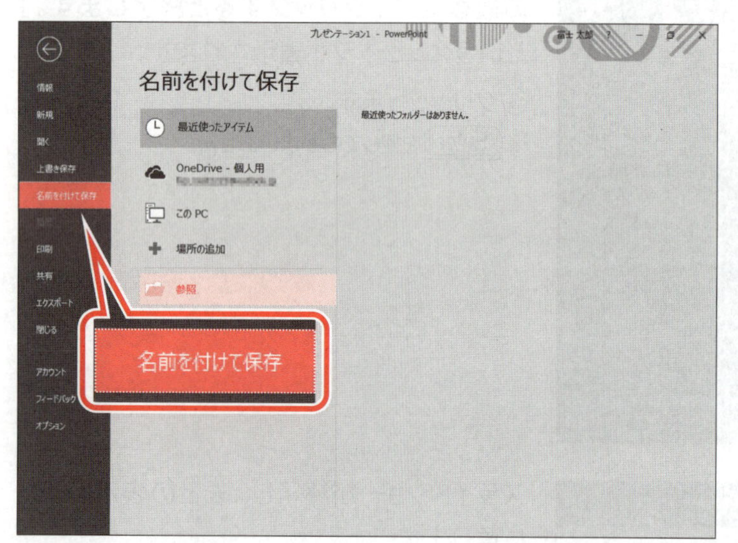

②《**名前を付けて保存**》をクリックします。

③《**参照**》をクリックします。

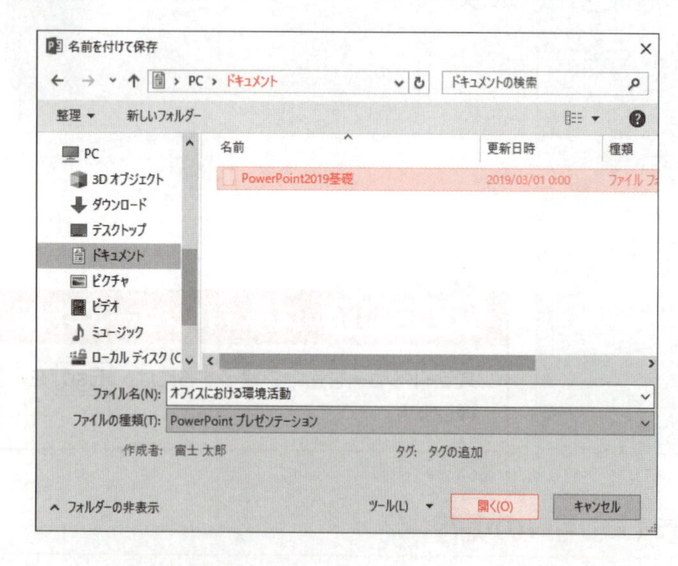

《**名前を付けて保存**》ダイアログボックスが表示されます。

プレゼンテーションを保存する場所を選択します。

④《**ドキュメント**》が開かれていることを確認します。

※《ドキュメント》が開かれていない場合は、《PC》→《ドキュメント》をクリックします。

⑤一覧から「**PowerPoint2019基礎**」を選択します。

⑥《**開く**》をクリックします。

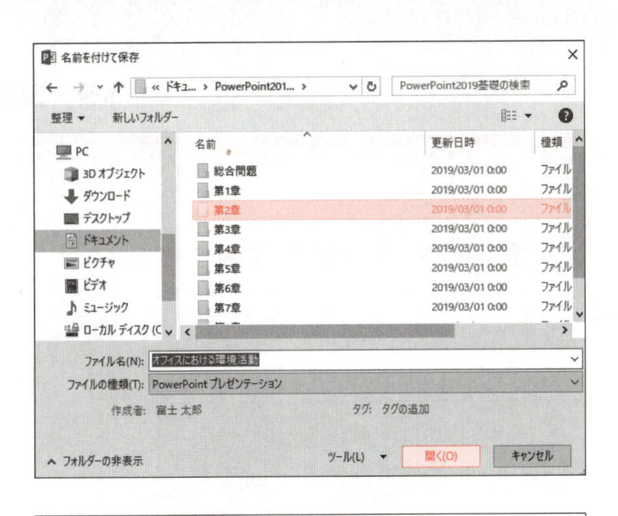

⑦一覧から**「第2章」**を選択します。

⑧**《開く》**をクリックします。

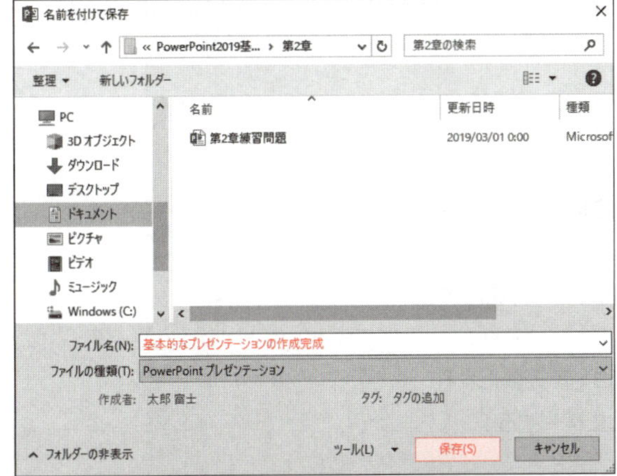

⑨**《ファイル名》**に**「基本的なプレゼンテーションの作成完成」**と入力します。

⑩**《保存》**をクリックします。

プレゼンテーションが保存されます。

⑪タイトルバーにプレゼンテーションの名前が表示されていることを確認します。

※次の操作のために、プレゼンテーションを閉じておきましょう。

STEP UP その他の方法（名前を付けて保存）

◆ F12

POINT 名前を付けて保存と上書き保存

すでに保存されているプレゼンテーションの内容を一部編集して、編集後の内容だけを保存するには、クイックアクセスツールバーの 🖫（上書き保存）を使って「上書き保存」します。編集前の状態も編集後の状態も保存するには、「名前を付けて保存」で別の名前を付けて保存します。

STEP UP プレゼンテーションの自動保存

作業中のプレゼンテーションは、一定の間隔で自動的にコンピューター内に保存されます。プレゼンテーションを保存せずに閉じてしまった場合、自動的に保存されたプレゼンテーションの一覧から復元できることがあります。

保存していないプレゼンテーションを復元する方法は、次のとおりです。

◆《ファイル》タブ→《情報》→《プレゼンテーションの管理》→《保存されていないプレゼンテーションの回復》→プレゼンテーションを選択→《開く》

※操作のタイミングによって、完全に復元されるとは限りません。

練習問題

解答 ► 別冊P.1

フォルダー「第2章」のプレゼンテーション「第2章練習問題」を開いておきましょう。

次のようなスライドを作成しましょう。

●完成図

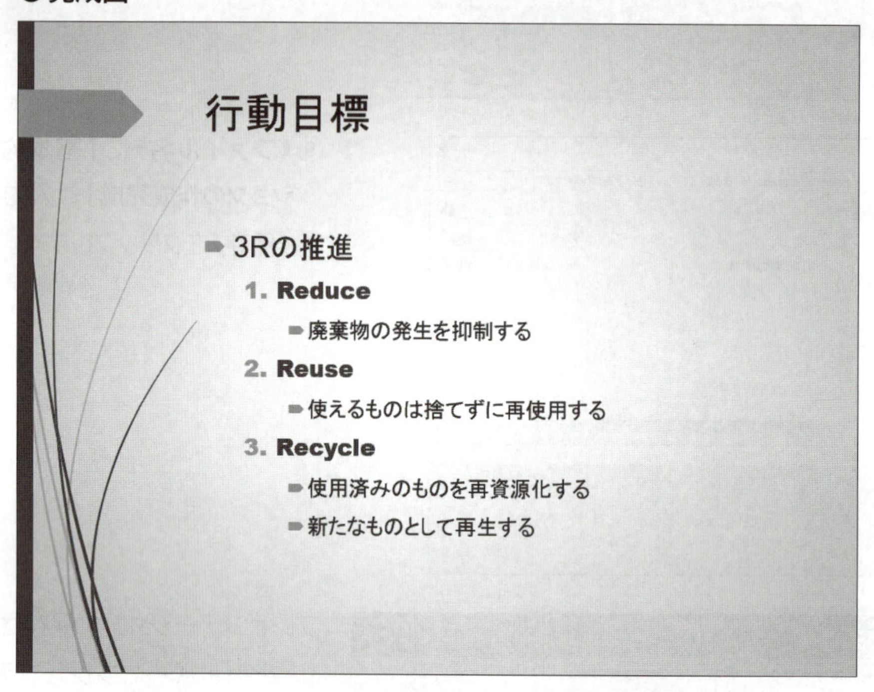

① スライド2の後ろに新しいスライドを挿入しましょう。
スライドのレイアウトは**「タイトルとコンテンツ」**にします。

② スライド3に次のタイトルと箇条書きテキストを入力しましょう。

タイトル

行動目標

箇条書きテキスト

3Rの推進 Enter Reduce Enter 廃棄物の発生を抑制する Enter Reuse Enter 使えるものは捨てずに再使用する Enter Recycle Enter 使用済みのものを再資源化する Enter 新たなものとして再生する

※英数字は半角で入力します。

③ 箇条書きテキスト**「Reduce」「Reuse」「Recycle」**のレベルを1段階下げましょう。
また、箇条書きテキスト**「廃棄物の発生を抑制する」「使えるものは捨てずに再使用する」「使用済みのものを再資源化する」「新たなものとして再生する」**のレベルを2段階下げましょう。

④ 箇条書きテキスト「**Reduce**」「**Reuse**」「**Recycle**」の行頭文字を「**1.　2.　3.**」の段落番号に変更しましょう。

⑤ 次のように、箇条書きテキスト「**Reduce**」「**Reuse**」「**Recycle**」に書式を設定しましょう。

フォント　　：Arial Black **フォントの色：ライム、アクセント1、黒+基本色50%**

⑥ 箇条書きテキストのすべての文字を2段階拡大しましょう。

次のようなスライドを作成しましょう。

●完成図

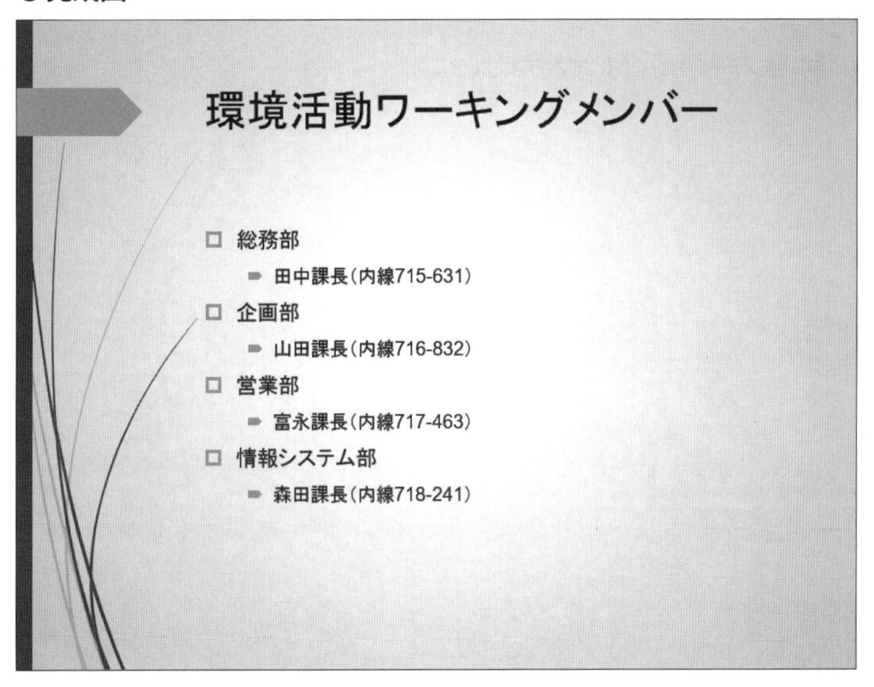

⑦ スライド6の後ろに新しいスライドを挿入しましょう。
スライドのレイアウトは「**タイトルとコンテンツ**」にします。

⑧ スライド7に次のタイトルと箇条書きテキストを入力しましょう。

タイトル

環境活動ワーキングメンバー

箇条書きテキスト

総務部 Enter **田中課長（内線715-631）** Enter

※数字は半角で入力します。

⑨ 箇条書きテキスト「**田中課長（内線715-631）**」のレベルを1段階下げましょう。

1
2
3
4
5
6
7
8
総合問題
付録
索引

⑩ 完成図を参考に、箇条書きテキスト**「総務部」**と**「田中課長(内線715-631)」**を3つコピーし、次のように修正しましょう。

企画部 　**山田課長(内線716-832)** **営業部** 　**富永課長(内線717-463)** **情報システム部** 　**森田課長(内線718-241)**

⑪ 箇条書きテキスト**「総務部」「企画部」「営業部」「情報システム部」**の行頭文字を□(四角の行頭文字)に変更しましょう。

⑫ プレゼンテーションに**「第2章練習問題完成」**と名前を付けて、フォルダー**「第2章」**に保存しましょう。

※プレゼンテーションを閉じておきましょう。

第3章

表の作成

第3章 この章で学ぶこと

学習前に習得すべきポイントを理解しておき、
学習後には確実に習得できたかどうかを振り返りましょう。

1	表の構成を理解し、表を作成できる。	☐☐☐ → P.67
2	表の位置やサイズを調整できる。	☐☐☐ → P.70
3	表全体・セル・行・列の選択方法を理解し、操作に応じて選択できる。	☐☐☐ → P.78
4	行や列を削除できる。	☐☐☐ → P.72
5	行や列を挿入できる。	☐☐☐ → P.73
6	表の列幅を変更できる。	☐☐☐ → P.74
7	表にスタイルを適用して、表全体のデザインを変更できる。	☐☐☐ → P.75
8	表スタイルのオプションを使って、表の見栄えを変更できる。	☐☐☐ → P.76
9	セル内の文字の配置を設定できる。	☐☐☐ → P.77

Step1 作成するスライドを確認する

1 作成するスライドの確認

次のようなスライドを作成しましょう。

列幅の変更

新商品の概要

・新シリーズ「七曜日の果実と野菜」（仮称）

商品名（仮称）	メイン原材料	もとにする商品
月曜日の果実と野菜	プラム	フルータブル・パープル
火曜日の果実と野菜	ブルーベリー	パワフルビタミンA
水曜日の果実と野菜	モロヘイヤ	パワフルビタミンB
木曜日の果実と野菜	キウイ	パワフルビタミンC
金曜日の果実と野菜	バナナ	フルータブル・イエロー
土曜日の果実と野菜	りんご	フルーティア100
日曜日の果実と野菜	トマト	フルータブル・レッド

表の作成
表の移動とサイズ変更
行の削除
表のスタイルの適用
文字の配置の変更

列の挿入

Step2 表を作成する

1 表の構成

「**表**」を使うと、項目ごとにデータを整列して表示できるため、内容を読み取りやすくなります。表は縦方向の「**列**」と横方向の「**行**」で構成され、列と行が交わるひとつひとつのマス目を「**セル**」といいます。

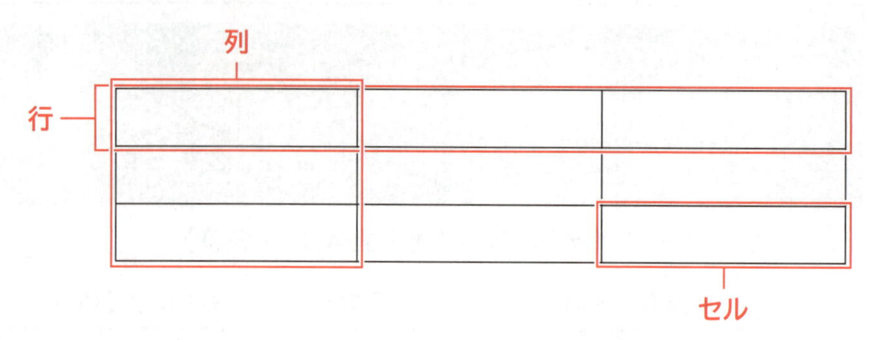

2 表の作成

スライド2に2列9行の表を作成しましょう。

フォルダー「第3章」のプレゼンテーション「表の作成」を開いておきましょう。

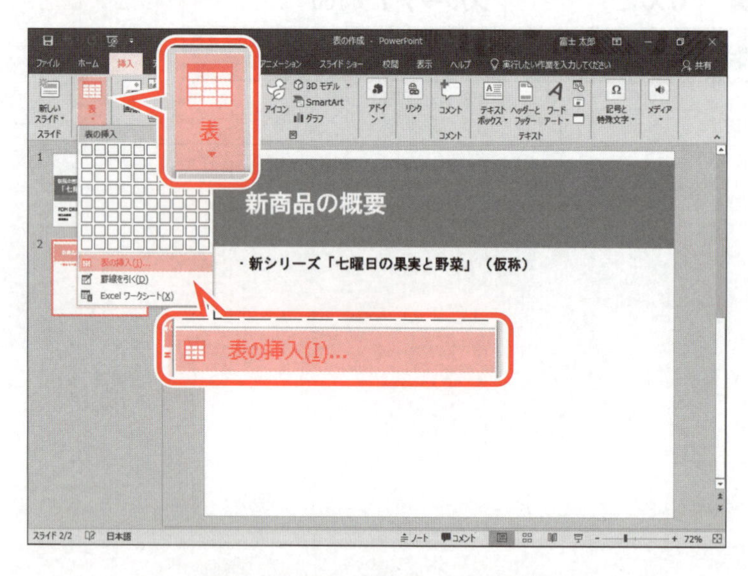

①スライド2を選択します。
②**《挿入》**タブを選択します。
③**《表》**グループの（表の追加）をクリックします。
④**《表の挿入》**をクリックします。

表の挿入　?　×
列数(C):　2
行数(R):　9
OK　キャンセル

《表の挿入》ダイアログボックスが表示されます。
⑤**《列数》**を「**2**」に設定します。
⑥**《行数》**を「**9**」に設定します。
⑦**《OK》**をクリックします。

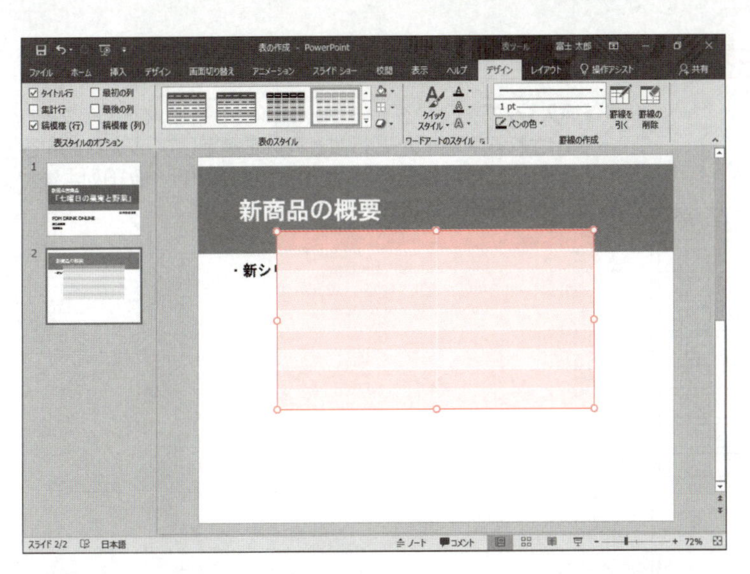

表が作成されます。

※表には、あらかじめスタイルが適用されています。

⑧表の周囲に枠線が表示され、表が選択されていることを確認します。

※リボンに《表ツール》の《デザイン》タブと《レイアウト》タブが表示されます。

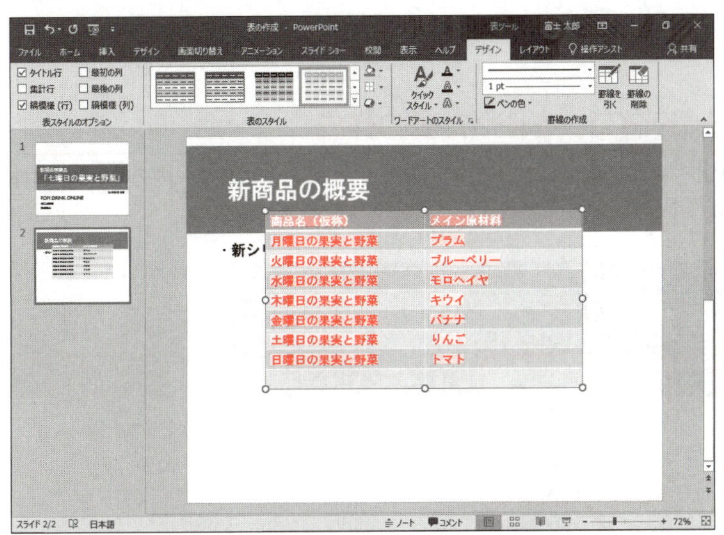

⑨表に次の文字を入力します。

商品名（仮称）	メイン原材料
月曜日の果実と野菜	プラム
火曜日の果実と野菜	ブルーベリー
水曜日の果実と野菜	モロヘイヤ
木曜日の果実と野菜	キウイ
金曜日の果実と野菜	バナナ
土曜日の果実と野菜	りんご
日曜日の果実と野菜	トマト

※「曜日の果実と野菜」は、コピーすると効率的です。

※文字を入力し、確定後に Enter を押すと、セル内で改行されます。誤って改行してしまった場合は、 Back Space を押します。

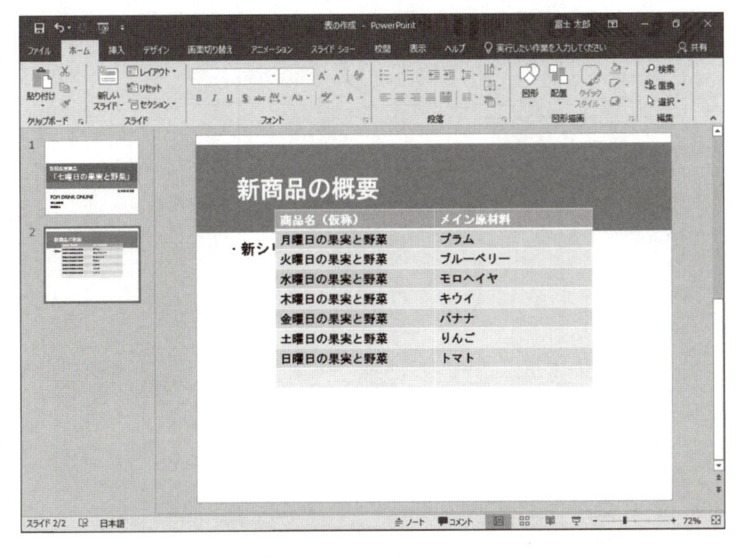

⑩表以外の場所をクリックします。

表の選択が解除されます。

POINT 《表ツール》の《デザイン》タブと《レイアウト》タブ

表が選択されているとき、リボンに《表ツール》の《デザイン》タブと《レイアウト》タブが表示され、表に関するコマンドが使用できる状態になります。

STEP UP マス目を使った表の作成

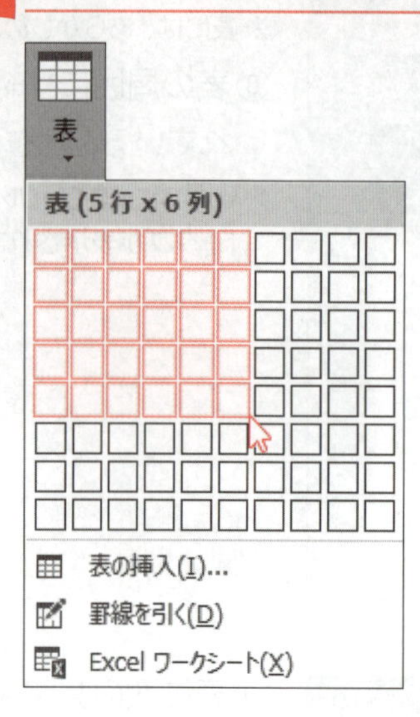

《挿入》タブ→《表》グループの（表の追加）をクリックして表示されるマス目から、行数と列数を指定して、表を作成することもできます。ただし、この方法では、縦8行×横10列より大きい表は作成できません。

STEP UP プレースホルダーのアイコンを使った表の作成

コンテンツのプレースホルダーが配置されているスライドでは、プレースホルダー内の（表の挿入）をクリックして、表を作成することができます。

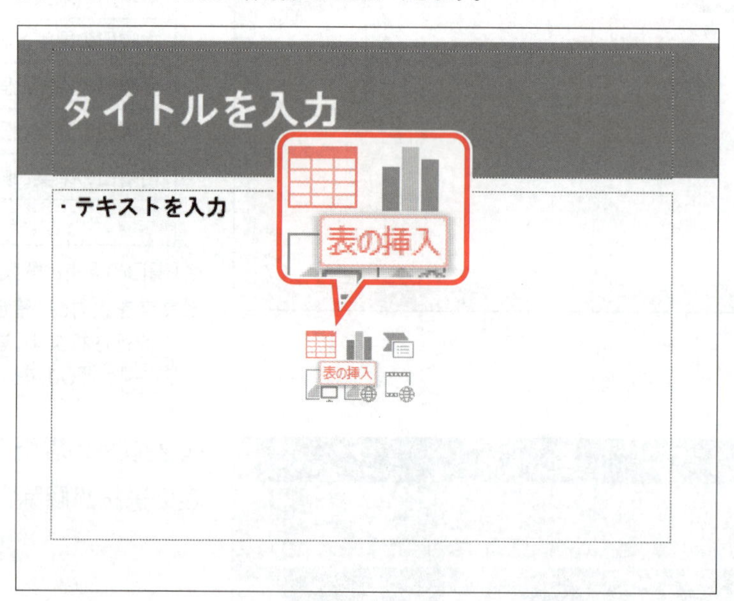

3 表の移動とサイズ変更

スライドに作成した表は、移動したりサイズを変更したりできます。
表を移動するには、周囲の枠線をドラッグします。
表のサイズを変更するには、周囲の枠線上にある○（ハンドル）をドラッグします。
表の位置とサイズを調整しましょう。

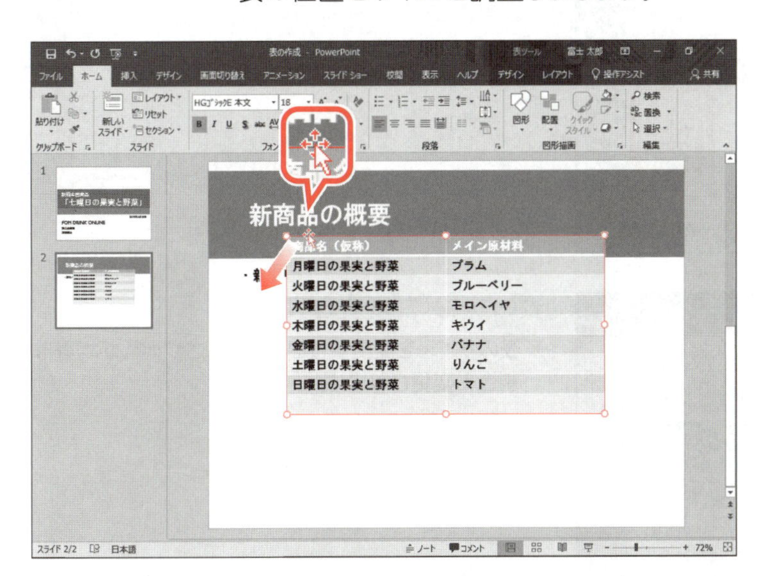

①表内をクリックします。
※表内であれば、どこでもかまいません。
表の周囲に枠線が表示されます。
②表の周囲の枠線をポイントします。
マウスポインターの形が に変わります。
③図のようにドラッグします。

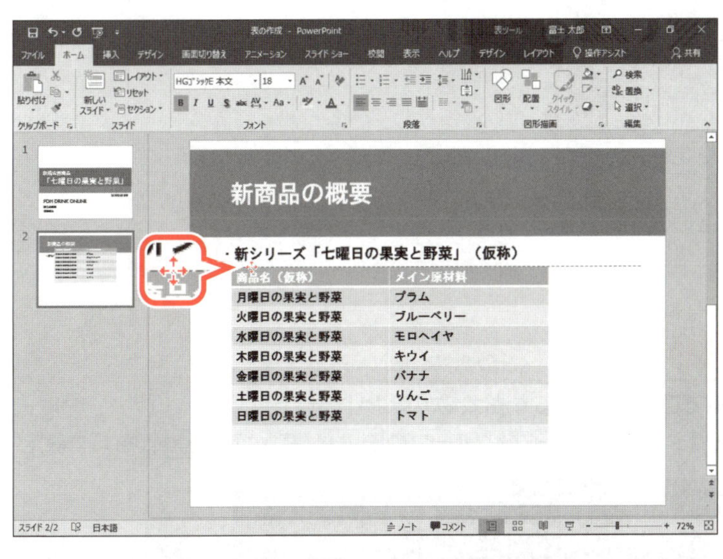

ドラッグ中、マウスポインターの形が に変わります。

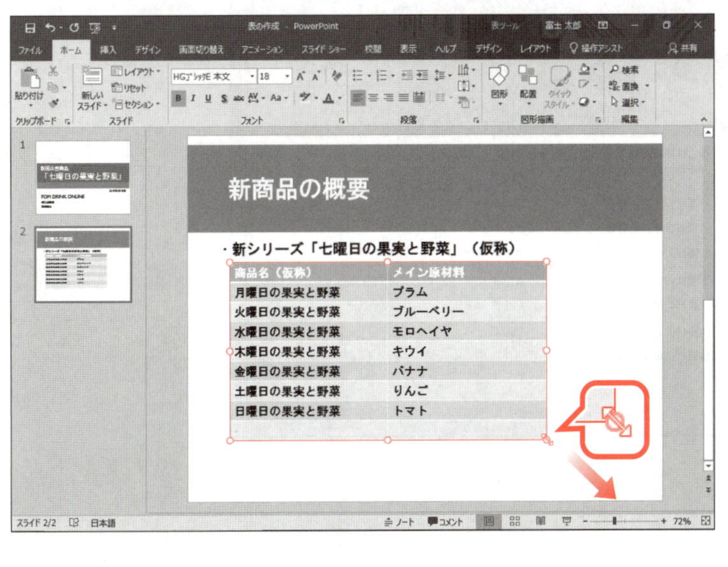

表が移動します。
④表の右下の○（ハンドル）をポイントします。
マウスポインターの形が に変わります。
⑤図のようにドラッグします。

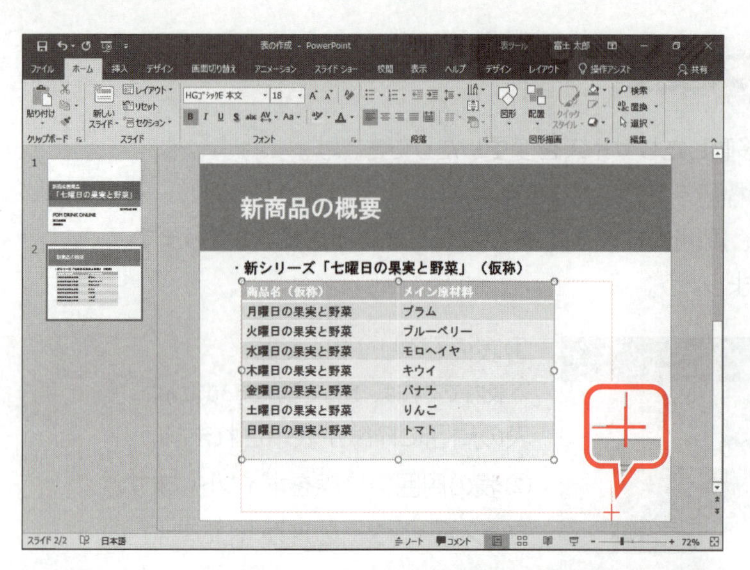

ドラッグ中、マウスポインターの形が＋に変わります。

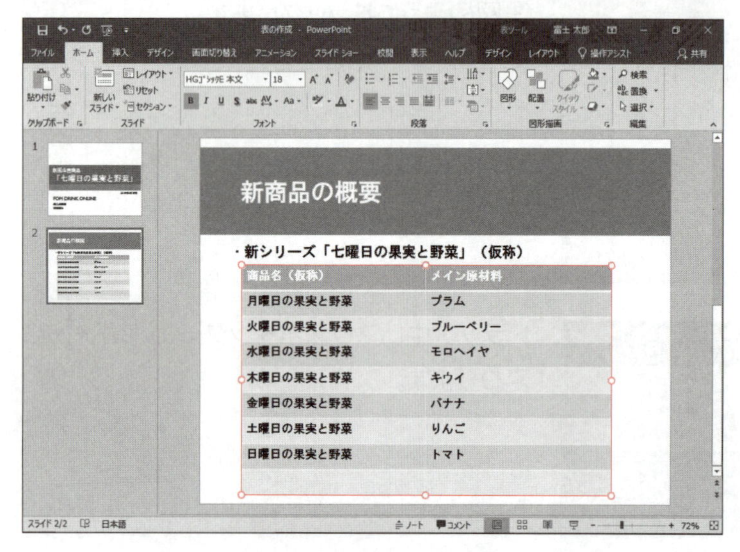

表のサイズが変更されます。

※表のサイズを変更すると、行の高さや列幅が均等な割合で変更されます。

STEP UP 表のサイズの詳細設定

表の縦横のサイズを数値で正確に指定する方法は、次のとおりです。

◆表を選択→《レイアウト》タブ→《表のサイズ》グループの［高さ:］（高さ：）と［幅:］（幅：）で設定

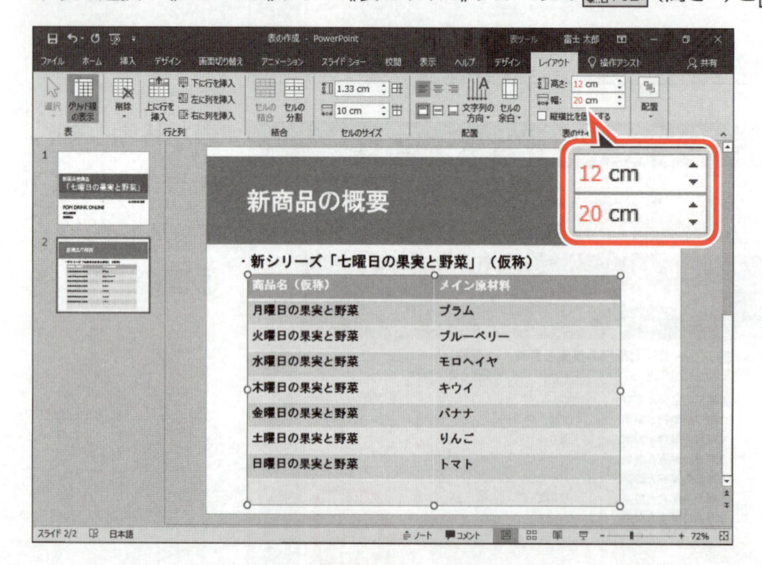

Step3 行列を操作する

1 行や列の削除

作成した表から余分な行や列は削除できます。
行や列を削除するには、削除する行や列にカーソルを移動してからコマンドを実行します。
表から9行目を削除しましょう。

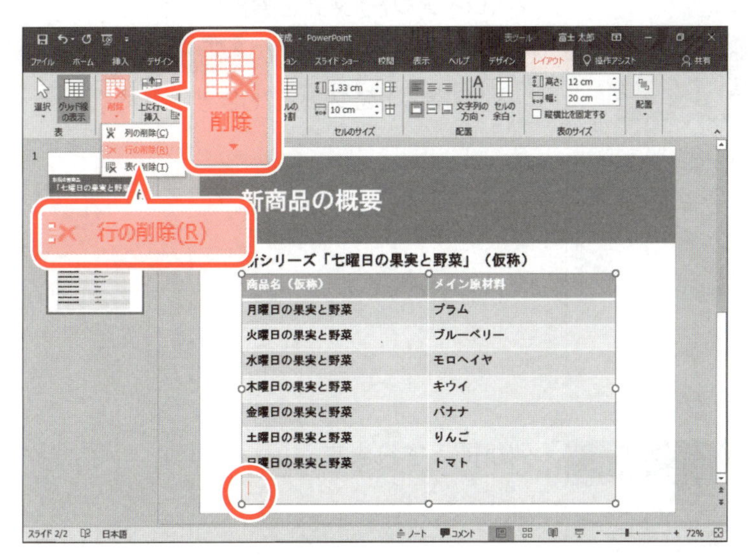

①9行目にカーソルを移動します。
※9行目であれば、どこでもかまいません。
②**《レイアウト》**タブを選択します。
③**《行と列》**グループの（表の削除）をクリックします。
④**《行の削除》**をクリックします。

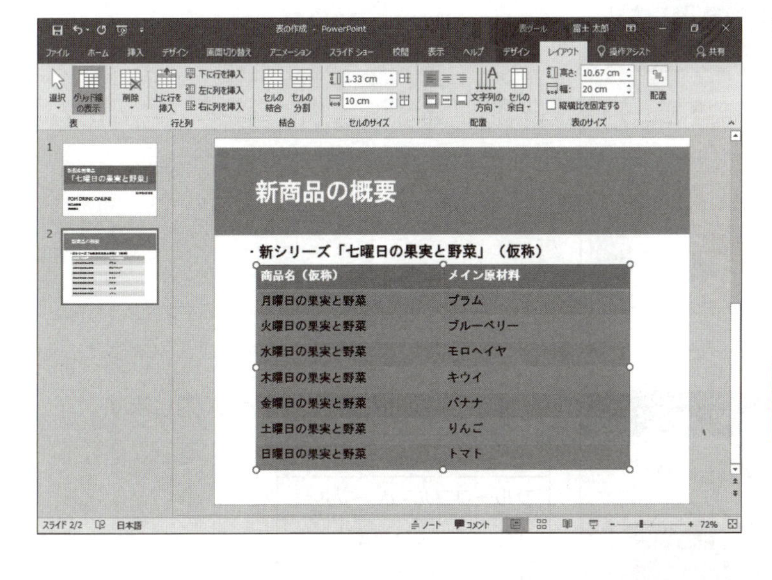

行が削除されます。

STEP UP その他の方法（行の削除）

◆行を選択→Back Space
◆行を右クリック→ミニツールバーの（表の削除）→《行の削除》

POINT 列の削除

表から列を削除する方法は、次のとおりです。
◆列にカーソルを移動→《レイアウト》タブ→《行と列》グループの（表の削除）→《列の削除》

POINT 表全体の削除

表全体を削除する方法は、次のとおりです。
◆表内にカーソルを移動→《レイアウト》タブ→《行と列》グループの（表の削除）→《表の削除》

2 行や列の挿入

作成した表に行や列が足りない場合は、あとから行や列を挿入して、追加できます。
行や列を挿入するには、挿入位置に隣接する行や列にカーソルを移動してからコマンドを実行します。
表の右端に1列挿入しましょう。

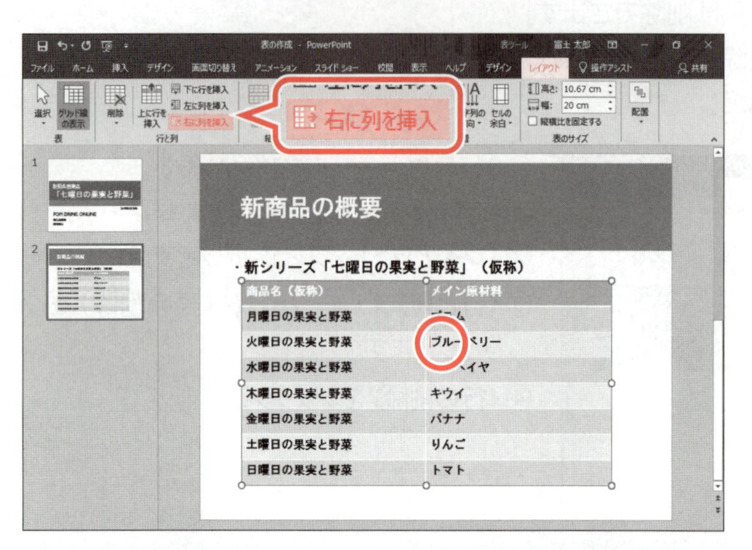

①2列目にカーソルを移動します。
※2列目であれば、どこでもかまいません。
②《レイアウト》タブを選択します。
③《行と列》グループの［右に列を挿入］（右に列を挿入）をクリックします。

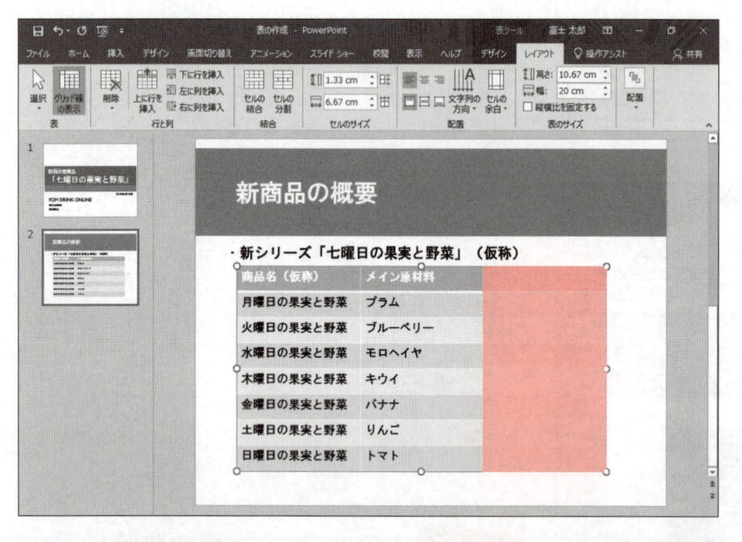

列が挿入されます。

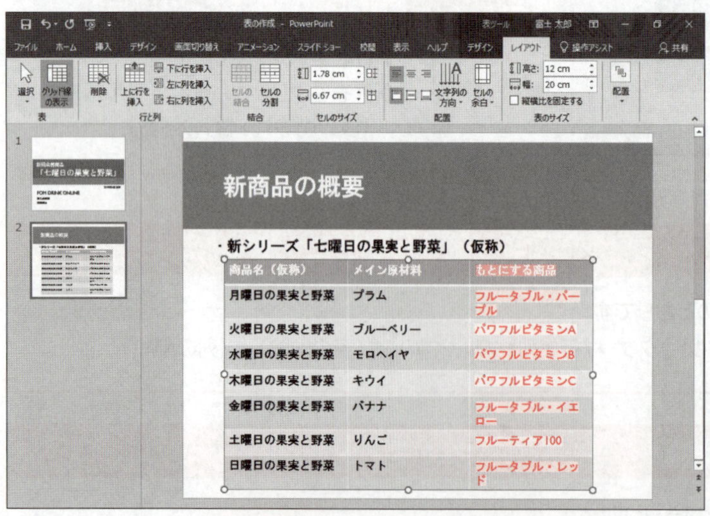

④挿入した列に次の文字を入力します。

もとにする商品
フルータブル・パープル
パワフルビタミンA
パワフルビタミンB
パワフルビタミンC
フルータブル・イエロー
フルーティア100
フルータブル・レッド

※「フルータブル」や「パワフルビタミン」はコピーすると、効率的です。
※英数字は半角で入力します。

STEP UP その他の方法（列の挿入）

◆列を右クリック→ミニツールバーの［挿入］（挿入）→《左に列を挿入》／《右に列を挿入》

POINT 行の挿入

行を挿入する方法は、次のとおりです。

◆挿入位置に隣接する行にカーソルを移動→《レイアウト》タブ→《行と列》グループの［上に行を挿入］（上に行を挿入）／［下に行を挿入］（下に行を挿入）

3 列幅の変更

表の列幅はそれぞれ変更できます。
列の右側の境界線をドラッグすると、列幅を変更できます。また、列の右側の境界線をダブルクリックすると、列内の最長データに合わせて自動的に列幅が調整されます。
表の2列目と3列目の列幅を調整しましょう。

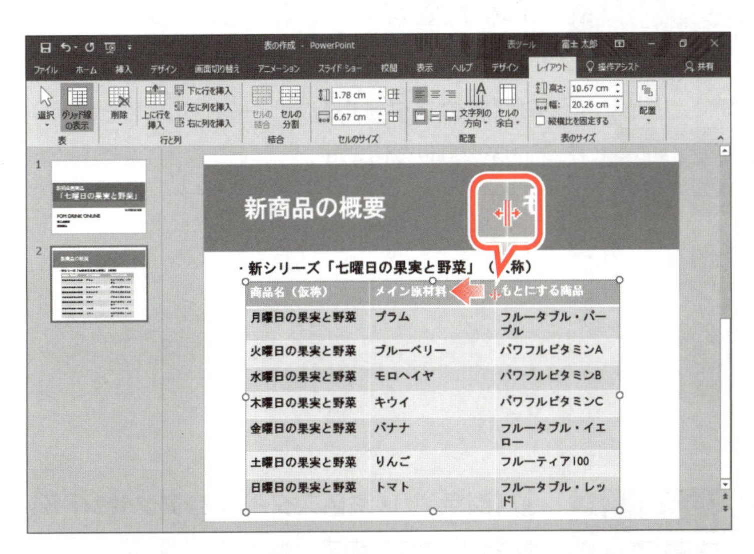

①2列目と3列目の間の境界線をポイントします。
マウスポインターの形が+||+に変わります。
②左方向にドラッグします。

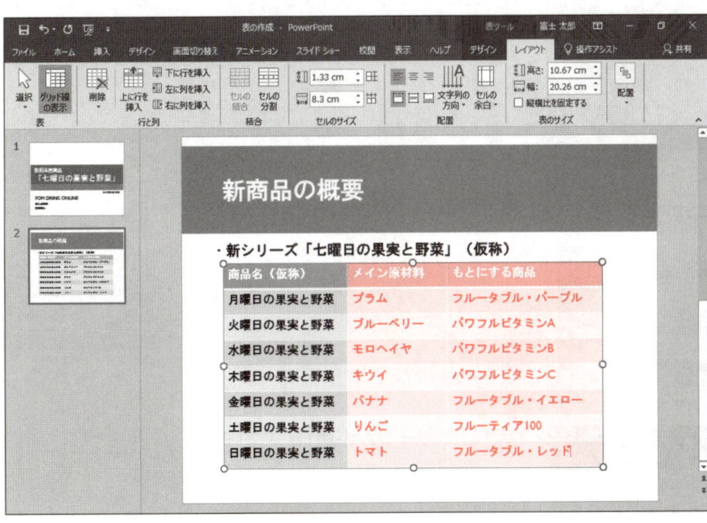

2列目の列幅が狭くなり、3列目の列幅が広くなります。

POINT 行の高さの変更

行の高さを変更するには、行の下側の境界線をポイントして、マウスポインターが÷の状態でドラッグします。行内の文字のフォントサイズよりも行の高さを小さくすることはできません。

STEP UP 列幅と行の高さの詳細設定

列幅や行の高さを数値で正確に指定する方法は、次のとおりです。

◆行や列にカーソルを移動→《レイアウト》タブ→《セルのサイズ》グループの［行の高さの設定］（行の高さの設定）／［列の幅の設定］（列の幅の設定）

Step4 表に書式を設定する

1 表のスタイルの適用

「**表のスタイル**」とは、表を装飾するための書式の組み合わせです。罫線や塗りつぶしなどがあらかじめ設定されており、表の体裁を瞬時に整えることができます。
作成した表には、自動的にスタイルが適用されますが、あとからスタイルの種類を変更することもできます。
表にスタイル「**淡色スタイル3-アクセント5**」を適用しましょう。
※設定する項目名が一覧にない場合は、任意の項目を選択してください。

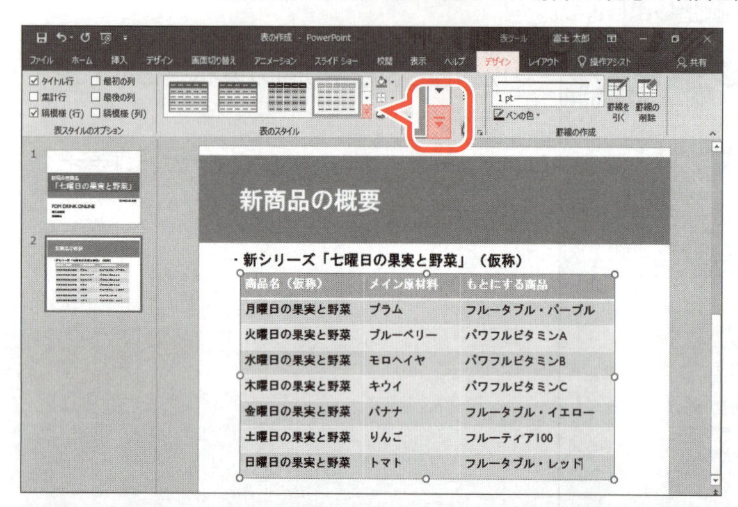

①表が選択されていることを確認します。
②《**表ツール**》の《**デザイン**》タブを選択します。
③《**表のスタイル**》グループの ▼（その他）をクリックします。

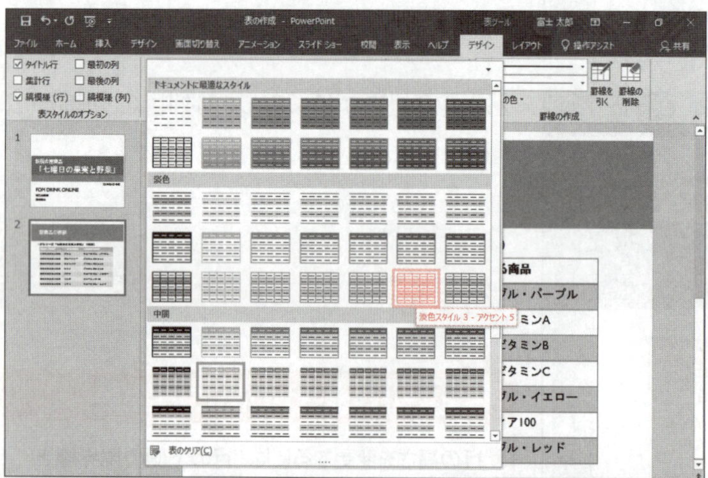

④《**淡色**》の《**淡色スタイル3-アクセント5**》をクリックします。

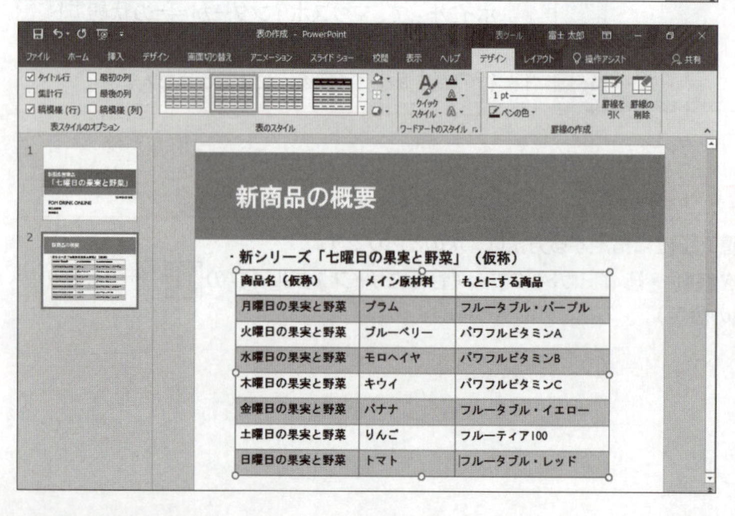

表にスタイルが適用されます。

STEP UP 表のスタイルのクリア

表に適用されているスタイルをクリアして、罫線だけの表にする方法は、次のとおりです。

◆表を選択→《表ツール》の《デザイン》タブ→《表のスタイル》グループの ▼（その他）→《表のクリア》

POINT 表のスタイル

表のスタイルは、塗りつぶし・罫線・効果で構成されており、それぞれ個別に設定することができます。《表ツール》の《デザイン》タブ→《表のスタイル》グループの（塗りつぶし）、（枠なし）、（効果）を使って、それぞれ設定します。

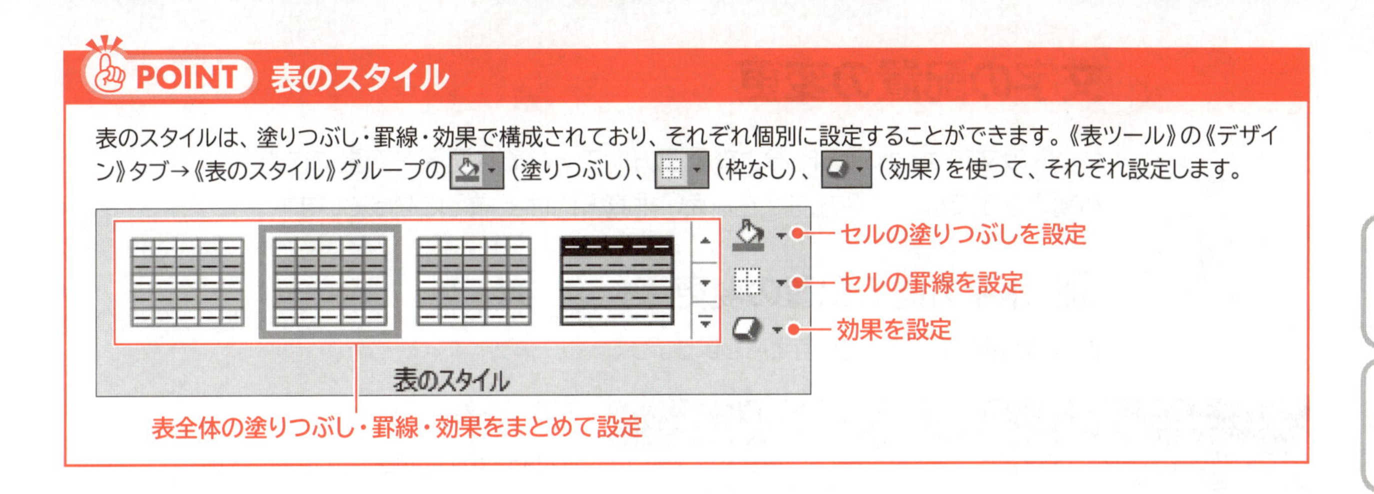

2 表スタイルのオプションの確認

「表スタイルのオプション」を使うと、見出し行を強調したり、最初の列や最後の列を強調したり、縞模様で表示したりして、表の見栄えを簡単に変更できます。

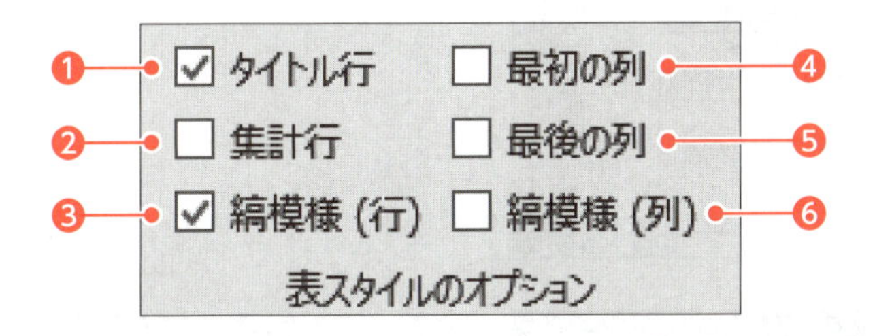

❶タイトル行

☑にすると、表の最初の行が強調されます。

❷集計行

☑にすると、表の最後の行が強調されます。

❸縞模様（行）

☑にすると、行方向の縞模様が設定されます。

❹最初の列

☑にすると、表の最初の列が強調されます。

❺最後の列

☑にすると、表の最後の列が強調されます。

❻縞模様（列）

☑にすると、列方向の縞模様が設定されます。

適用した表スタイルのオプションを確認しましょう。

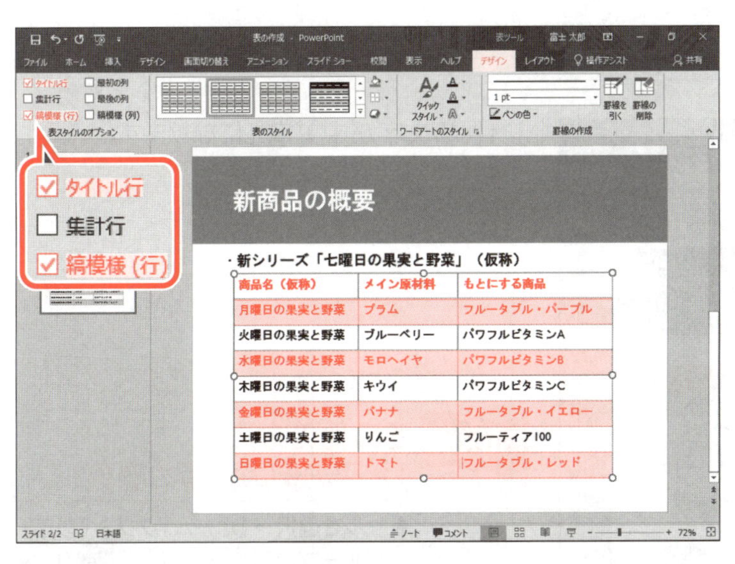

①表が選択されていることを確認します。

②**《表ツール》**の**《デザイン》**タブを選択します。

③**《表スタイルのオプション》**グループの**《タイトル行》**が☑になっていることを確認します。

※☑と□を切り替えて、表の体裁の違いを確認しておきましょう。

④**《表スタイルのオプション》**グループの**《縞模様（行）》**が☑になっていることを確認します。

※☑と□を切り替えて、表の体裁の違いを確認しておきましょう。

3 文字の配置の変更

セル内の文字は、水平方向および垂直方向でそれぞれ配置を変更できます。
初期の設定では、水平方向は左揃え、垂直方向は上揃えになっています。

1 水平方向の配置の変更

表の1行目の文字を中央揃えにしましょう。

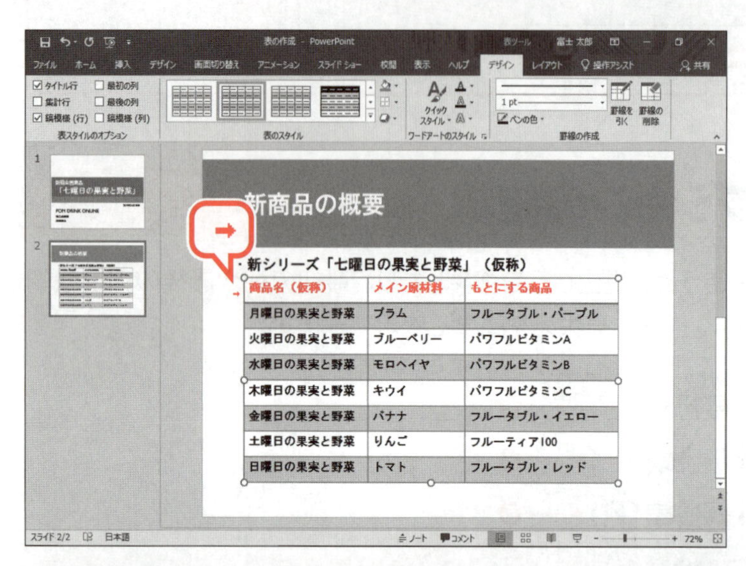

1行目を選択します。

①1行目の左側をポイントします。

マウスポインターの形が➡に変わります。

②クリックします。

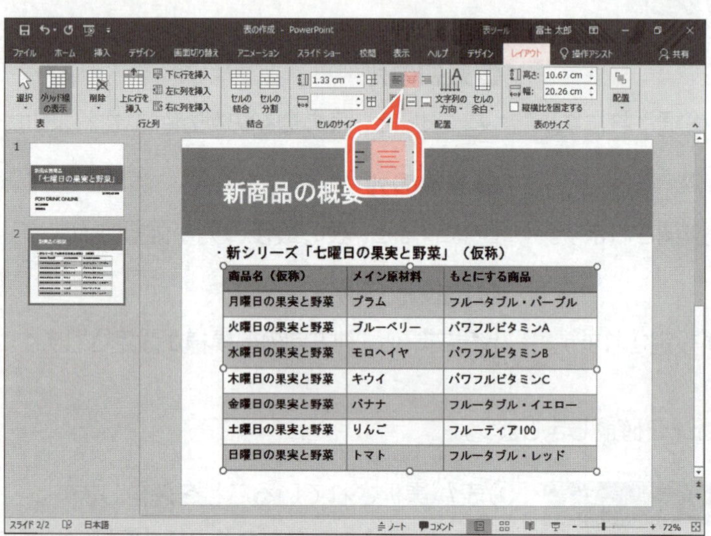

③《**レイアウト**》タブを選択します。

④《**配置**》グループの［中央揃え］（中央揃え）をクリックします。

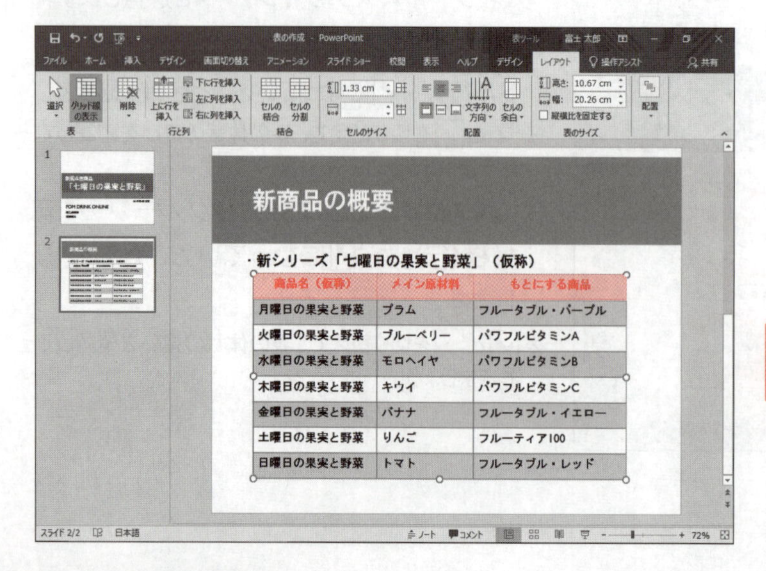

1行目の文字が中央揃えになります。

その他の方法（水平方向の配置の変更）

◆セルを選択→《ホーム》タブ→《段落》グループの［左揃え］（左揃え）／［中央揃え］（中央揃え）／［右揃え］（右揃え）

2 垂直方向の配置の変更

表内の文字をすべて上下中央揃えにしましょう。

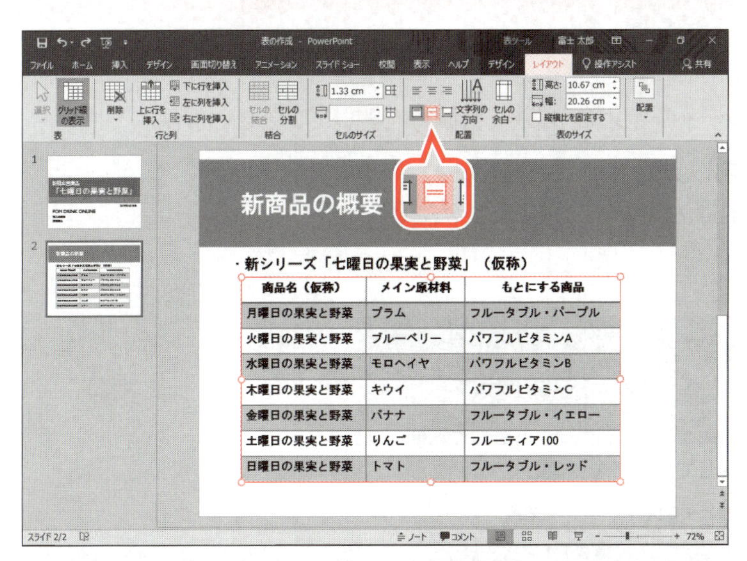

表全体を選択します。

①表の周囲の枠線をクリックします。

②**《レイアウト》**タブを選択します。

③**《配置》**グループの[上下中央揃え]（上下中央揃え）をクリックします。

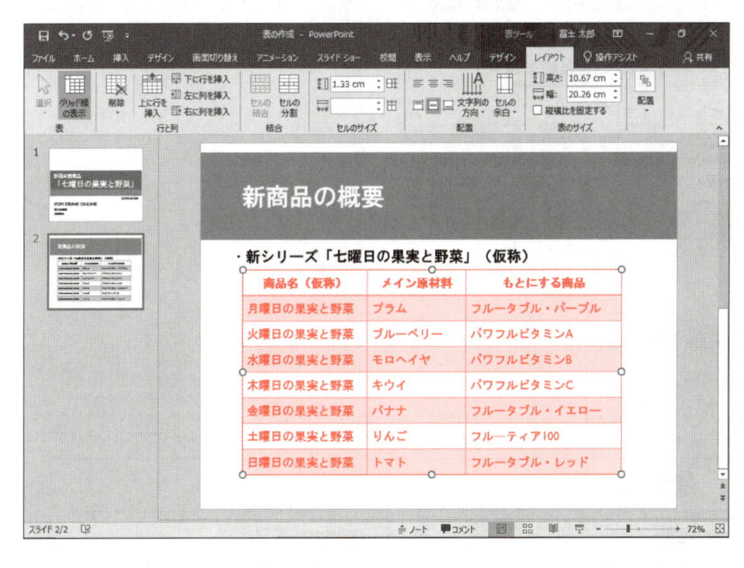

表内の文字が上下中央揃えになります。

※プレゼンテーションに「表の作成完成」と名前を付けて、フォルダー「第3章」に保存し、閉じておきましょう。

STEP UP その他の方法（垂直方向の配置の変更）

◆セルを選択→《ホーム》タブ→《段落》グループの（文字の配置）

POINT 表の選択

表の各部を選択する方法は、次のとおりです。

選択対象	操作方法
表全体	表の周囲の枠線をクリック
セル	セル内の左端をマウスポインターの形が⬈の状態でクリック
セル範囲	方法1）開始セルから終了セルまでドラッグ 方法2）開始セルをクリック→Shiftを押しながら、終了セルをクリック
行	行の左側をマウスポインターの形が➡の状態でクリック
隣接する複数の行	行の左側をマウスポインターの形が➡の状態でドラッグ
列	列の上側をマウスポインターの形が⬇の状態でクリック
隣接する複数の列	列の上側をマウスポインターの形が⬇の状態でドラッグ

練習問題

解答 ▶ 別冊P.2

フォルダー「第3章」のプレゼンテーション「第3章練習問題」を開いておきましょう。

次のようなスライドを作成しましょう。
※設定する項目名が一覧にない場合は、任意の項目を選択してください。

●完成図

新商品の概要

・ビタミンの配合・効能を重視して原材料を見直し

商品名（仮称）	摂取ビタミン	効能
月曜日の果実と野菜	葉酸	貧血の予防
火曜日の果実と野菜	ビタミンA	眼精疲労の緩和
水曜日の果実と野菜	ビタミンB	肌荒れの予防
木曜日の果実と野菜	ビタミンC	美白
金曜日の果実と野菜	カリウム	高血圧の予防
土曜日の果実と野菜	食物繊維	便秘の予防
日曜日の果実と野菜	リコピン	活性酸素の除去

① スライド3に3列8行の表を作成しましょう。

② 作成した表に次の文字を入力しましょう。

商品名（仮称）	摂取ビタミン	効能
月曜日の果実と野菜	葉酸	貧血の予防
火曜日の果実と野菜	ビタミンA	眼精疲労の緩和
水曜日の果実と野菜	ビタミンB	肌荒れの予防
木曜日の果実と野菜	ビタミンC	美白
金曜日の果実と野菜	カリウム	高血圧の予防
土曜日の果実と野菜	食物繊維	便秘の予防
日曜日の果実と野菜	リコピン	活性酸素の除去

※英字は半角で入力します。

③ 表の1列目の文字が折り返されないように、列幅を広げましょう。

④ 完成図を参考に、表の位置とサイズを調整しましょう。

⑤ 表にスタイル**「淡色スタイル3-アクセント5」**を適用しましょう。

⑥ 表の1行目の文字を中央揃えにし、表内の文字をすべて上下中央揃えにしましょう。

※プレゼンテーションに「第3章練習問題完成」と名前を付けて、フォルダー「第3章」に保存し、閉じておきましょう。

第4章

グラフの作成

第4章 この章で学ぶこと

学習前に習得すべきポイントを理解しておき、
学習後には確実に習得できたかどうかを振り返りましょう。

1 グラフを作成できる。 → P.83

2 グラフの位置やサイズを調整できる。 → P.88

3 グラフを構成する要素について説明できる。 → P.89

4 グラフのレイアウトを変更できる。 → P.91

5 グラフ全体の色合いやデザインを変更できる。 → P.92

6 グラフ要素に対して、書式を設定できる。 → P.93

7 グラフをコピーできる。 → P.95

8 グラフのもとになるデータを修正できる。 → P.96

Step 1 作成するスライドを確認する

1 作成するスライドの確認

次のようなスライドを作成しましょう。

既存顧客分析①

・調査対象
・2018年7月1日～31日
2019年1月1日～31日
・オンラインショップ利用者
（顧客データベースより対象者4,126名抽出）

年代別構成比

10歳代 8%
20歳代 18%
30歳代 34%
40歳代 21%
50歳代 9%
60歳代 5%
70歳代～ 5%

グラフタイトルの書式設定

グラフの作成
グラフの移動とサイズ変更
グラフのレイアウトの変更
グラフの色の変更

データラベルの書式設定

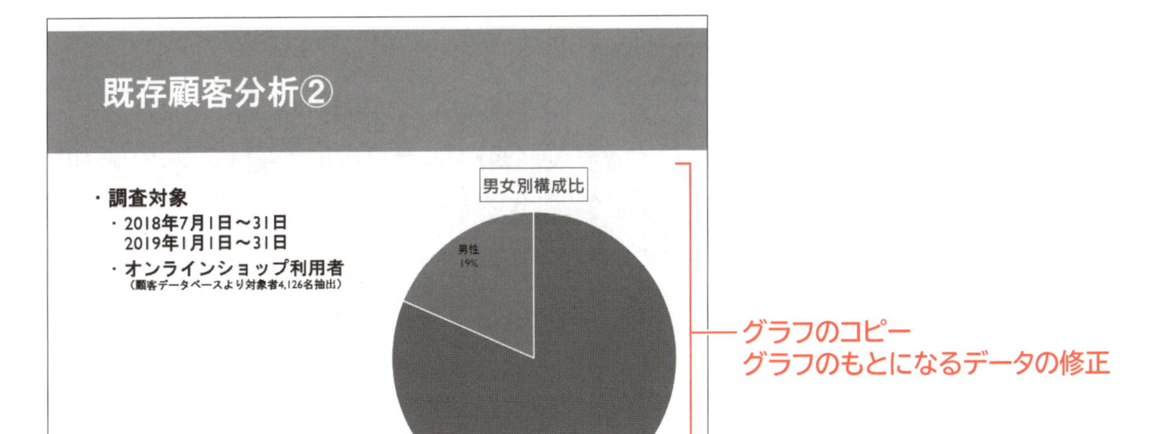

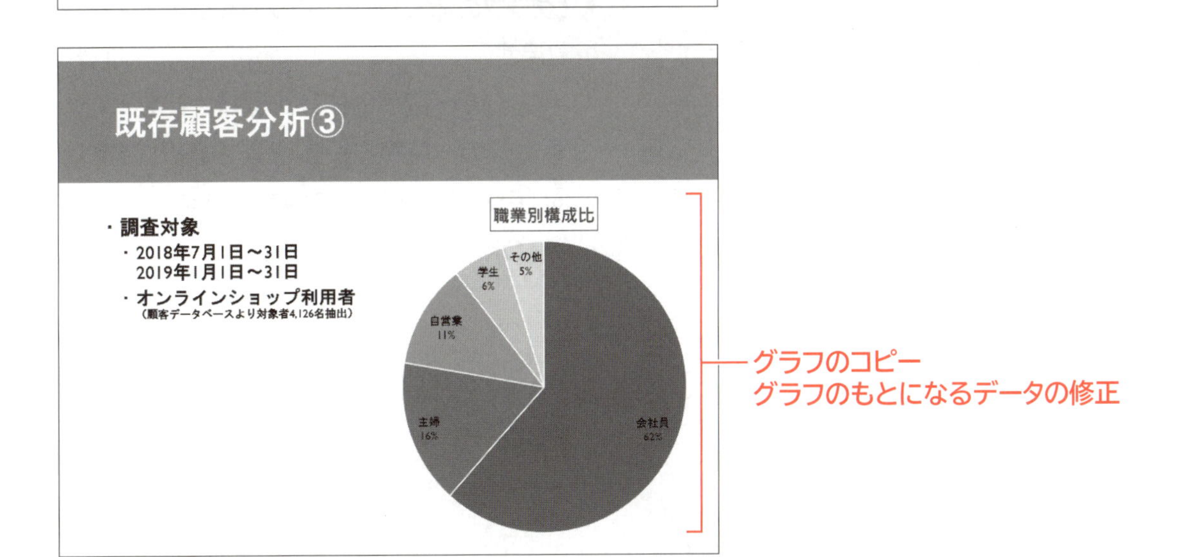

Step2 グラフを作成する

1 グラフ

「グラフ」を使うと、数値を視覚的に表現できるため、データの傾向や変化を把握しやすくなります。
PowerPointでグラフを作成すると、専用のワークシートが表示されます。このワークシートに必要なデータを入力すると、スライド上にグラフが作成されます。
PowerPointでは、Excelと同様に、**「円」「縦棒」「横棒」「折れ線」「面」**など様々な種類のグラフを作成できます。また、Excelと同様の操作方法で、グラフのレイアウトを変更したり書式を設定したりできます。

2 グラフの作成

スライド3に年代別の構成比を表す円グラフを作成しましょう。

フォルダー「第4章」のプレゼンテーション「グラフの作成」を開いておきましょう。

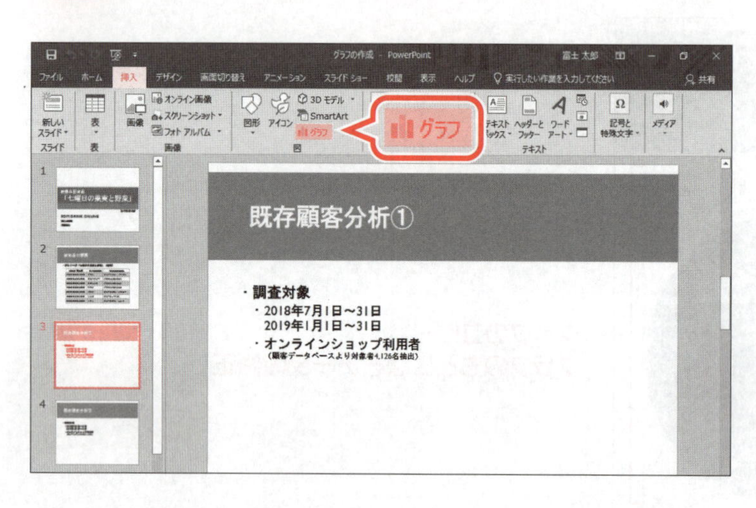

①スライド3を選択します。
②《挿入》タブを選択します。
③《図》グループの グラフ（グラフの追加）をクリックします。

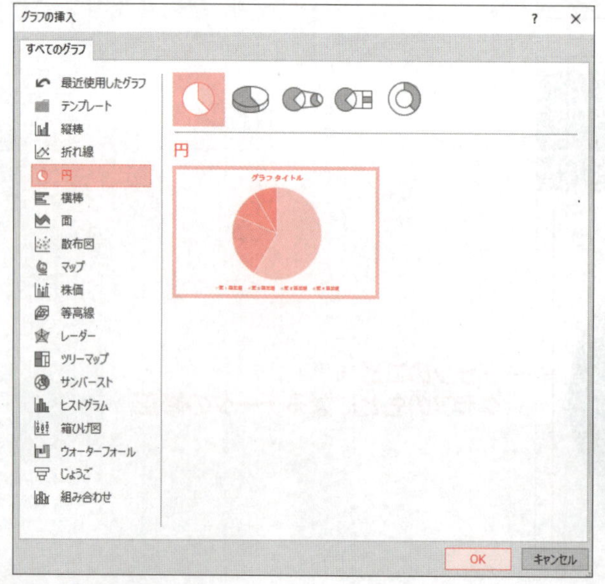

《グラフの挿入》ダイアログボックスが表示されます。
④左側の一覧から**《円》**を選択します。
⑤右側の一覧から（円）を選択します。
⑥**《円》**のプレビューを確認します。
⑦**《OK》**をクリックします。

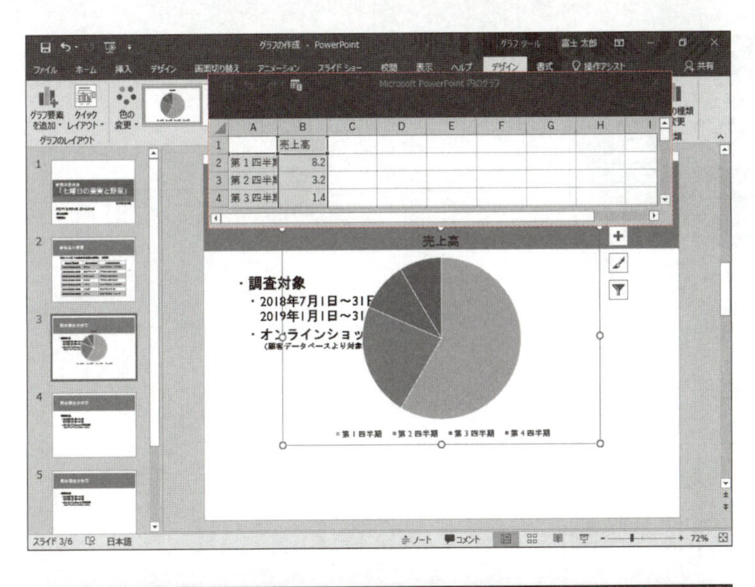

ワークシートが表示され、仮データでグラフが作成されます。

※グラフには、あらかじめスタイルが適用されています。

⑧ワークシートに入力されている仮データと、PowerPointのグラフが対応していることを確認します。

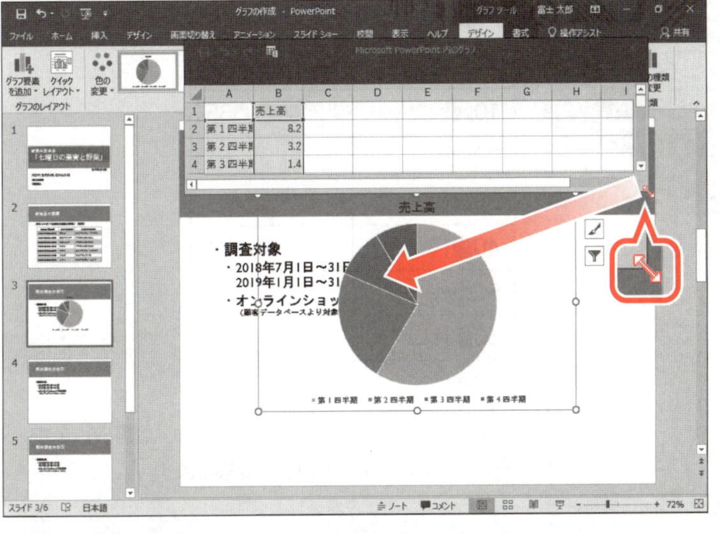

ワークシートのウィンドウを調整します。

⑨ウィンドウの右下をポイントします。

マウスポインターの形が⤡に変わります。

⑩図のようにドラッグします。

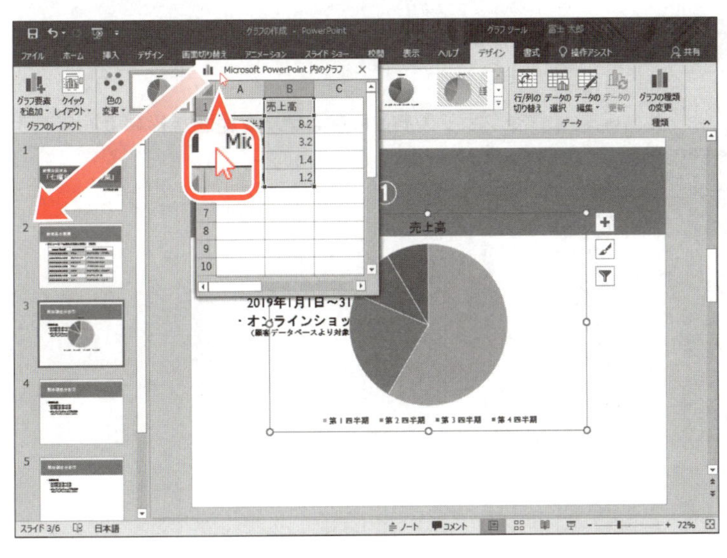

ウィンドウのサイズが変更されます。

⑪ウィンドウのタイトルバーをポイントします。

マウスポインターの形が↖に変わります。

⑫図のようにドラッグします。

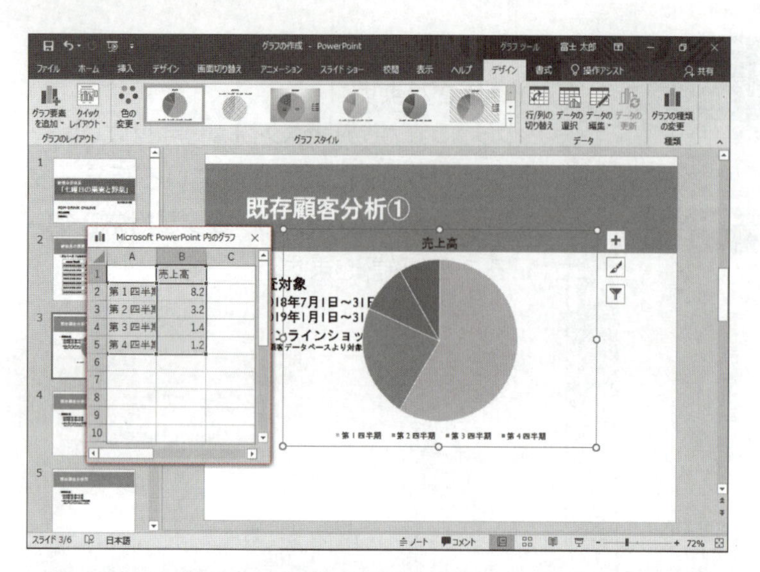

ウィンドウが移動します。

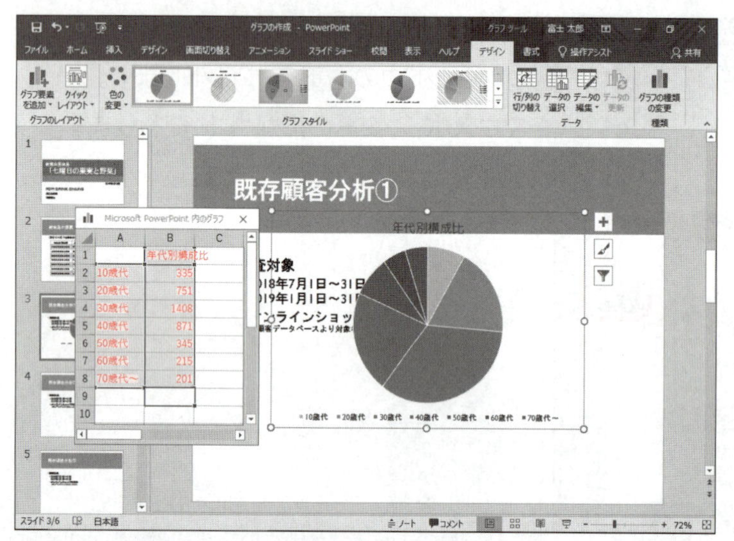

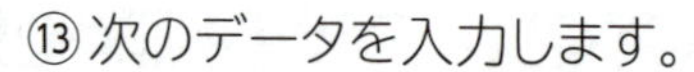
⑬次のデータを入力します。

	年代別構成比
10歳代	335
20歳代	751
30歳代	1408
40歳代	871
50歳代	345
60歳代	215
70歳代～	201

※あらかじめ入力されている文字は、上書きします。
※「～」は「から」と入力して変換します。

入力したデータに応じて、グラフが更新されます。
※グラフのもとになるデータ範囲が枠線で囲まれます。

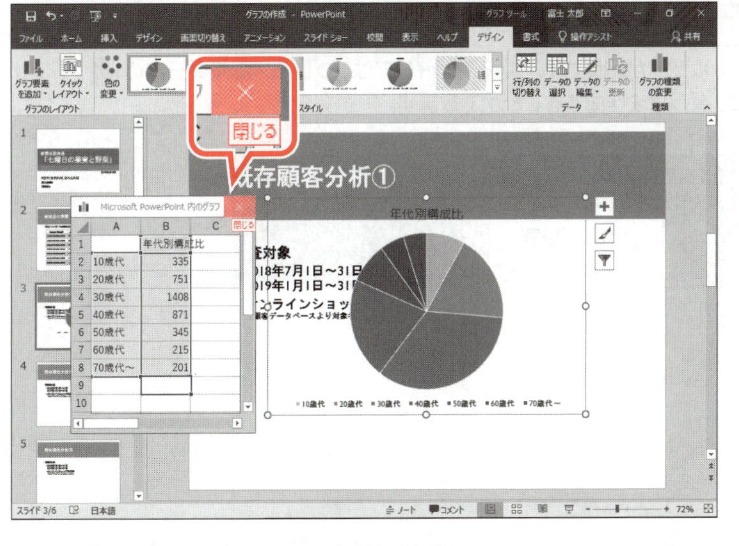

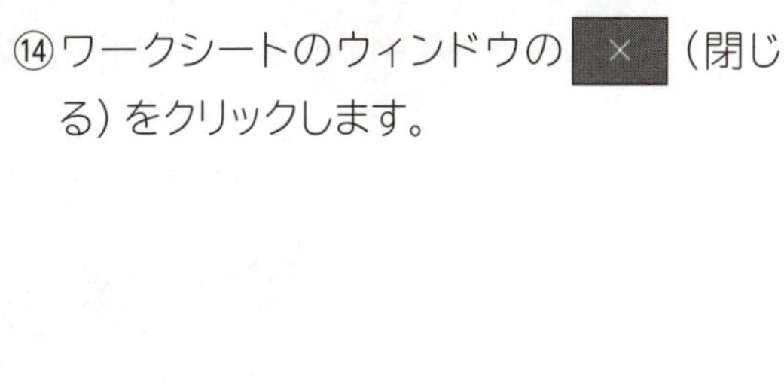

⑭ワークシートのウィンドウの（閉じる）をクリックします。

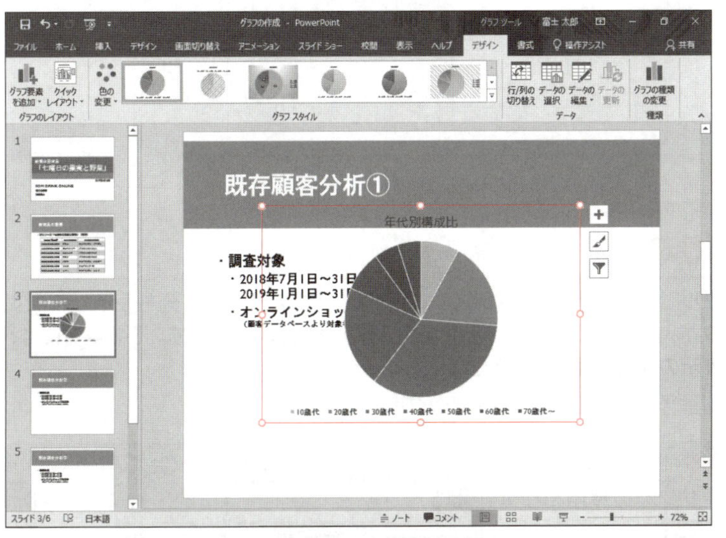

⑮グラフの周囲に枠線が表示され、グラフが選択されていることを確認します。

※リボンに《グラフツール》の《デザイン》タブと《書式》タブが表示されます。

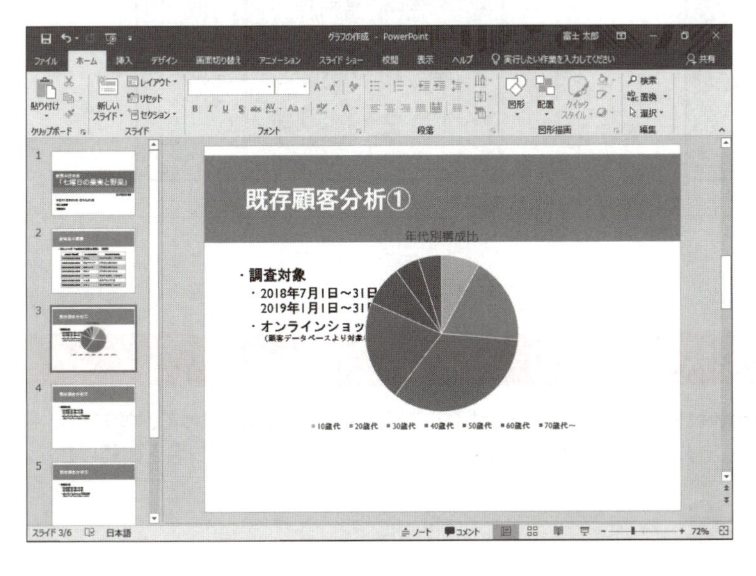

⑯グラフ以外の場所をクリックします。

グラフの選択が解除されます。

POINT 《グラフツール》の《デザイン》タブと《書式》タブ

グラフが選択されているとき、リボンに《グラフツール》の《デザイン》タブと《書式》タブが表示され、グラフに関するコマンドが使用できる状態になります。

STEP UP プレースホルダーのアイコンを使ったグラフの作成

コンテンツのプレースホルダーが配置されているスライドでは、プレースホルダー内の（グラフの挿入）をクリックして、グラフを作成することができます。

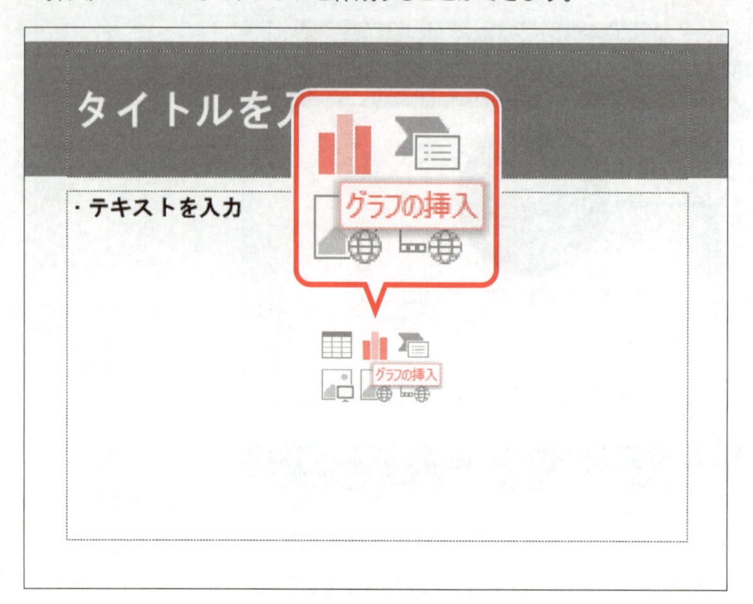

STEP UP ワークシートの列幅の変更

ワークシートの右隣のセルにデータが入力されていなければ、列幅を超える部分も表示されますが、右隣のセルにデータが入力されると、列幅を超える部分が非表示になります。その場合には、列幅を拡大すると、非表示の部分が見えるようになります。
列幅を変更するには、列番号の右側の境界線をドラッグします。

	A	B	C
1		リピート購入の理由	
2	安全性・信	91	
3	健康への配	72	
4	味・おいし	58	
5	サービス・	37	
6	その他	25	
7			

↓

	A	B	C
1		リピート購入の理由	
2	安全性・信頼性	91	
3	健康への配慮	72	
4	味・おいしさ	58	
5	サービス・利便性	37	
6	その他	25	
7			

POINT ボタンの形状

ディスプレイの画面解像度や《PowerPoint》ウィンドウのサイズなど、お使いの環境によって、ボタンの形状やサイズが異なる場合があります。ボタンの操作は、ポップヒントに表示されるボタン名を確認してください。

例：グラフの追加 グラフ 

3 グラフの移動とサイズ変更

スライドに作成したグラフは、移動したりサイズを変更したりできます。
グラフを移動するには、周囲の枠線をドラッグします。
グラフのサイズを変更するには、周囲の枠線上にある○（ハンドル）をドラッグします。
グラフの位置とサイズを調整しましょう。

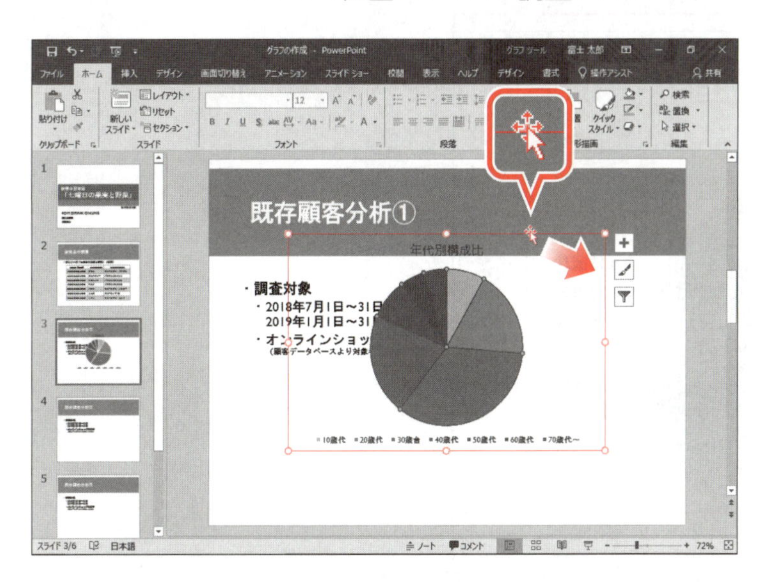

①グラフ内をクリックします。
※グラフ内であれば、どこでもかまいません。
グラフが選択され、周囲に枠線が表示されます。
②グラフの周囲の枠線をポイントします。
マウスポインターの形が に変わります。
③図のようにドラッグします。

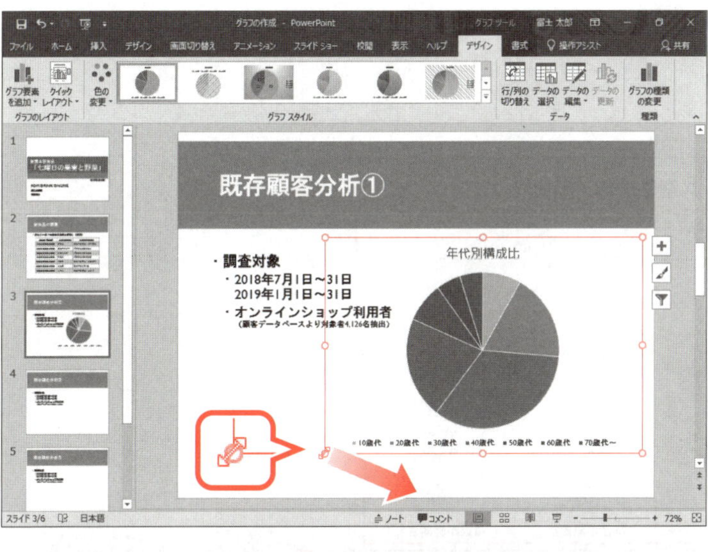

グラフが移動します。
④グラフの左下の○（ハンドル）をポイントします。
マウスポインターの形が に変わります。
⑤図のようにドラッグします。

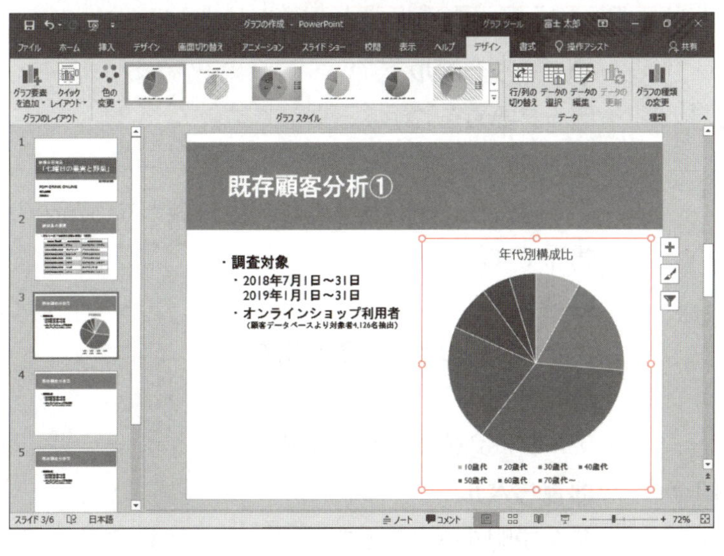

グラフのサイズが変更されます。

4 グラフの構成要素

グラフを構成する要素を確認しましょう。
※グラフの種類によって、要素とその領域は異なります。

●円グラフ

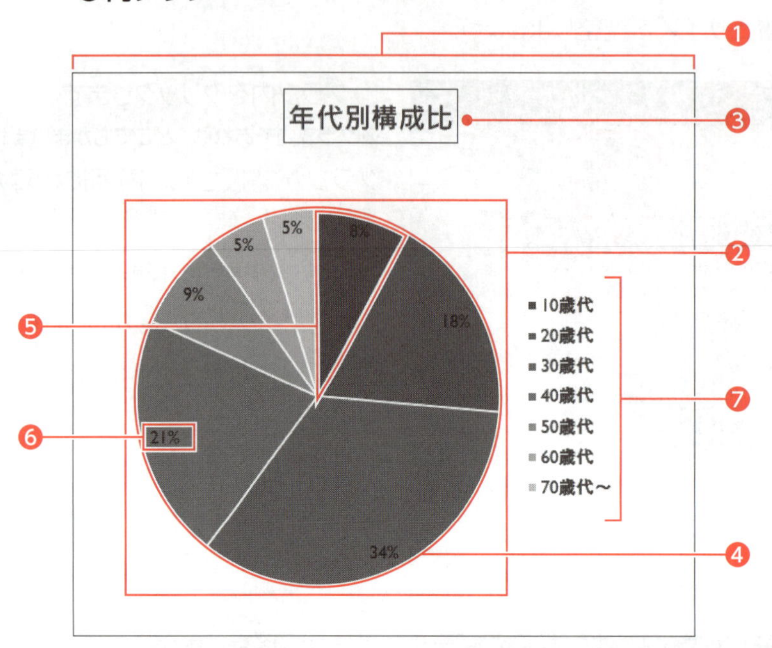

●縦棒グラフ

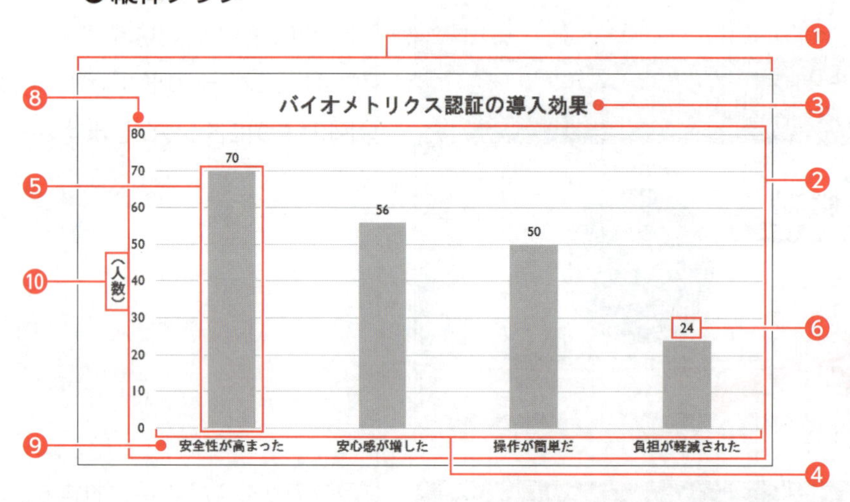

❶グラフエリア
グラフ全体の領域です。すべての要素が含まれます。

❷プロットエリア
円グラフや縦棒グラフの領域です。

❸グラフタイトル
グラフのタイトルです。

❹データ系列
もとになる数値を視覚的に表す円や棒です。

❺データ要素
もとになる数値を視覚的に表す個々の扇型や個々の棒です。

❻データラベル
データ要素を説明する文字です。

❼凡例
データ系列に割り当てられた色を識別するための情報です。

❽値軸
データ系列の数値を表す軸です。

❾項目軸
データ系列の項目を表す軸です。

❿軸ラベル
軸を説明する文字です。

POINT グラフの選択

グラフを編集する場合、まず対象となる要素を選択し、次にその要素に対して処理を行います。グラフ上の要素は、クリックすると選択できます。
要素をポイントすると、ポップヒントに要素名が表示されます。複数の要素が重なっている箇所や要素の面積が小さい箇所は、選択するときにポップヒントで確認するようにしましょう。要素の選択ミスを防ぐことができます。
グラフの各部を選択する方法は、次のとおりです。

選択対象	操作方法
グラフ全体	グラフ内をクリック→グラフの周囲の枠線をクリック
グラフ要素	グラフ要素をクリック ※グラフ要素によっては、2回クリックして選択するものもあります。

STEP UP グラフ要素の表示・非表示

グラフ要素の表示・非表示を切り替える方法は、次のとおりです。

◆グラフを選択→《グラフツール》の《デザイン》タブ→《グラフのレイアウト》グループの (グラフ要素を追加)

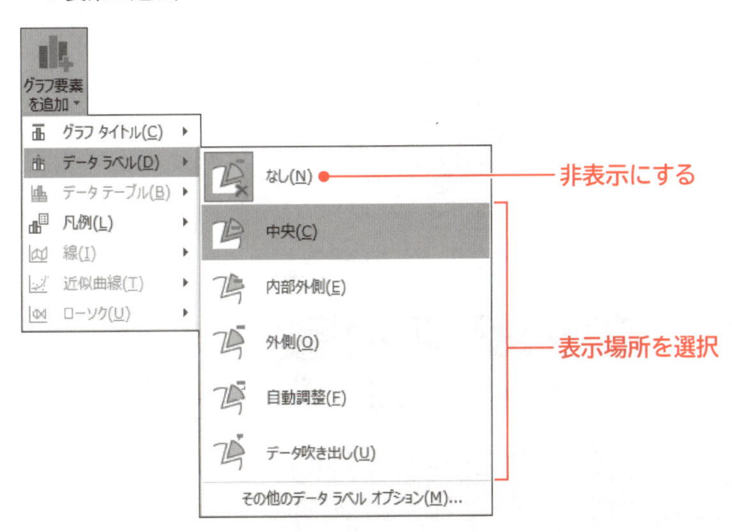

POINT ショートカットツール

グラフを選択すると、グラフの右側にボタンが表示されます。ボタンの名称と役割は、次のとおりです。

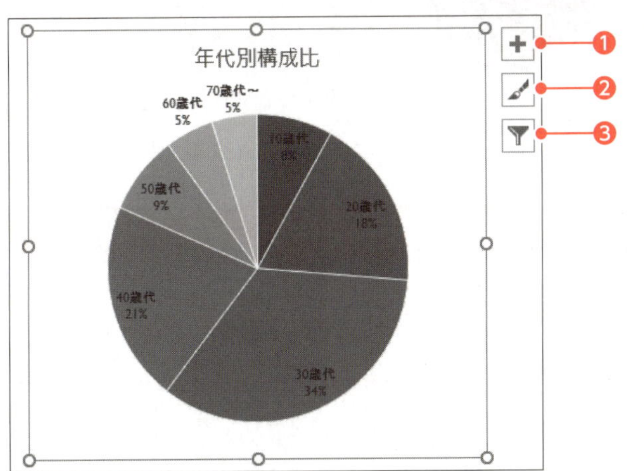

❶グラフ要素
グラフのタイトルや凡例などのグラフ要素の表示・非表示を切り替えたり、表示位置を変更したりします。

❷グラフスタイル
グラフのスタイルや配色を変更します。

❸グラフフィルター
グラフに表示するデータを絞り込みます。

Step3 グラフのレイアウトを変更する

1 グラフのレイアウトの変更

グラフには、いくつかのレイアウトがあらかじめ用意されており、レイアウトによって表示されるグラフ要素やその配置が異なります。
円グラフのレイアウトを、データラベルが表示され、凡例が表示されていないものに変更しましょう。

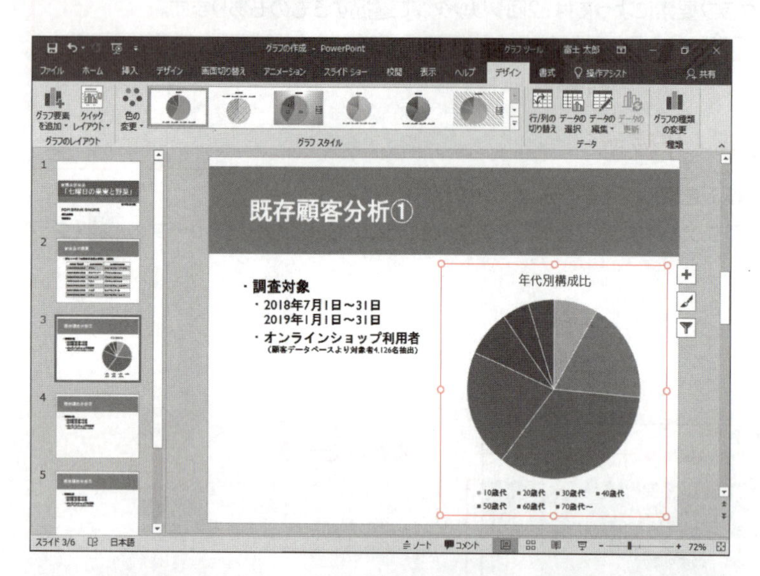

①グラフが選択されていることを確認します。

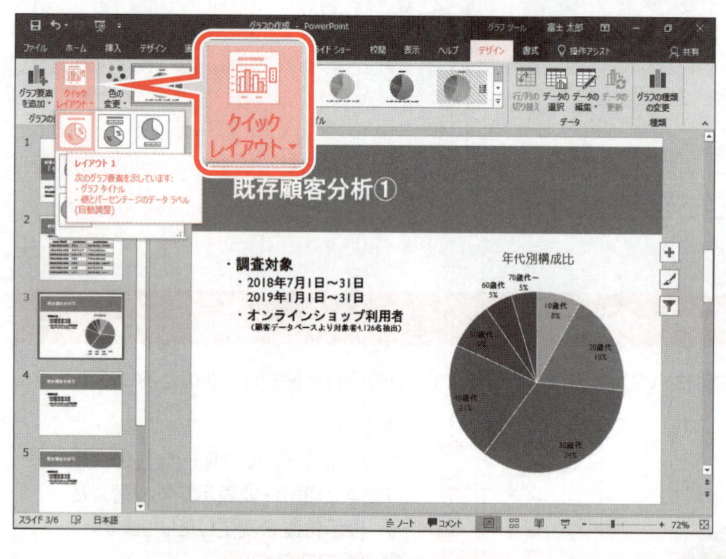

②《グラフツール》の《デザイン》タブを選択します。

③《グラフのレイアウト》グループの（クイックレイアウト）をクリックします。

④《レイアウト1》をクリックします。

円グラフのレイアウトが変更されます。

POINT グラフの種類の変更

グラフの種類をあとから変更する方法は、次のとおりです。

◆グラフを選択→《グラフツール》の《デザイン》タブ→《種類》グループの（グラフの種類の変更）

Step4 グラフに書式を設定する

1 グラフの色の変更

グラフを作成すると、それぞれのデータ系列に自動的に色が付きますが、この色はあとから変更できます。
濃い色から薄い色に変化するオレンジ色の階調に、グラフ全体の色を変更しましょう。
※設定する項目名が一覧にない場合は、任意の項目を選択してください。

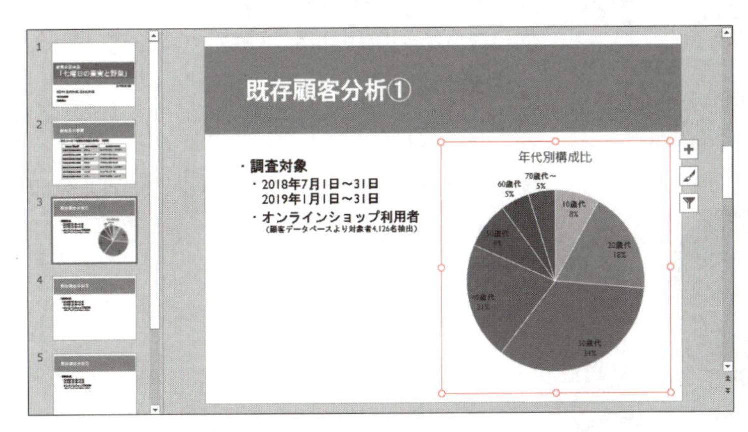

①グラフが選択されていることを確認します。

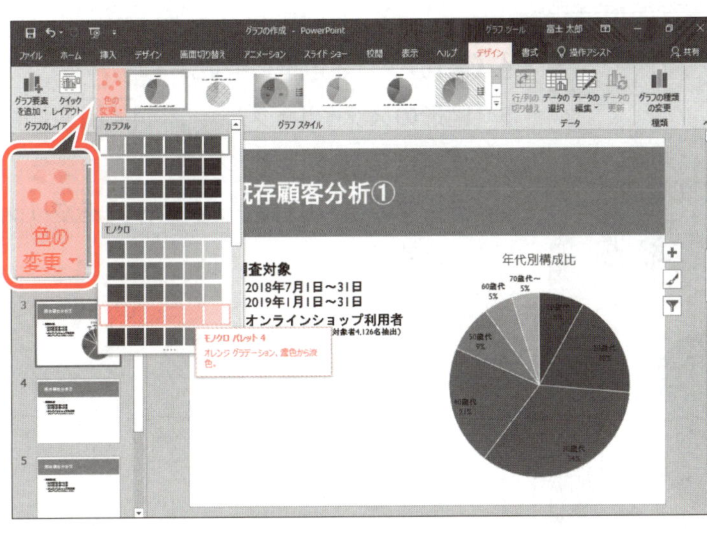

②《グラフツール》の《デザイン》タブを選択します。
③《グラフスタイル》グループの（グラフクイックカラー）をクリックします。
④《モノクロ》の《モノクロ パレット4》をクリックします。
グラフの色が変更されます。

STEP UP その他の方法（グラフの色の変更）

◆グラフを選択→グラフ右上の（グラフスタイル）→《色》

POINT グラフのスタイルの適用

「グラフのスタイル」とは、グラフを装飾するための書式の組み合わせです。各グラフ要素の書式があらかじめ設定されており、グラフのデザインを瞬時に整えることができます。
グラフにスタイルを適用する方法は、次のとおりです。
◆グラフを選択→《グラフツール》の《デザイン》タブ→《グラフスタイル》グループの（その他）→一覧から選択

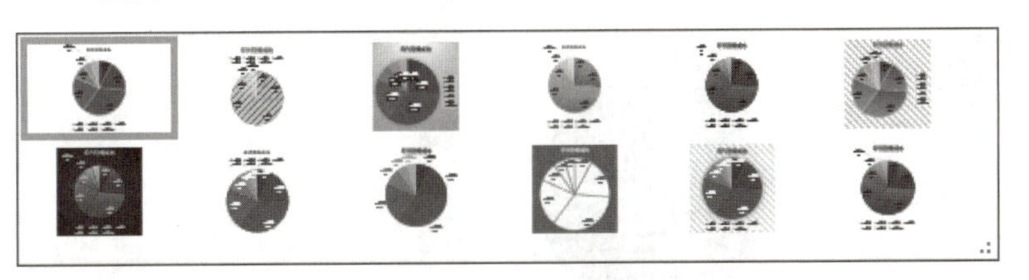

2 グラフタイトルの書式設定

グラフ要素ごとにそれぞれ書式を設定することもできます。
次のように、グラフタイトルに書式を設定しましょう。

太字
枠線　：黒、テキスト1

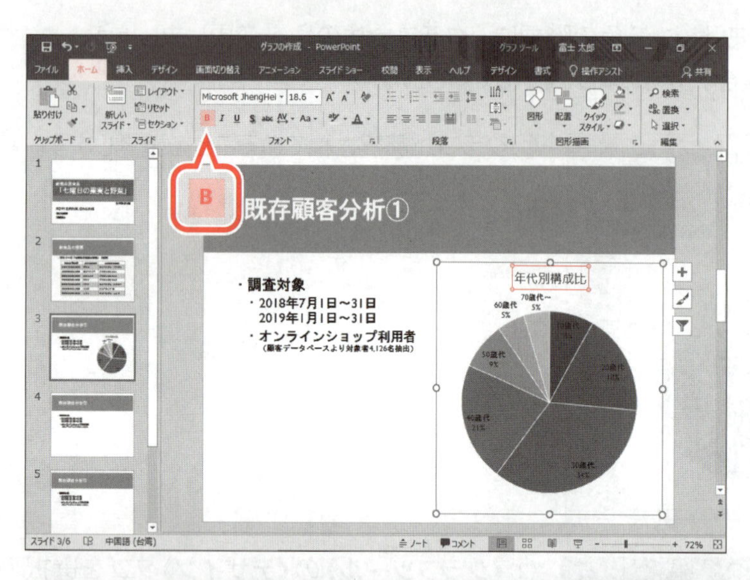

グラフタイトルを選択します。

①グラフタイトルをクリックします。

グラフタイトルの周囲に枠線と○（ハンドル）が表示されます。

②《ホーム》タブを選択します。

③《フォント》グループの **B**（太字）をクリックします。

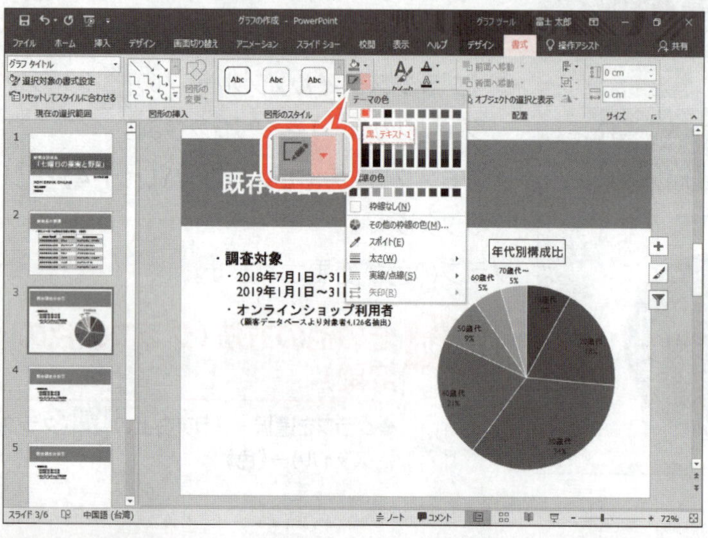

④《書式》タブを選択します。

⑤《図形のスタイル》グループの（図形の枠線）の▼をクリックします。

⑥《テーマの色》の《黒、テキスト1》をクリックします。

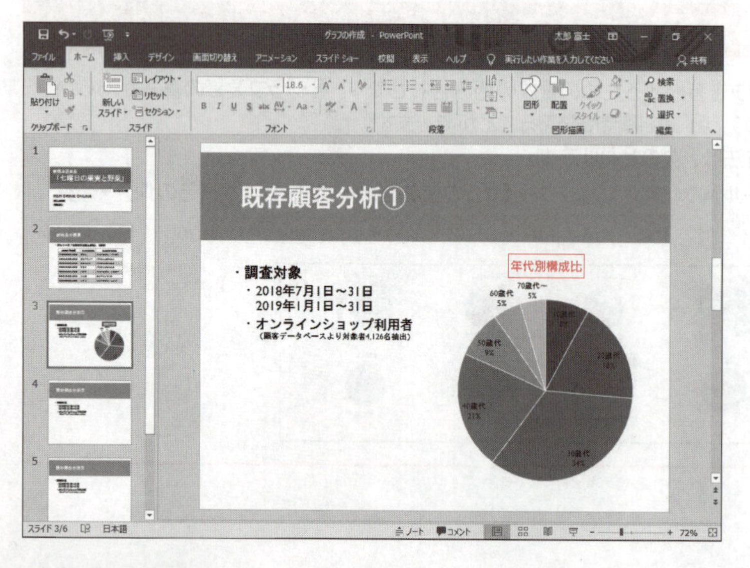

グラフタイトルに書式が設定されます。

※グラフ以外の場所をクリックし、選択を解除しておきましょう。

3 データラベルの書式設定

データラベルの表示位置を**「内部外側」**に変更しましょう。

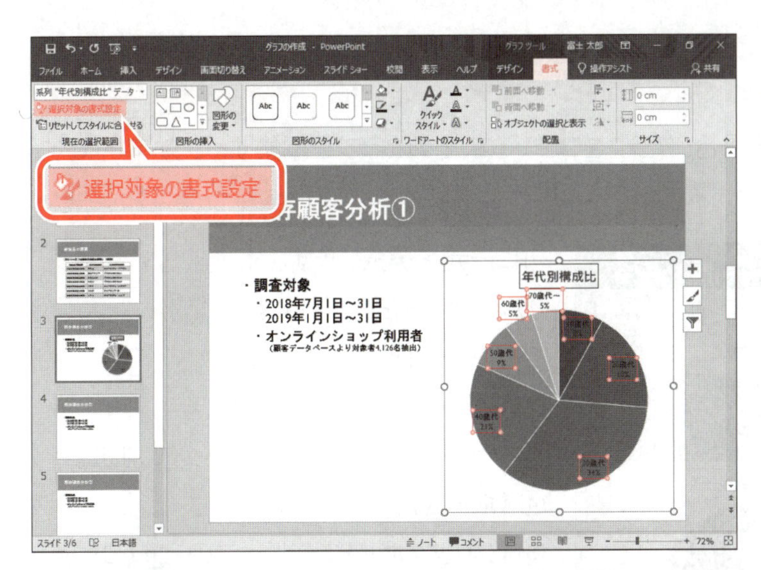

データラベルを選択します。

①データラベルをクリックします。

※データラベルであれば、どれでもかまいません。

データラベルの周囲に、枠線と○（ハンドル）が表示されます。

②**《書式》**タブを選択します。

③**《現在の選択範囲》**グループの 選択対象の書式設定（選択対象の書式設定）をクリックします。

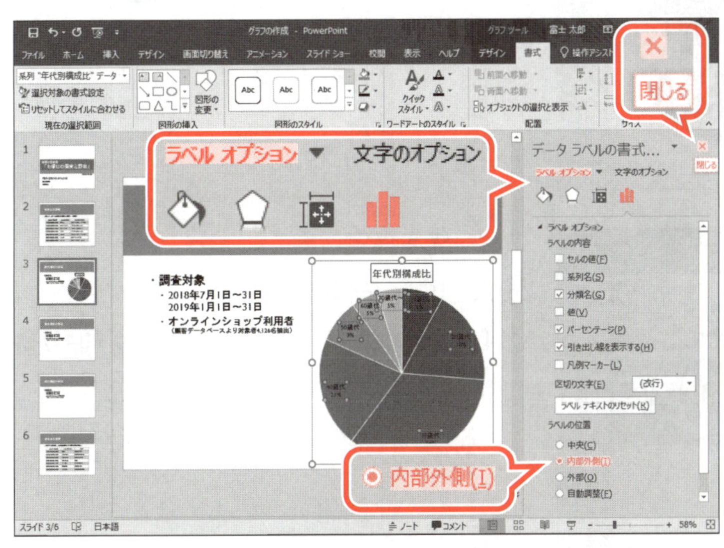

《データラベルの書式設定》作業ウィンドウが表示されます。

④**《ラベルオプション》**の （ラベルオプション）を選択します。

⑤**《ラベルの位置》**の**《内部外側》**を◉にします。

⑥作業ウィンドウの × （閉じる）をクリックします。

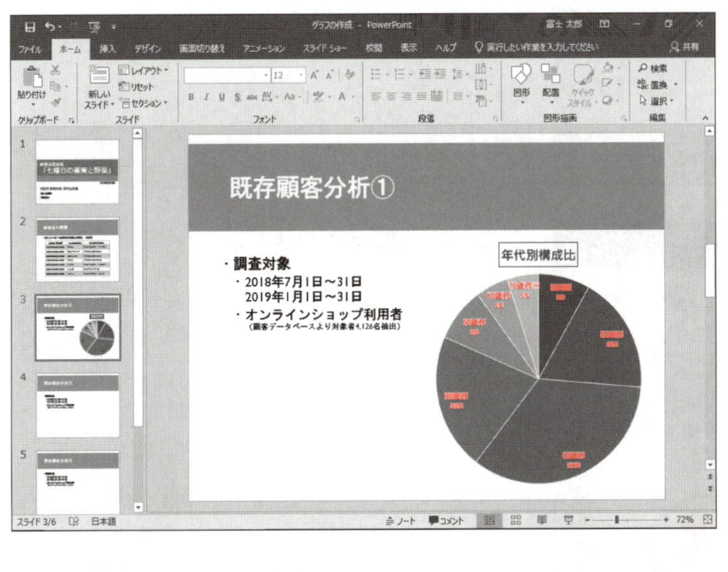

データラベルの表示位置が変更されます。

※グラフ以外の場所をクリックし、選択を解除しておきましょう。

STEP UP その他の方法（グラフ要素の書式設定）

◆グラフ要素を右クリック→《（グラフ要素名）の書式設定》

Step5 グラフのもとになるデータを修正する

1 グラフのコピー

同じようなグラフを作成する場合、グラフをコピーして、そのグラフを編集すると効率的です。
スライド3に作成したグラフを、スライド4にコピーしましょう。

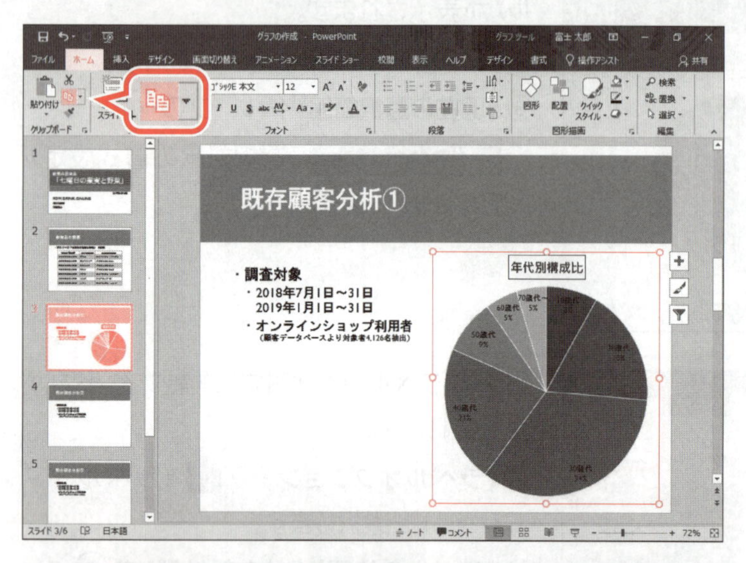

コピー元を選択します。

①スライド3を選択します。

グラフを選択します。

②グラフ内をクリックします。

③グラフの周囲の枠線をクリックします。

④**《ホーム》**タブを選択します。

⑤**《クリップボード》**グループの（コピー）をクリックします。

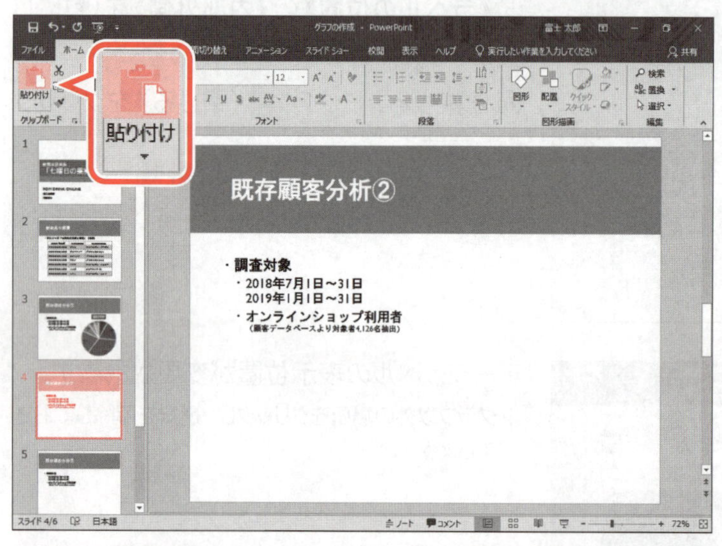

コピー先を指定します。

⑥スライド4を選択します。

⑦**《クリップボード》**グループの（貼り付け）をクリックします。

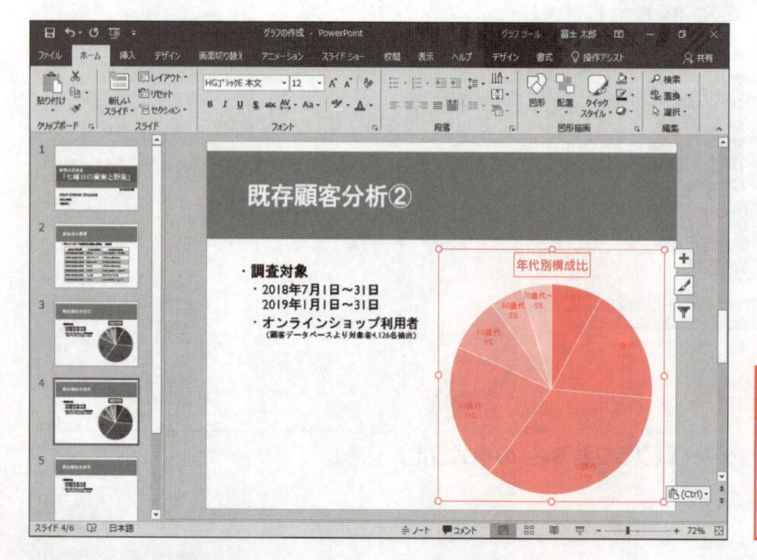

グラフがコピーされます。

POINT グラフの削除

スライド上に作成したグラフを削除するには、グラフの枠線をクリックして【Delete】を押します。

2 グラフのもとになるデータの修正

作成したグラフのもとになるデータを修正するには、ワークシートを再表示して、データを入力しなおします。
スライド4にコピーしたグラフのもとになるデータを修正し、**「年代別構成比」**から**「男女別構成比」**のグラフに変更しましょう。

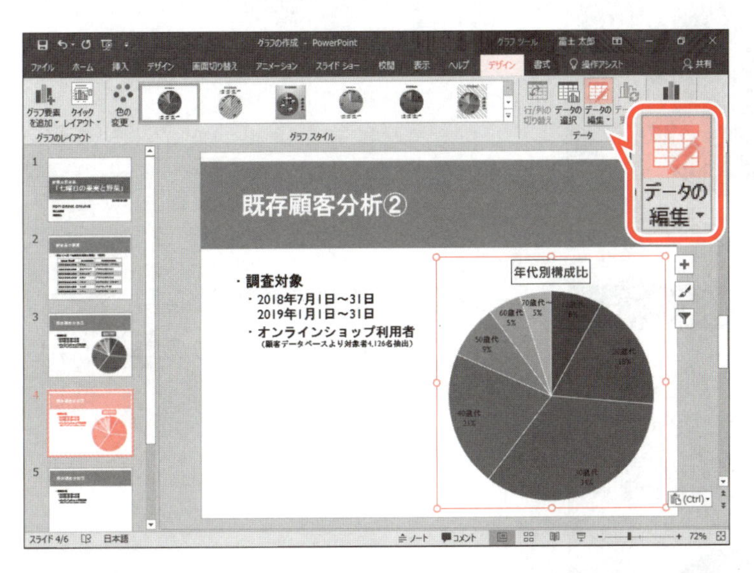

①スライド4が選択されていることを確認します。
②グラフが選択されていることを確認します。
③**《グラフツール》**の**《デザイン》**タブを選択します。
④**《データ》**グループの（データを編集します）をクリックします。

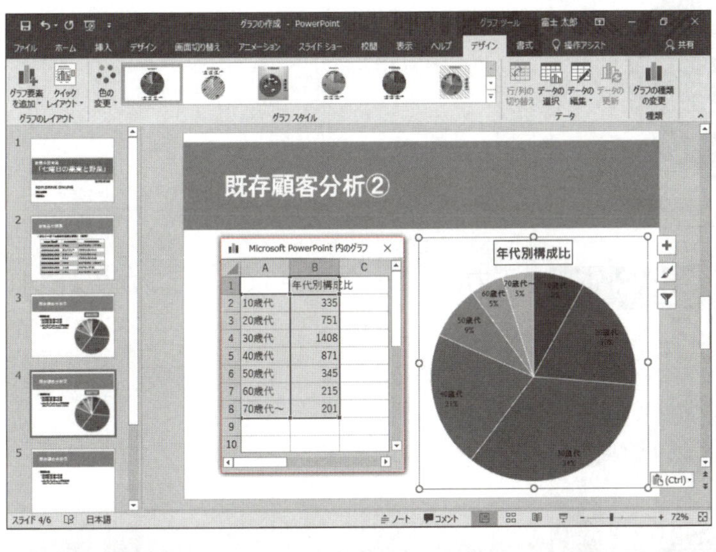

ワークシートが表示されます。
※図のように、ワークシートのウィンドウの位置とサイズを調整しておきましょう。

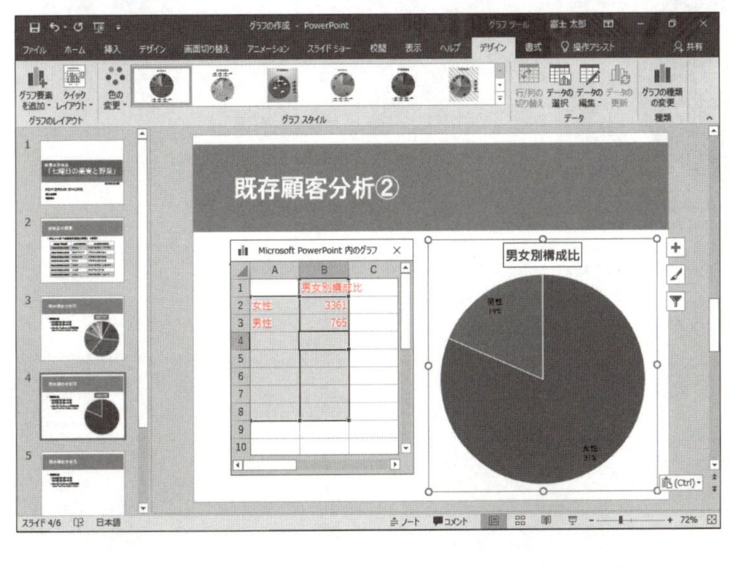

⑤次のようにデータを修正します。

	男女別構成比
女性	3361
男性	765

※あらかじめ入力されている文字は上書きします。
※セル【A4】からセル【B8】は、セル範囲を選択し Delete を押して、データを削除します。

1 2 3 4 5 6 7 8 総合問題 付録 索引

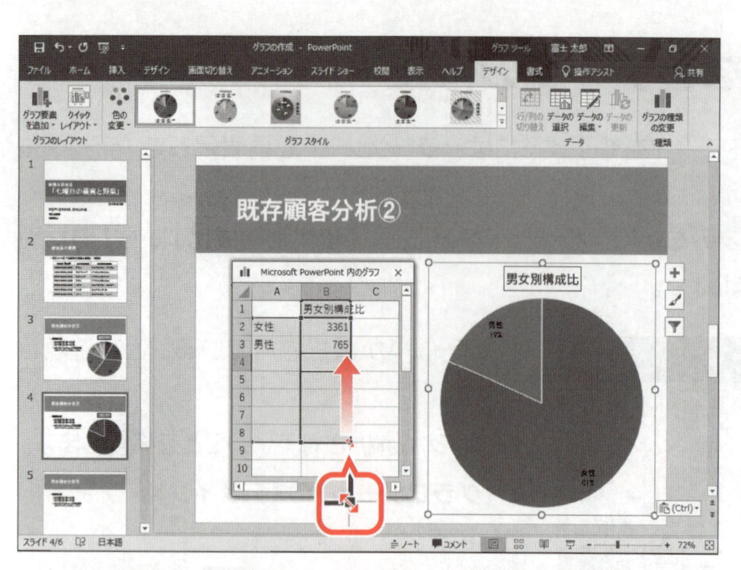

グラフのもとになるデータ範囲を調整します。

⑥セル【B8】の右下の■（ハンドル）をポイントします。

マウスポインターの形が↖↘に変わります。

⑦セル【B3】までドラッグします。

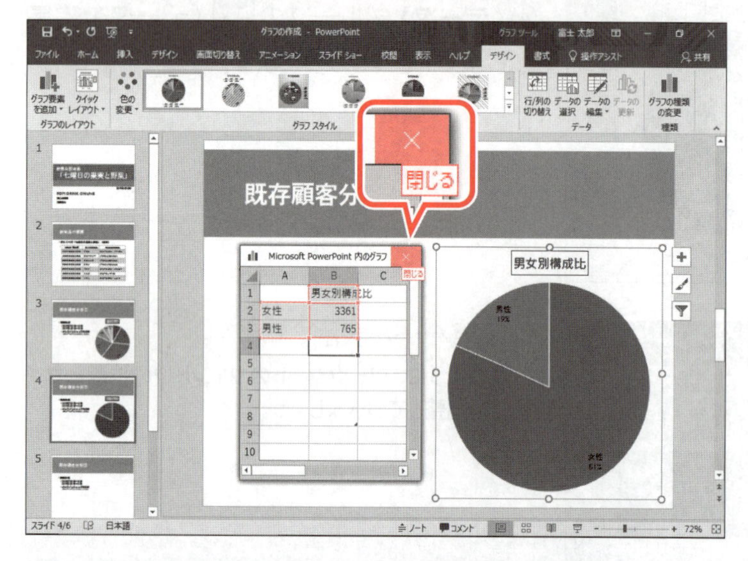

データ範囲を囲む枠線の領域が変更されます。

⑧ワークシートのウィンドウの ✕ （閉じる）をクリックします。

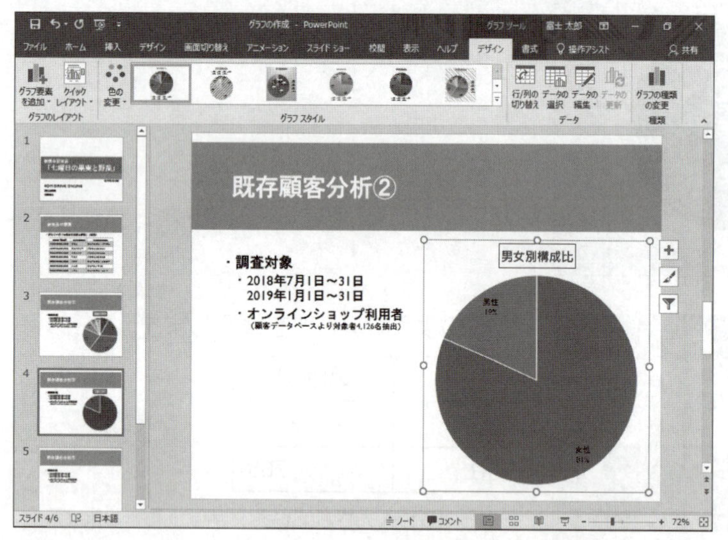

入力したデータに応じて、グラフが更新されます。

STEP UP Excelでデータを編集

ワークシートのタイトルバーの［］（Microsoft Excelでデータを編集）をクリックすると、Excelが起動して、Excelウィンドウ上でグラフの元データを編集できる状態になります。

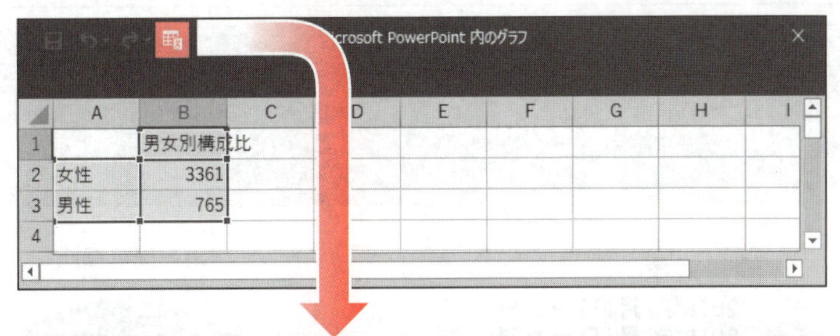

STEP UP データ範囲の調整

グラフのもとになるデータ範囲が意図するとおりに表示されない場合は、Excelを起動し、Excelウィンドウ上で■をドラッグして、データ範囲の終了位置を正確に設定します。

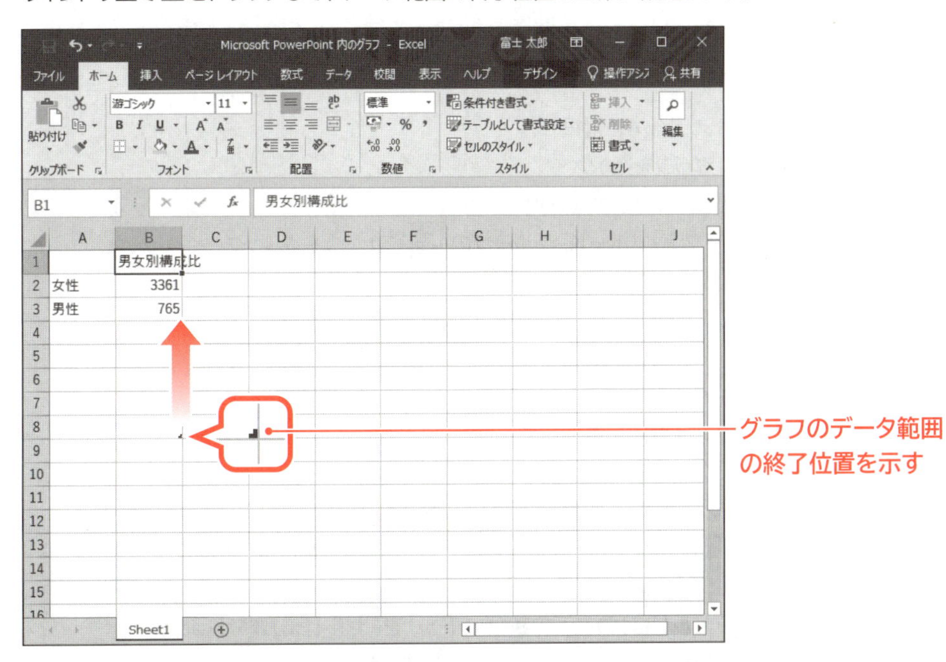

Let's Try ためしてみよう

次のようにスライドを編集しましょう。

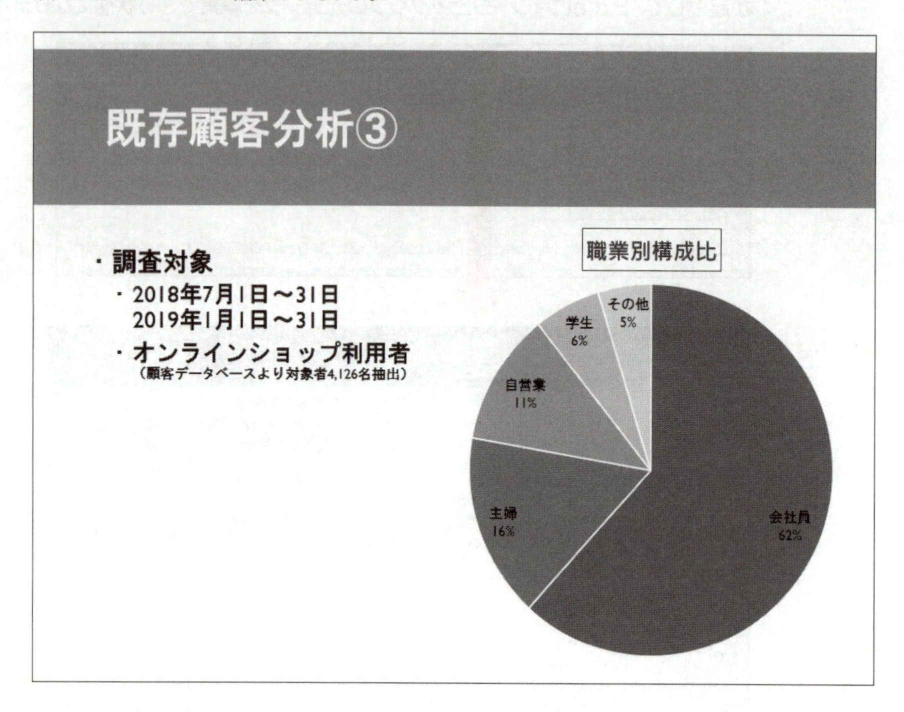

① スライド4に作成したグラフを、スライド5にコピーしましょう。

② スライド5にコピーしたグラフのもとになるデータを次のように修正しましょう。

	職業別構成比
会社員	2544
主婦	663
自営業	478
学生	245
その他	196

Let's Try Answer

①

① スライド4を選択
② グラフを選択
③《ホーム》タブを選択
④《クリップボード》グループの（コピー）をクリック
⑤ スライド5を選択
⑥《クリップボード》グループの（貼り付け）をクリック

②

① スライド5を選択
② グラフを選択
③《グラフツール》の《デザイン》タブを選択
④《データ》グループの（データを編集します）をクリック
⑤ データを修正
⑥ セル【B3】の右下の■（ハンドル）を、セル【B6】までドラッグ
⑦ ワークシートのウィンドウの（閉じる）をクリック

※プレゼンテーションに「グラフの作成完成」と名前を付けて、フォルダー「第4章」に保存し、閉じておきましょう。

練習問題

解答 ► 別冊P.3

フォルダー「第4章」のプレゼンテーション「第4章練習問題」を開いておきましょう。

次のようにスライドを編集しましょう。
※設定する項目名が一覧にない場合は、任意の項目を選択してください。

●完成図

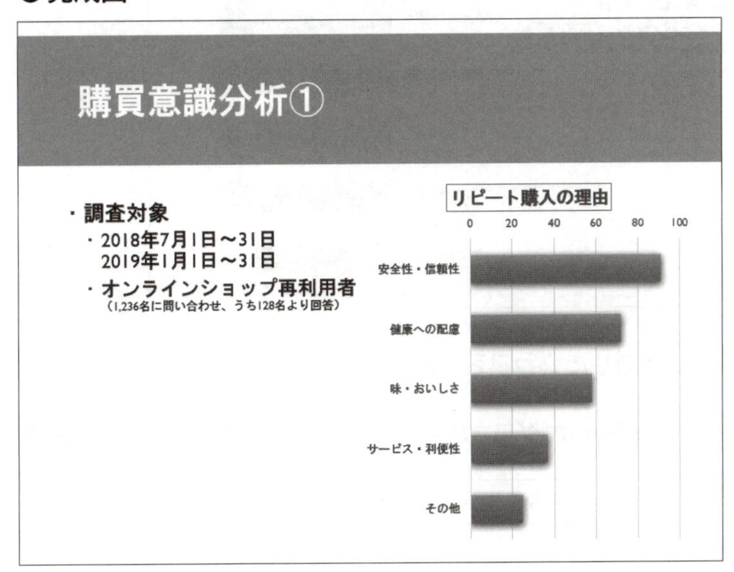

① スライド6にリピート購入の理由を表す集合横棒グラフを作成しましょう。
次のデータをもとに作成します。

	リピート購入の理由
安全性・信頼性	91
健康への配慮	72
味・おいしさ	58
サービス・利便性	37
その他	25

② 完成図を参考に、グラフの位置とサイズを調整しましょう。

③ 凡例を非表示にしましょう。

④ グラフに色**「モノクロ パレット4」**を設定後、スタイル**「スタイル13」**を適用しましょう。

⑤ 次のように、グラフタイトルの書式を設定しましょう。

フォントサイズ ：18ポイント
枠線 ：黒、テキスト1

⑥ グラフの項目が上から**「安全性・信頼性」「健康への配慮」「味・おいしさ」「サービス・利便性」「その他」**と並ぶように項目軸を反転しましょう。

Hint! 項目軸を選択→《書式》タブ→《現在の選択範囲》グループの 選択対象の書式設定 （選択対象の書式設定）→《軸のオプション》を使います。

次のようにスライドを編集しましょう。
※設定する項目名が一覧にない場合は、任意の項目を選択してください。

●完成図

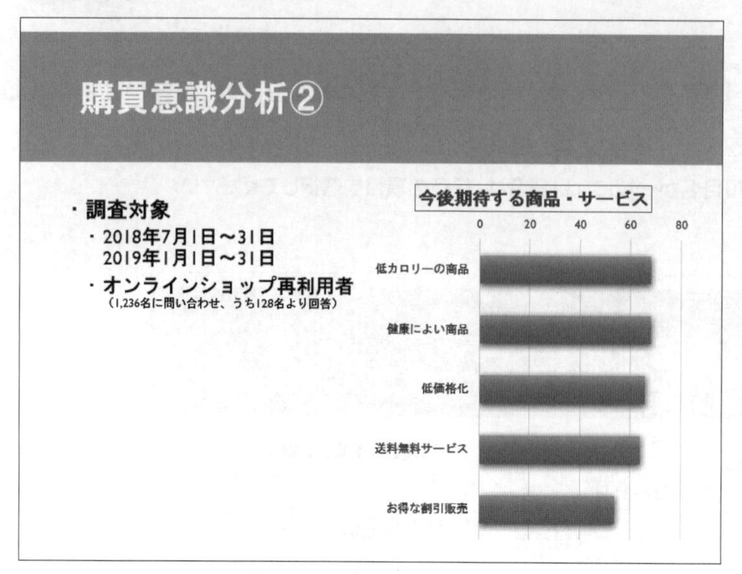

⑦ スライド6に作成したグラフを、スライド7にコピーしましょう。

⑧ スライド7にコピーしたグラフのもとになるデータを次のように修正しましょう。

	今後期待する商品・サービス
低カロリーの商品	68
健康によい商品	68
低価格化	66
送料無料サービス	64
お得な割引販売	54

※プレゼンテーションに「第4章練習問題完成」と名前を付けて、フォルダー「第4章」に保存し、閉じておきましょう。

第5章

図形やSmartArtグラフィックの作成

第5章 この章で学ぶこと

学習前に習得すべきポイントを理解しておき、
学習後には確実に習得できたかどうかを振り返りましょう。

1	図形を作成できる。	→ P.105
2	図形内に文字を追加できる。	→ P.107
3	図形の位置やサイズを調整できる。	→ P.108
4	図形にスタイルを適用して、図形のデザインを変更できる。	→ P.110
5	図形内のすべての文字に書式を設定したり、図形内の一部の文字だけに書式を設定したりできる。	→ P.111
6	図形をコピーできる。	→ P.113
7	SmartArtグラフィックを作成できる。	→ P.115
8	テキストウィンドウを使って、SmartArtグラフィックに文字を入力できる。	→ P.117
9	SmartArtグラフィックの図形を追加したり、削除したりできる。	→ P.118
10	SmartArtグラフィックの位置やサイズを調整できる。	→ P.120
11	SmartArtグラフィックにスタイルを適用して、SmartArtグラフィック全体のデザインを変更できる。	→ P.122
12	SmartArtグラフィック内の図形に対して、スタイルを適用できる。	→ P.123
13	箇条書きテキストをSmartArtグラフィックに変換できる。	→ P.125
14	SmartArtグラフィックのレイアウトを変更できる。	→ P.127

Step 1 作成するスライドを確認する

1 作成するスライドの確認

次のようなスライドを作成しましょう。

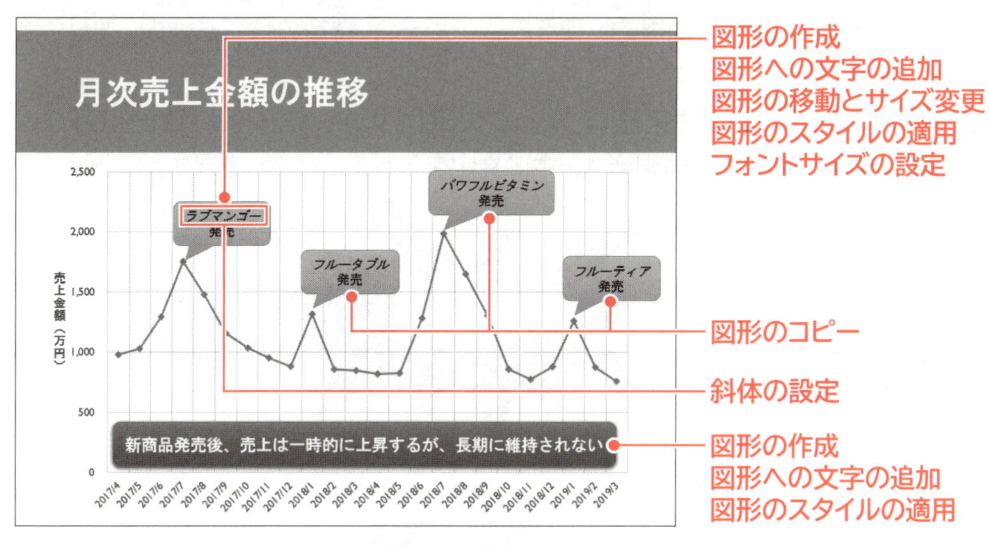

図形の作成
図形への文字の追加
図形の移動とサイズ変更
図形のスタイルの適用
フォントサイズの設定

図形のコピー

斜体の設定

図形の作成
図形への文字の追加
図形のスタイルの適用

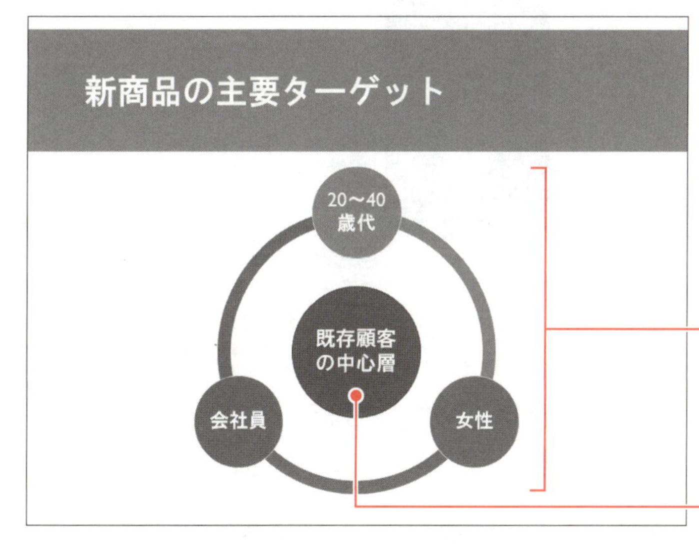

SmartArtグラフィックの作成
SmartArtグラフィックの移動とサイズ変更
SmartArtグラフィックのスタイルの適用
図形の追加と削除

図形のスタイルの適用
フォントサイズの設定

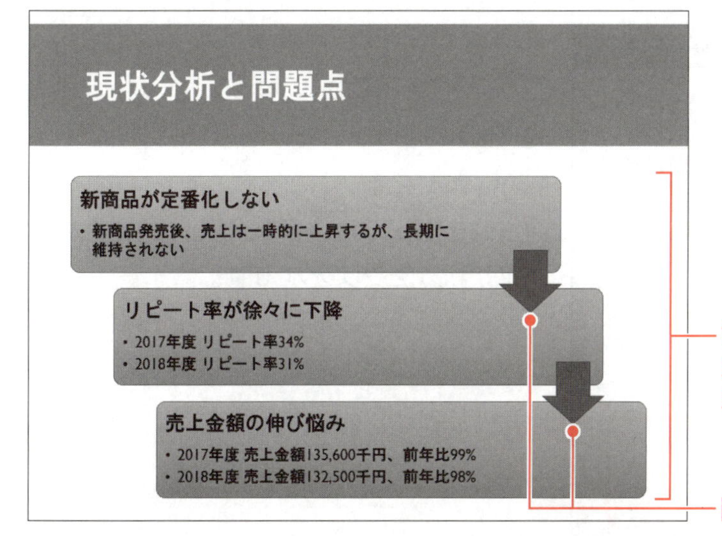

箇条書きテキストをSmartArtグラフィックに変換
SmartArtグラフィックのレイアウトの変更
SmartArtグラフィックのスタイルの適用

図形のスタイルの適用

Step2 図形を作成する

1 図形

PowerPointには、豊富な**「図形」**があらかじめ用意されており、スライド上に簡単に配置することができます。図形を効果的に使うことによって、特定の情報を強調したり、情報の相互関係を示したりできます。
図形は形状によって、**「線」「基本図形」「ブロック矢印」「フローチャート」「吹き出し」**などに分類されています。**「線」**以外の図形は、中に文字を入れることができます。

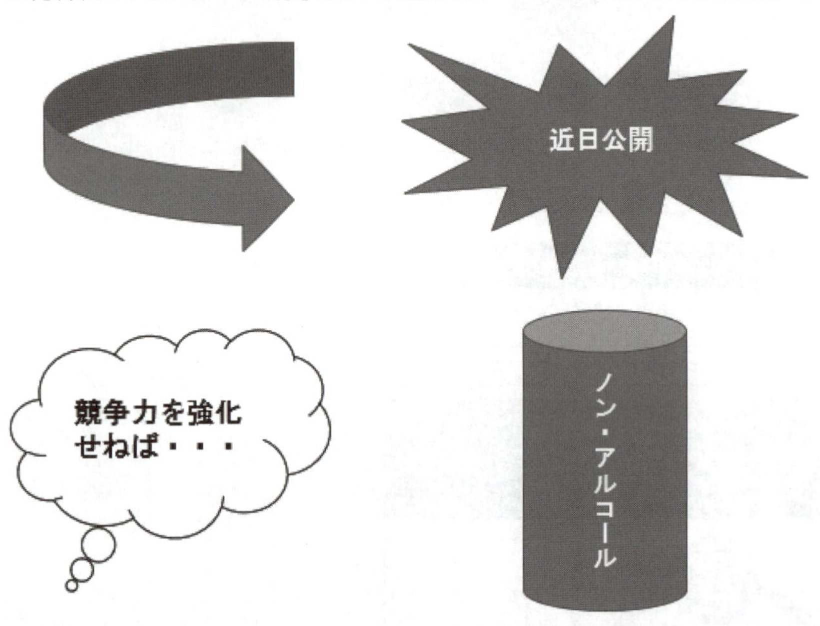

2 図形の作成

スライド3に**「吹き出し:角を丸めた四角形」**の図形を作成しましょう。
※設定する項目名が一覧にない場合は、任意の項目を選択してください。

フォルダー「第5章」のプレゼンテーション「図形やSmartArtグラフィックの作成」を開いておきましょう。

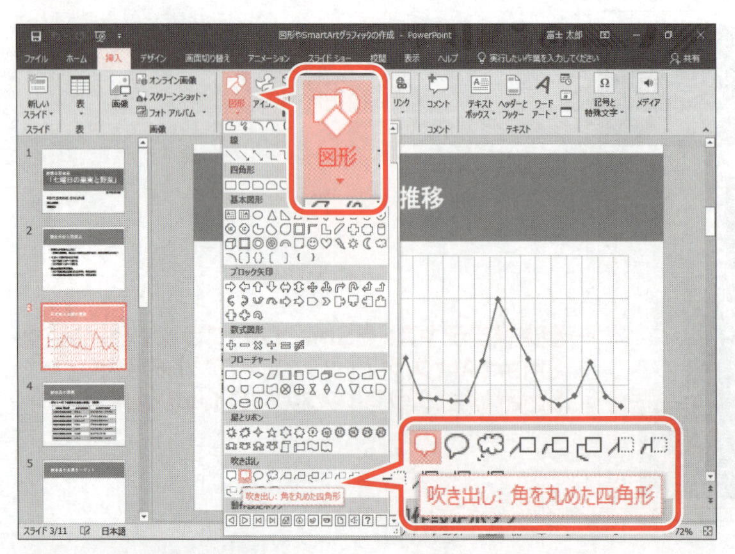

①スライド3を選択します。
②**《挿入》**タブを選択します。
③**《図》**グループの (図形)をクリックします。
④**《吹き出し》**の (吹き出し:角を丸めた四角形)をクリックします。

マウスポインターの形が＋に変わります。

⑤図のようにドラッグします。

図形が作成されます。

※図形には、あらかじめスタイルが適用されています。

⑥図形の周囲に○（ハンドル）が表示され、図形が選択されていることを確認します。

※リボンに《描画ツール》の《書式》タブが表示されます。

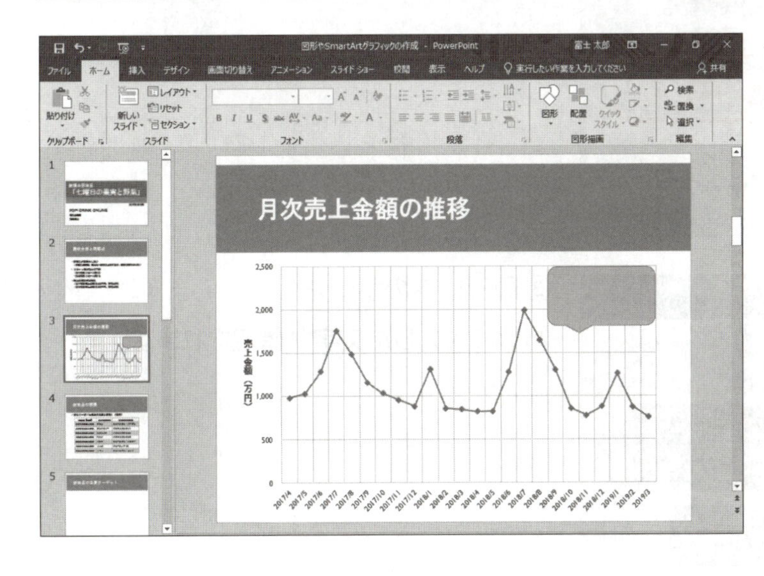

⑦図形以外の場所をクリックします。

図形の選択が解除されます。

STEP UP その他の方法（図形の作成）

◆《ホーム》タブ→《図形描画》グループの（図形）

POINT 《描画ツール》の《書式》タブ

図形が選択されているとき、リボンに《描画ツール》の《書式》タブが表示され、図形に関するコマンドが使用できる状態になります。

3 図形への文字の追加

「線」以外の図形には、文字を追加できます。
作成した図形の中に「ラブマンゴー発売」と入力しましょう。

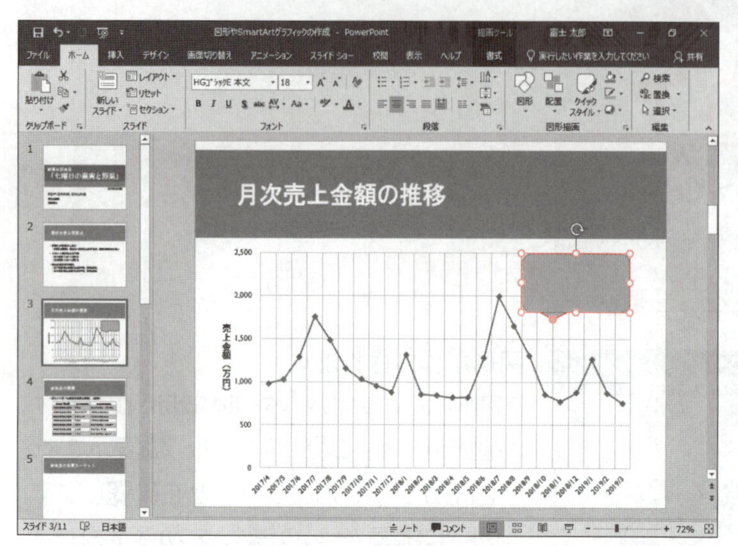

図形を選択します。

①図形の輪郭をクリックします。

図形が実線で囲まれ、周囲に○（ハンドル）が表示されます。

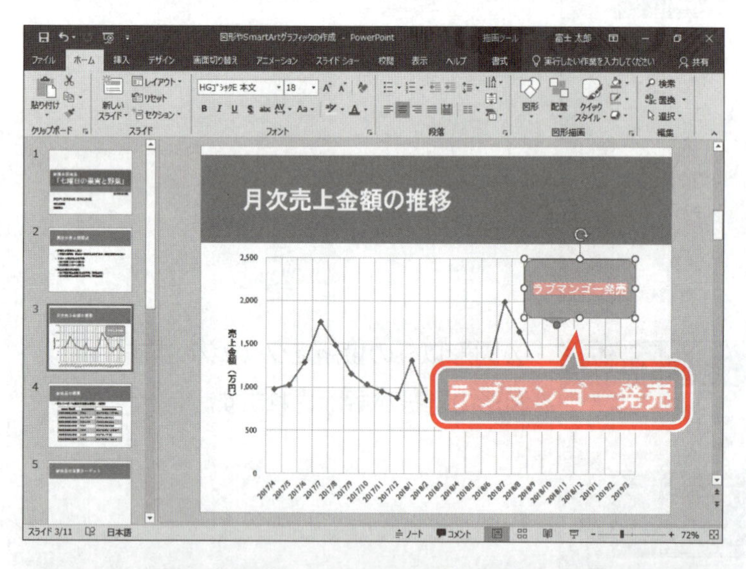

②「ラブマンゴー発売」と入力します。

※文字を入力すると、図形が点線で囲まれ、図形内にカーソルが表示されます。

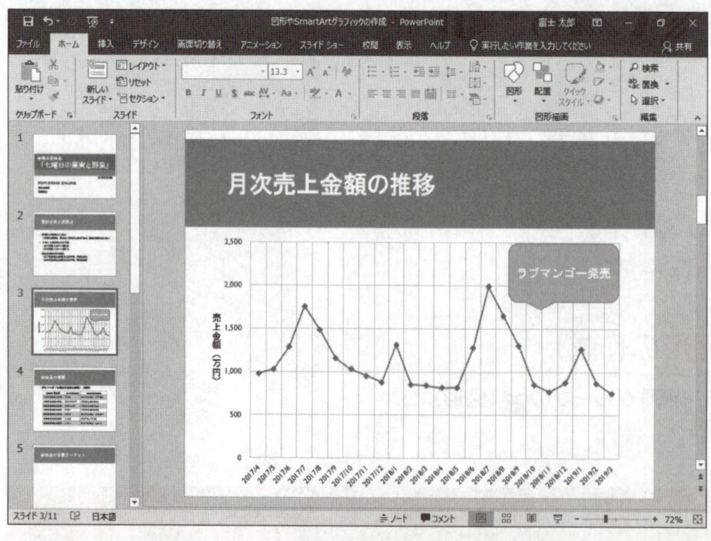

③図形以外の場所をクリックします。

図形に入力した文字が確定されます。

4 図形の移動とサイズ変更

スライドに作成した図形は、移動したりサイズを変更したりできます。
図形を移動するには、図形の輪郭をドラッグします。
図形のサイズを変更するには、周囲の○（ハンドル）をドラッグします。
図形の位置とサイズを調整しましょう。

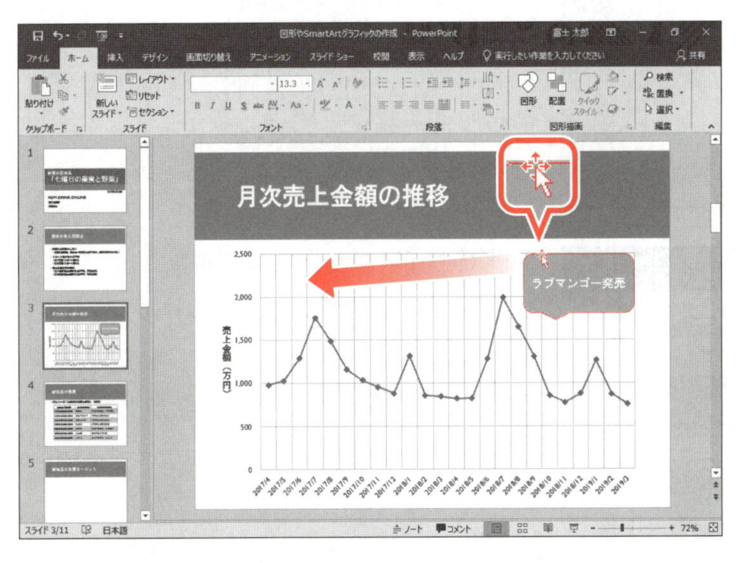

①図形の輪郭をポイントします。
マウスポインターの形が![]に変わります。
②図のようにドラッグします。

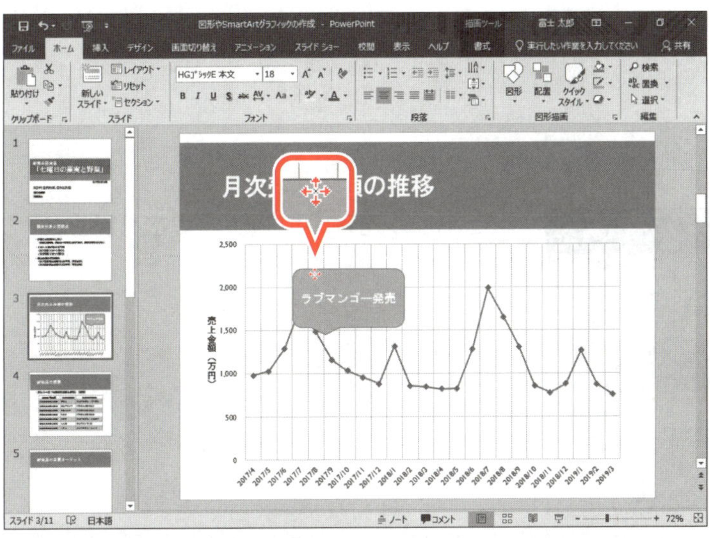

ドラッグ中、マウスポインターの形が![]に変わります。

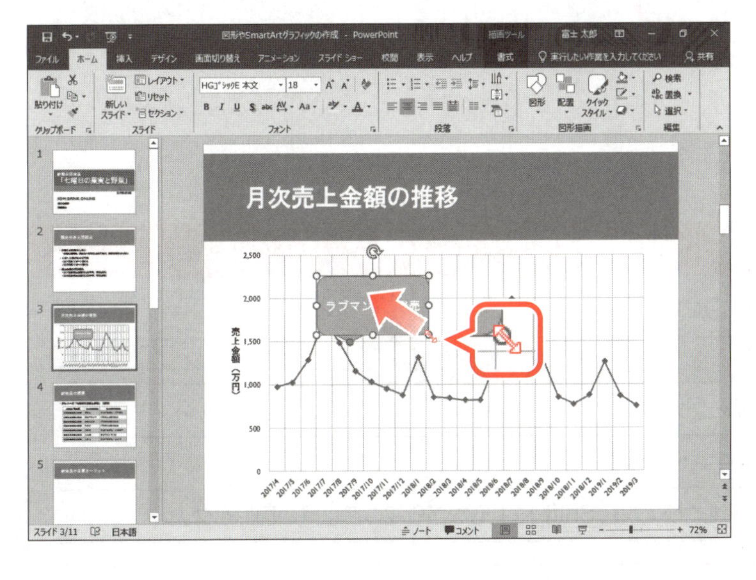

図形が移動します。
③図形の右下の○（ハンドル）をポイントします。
マウスポインターの形が![]に変わります。
④図のようにドラッグします。

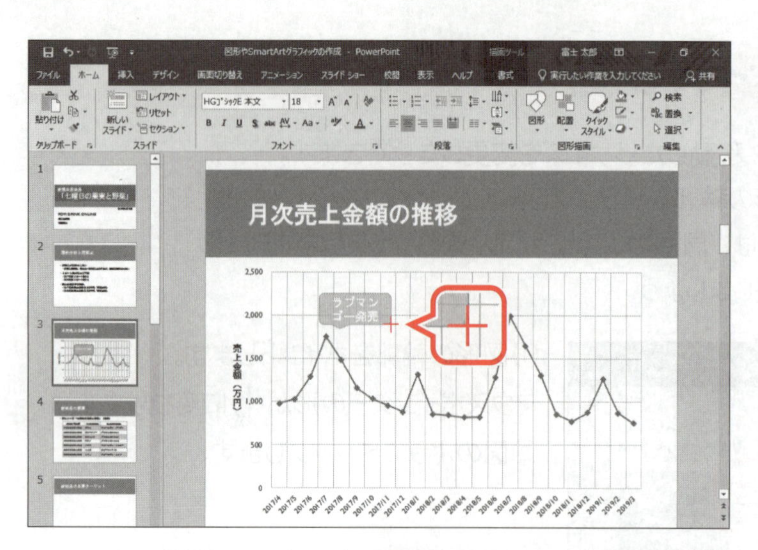

ドラッグ中、マウスポインターの形が＋に変わります。

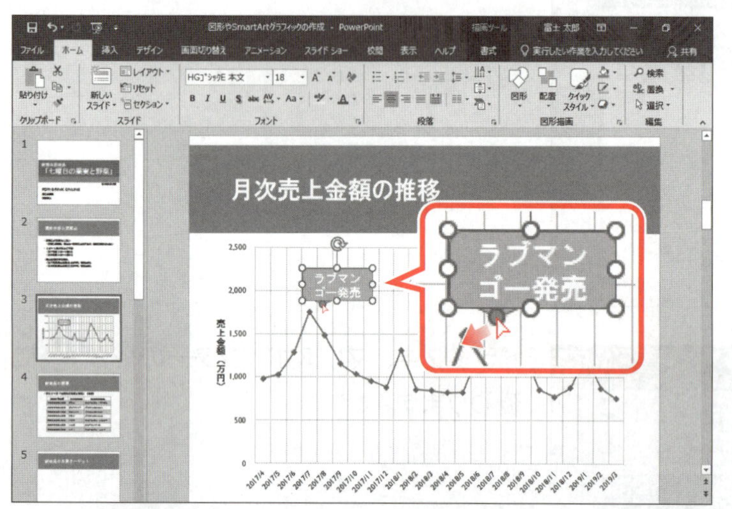

図形のサイズが変更されます。

⑤図形の下の黄色の○（ハンドル）をポイントします。

マウスポインターの形が▷に変わります。

⑥図のようにドラッグします。

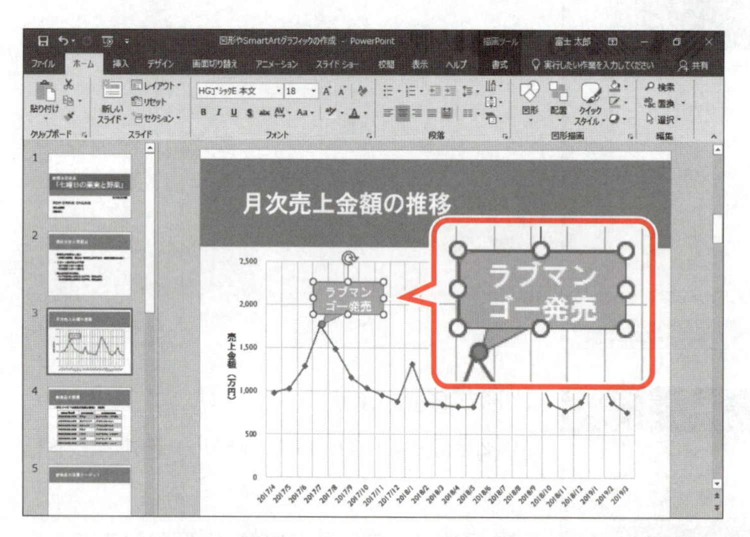

吹き出しの先端の位置が変更されます。

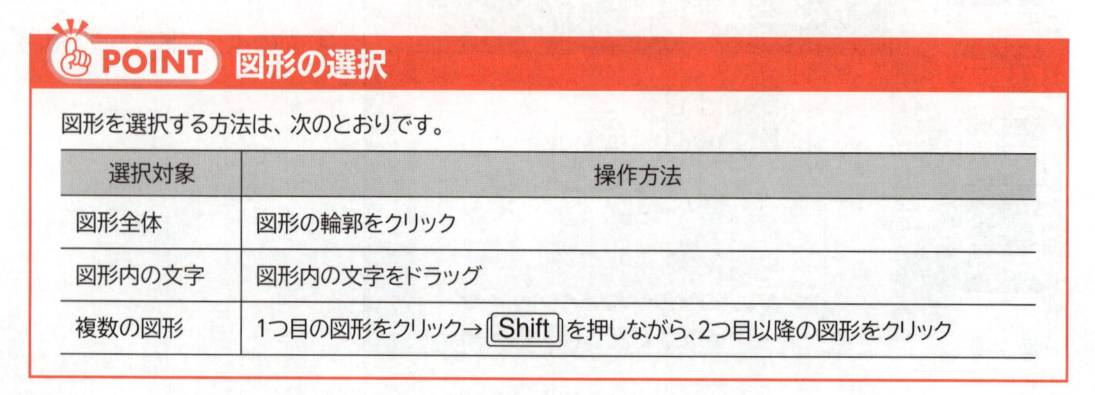

POINT 図形の選択

図形を選択する方法は、次のとおりです。

選択対象	操作方法
図形全体	図形の輪郭をクリック
図形内の文字	図形内の文字をドラッグ
複数の図形	1つ目の図形をクリック→［Shift］を押しながら、2つ目以降の図形をクリック

Step3 図形に書式を設定する

1 図形のスタイルの適用

「**図形のスタイル**」とは、図形を装飾するための書式の組み合わせです。塗りつぶし・枠線・効果などがあらかじめ設定されており、図形の体裁を瞬時に整えることができます。
作成した図形には、自動的にスタイルが適用されますが、あとからスタイルの種類を変更することもできます。

図形にスタイル「**パステル-オレンジ、アクセント3**」を適用しましょう。

※設定する項目名が一覧にない場合は、任意の項目を選択してください。

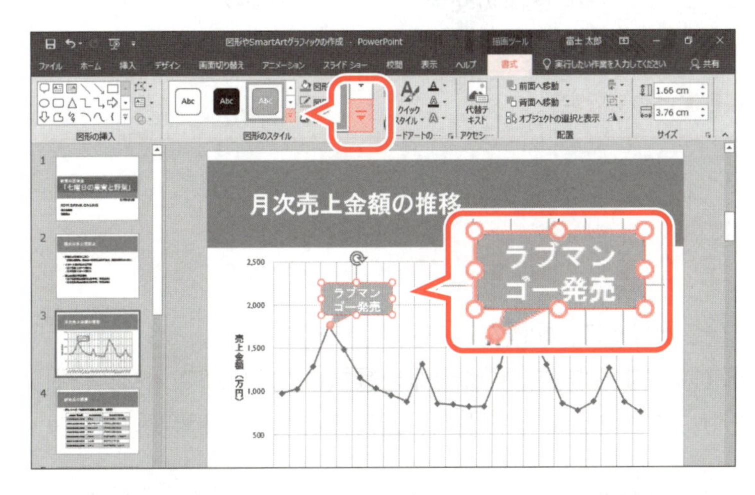

①図形が選択されていることを確認します。

②《**書式**》タブを選択します。

③《**図形のスタイル**》グループの ▼ (その他)をクリックします。

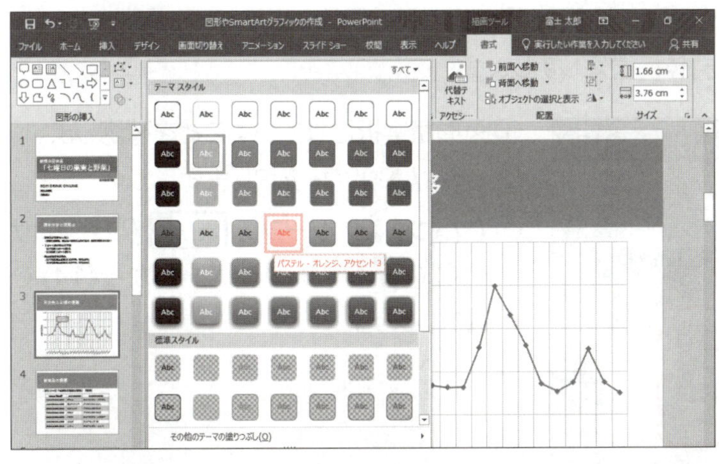

④《**テーマスタイル**》の《**パステル-オレンジ、アクセント3**》をクリックします。

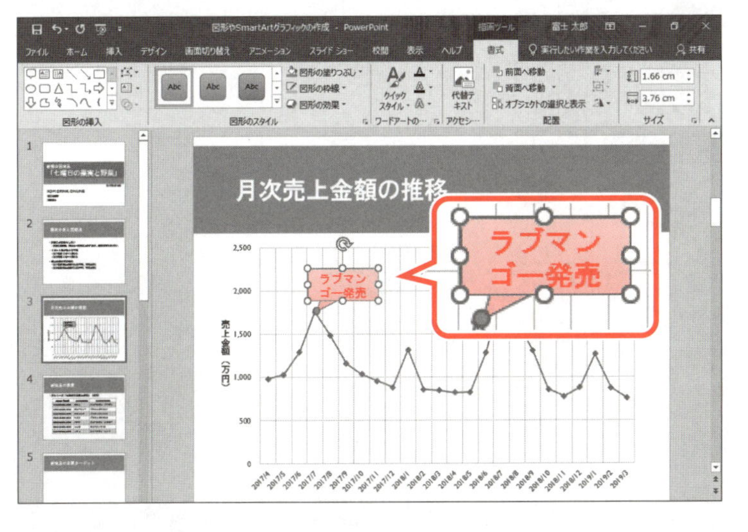

図形にスタイルが適用されます。

STEP UP その他の方法(図形のスタイルの適用)

◆図形を選択→《ホーム》タブ→《図形描画》グループの(図形クイックスタイル)
◆図形の輪郭を右クリック→ミニツールバーの(図形クイックスタイル)

POINT 図形のスタイル

図形のスタイルは、塗りつぶし・枠線・効果で構成されており、それぞれ設定することができます。《書式》タブ→《図形のスタイル》グループの 図形の塗りつぶし (図形の塗りつぶし)、図形の枠線 (図形の枠線)、図形の効果 (図形の効果)を使って、それぞれ設定します。

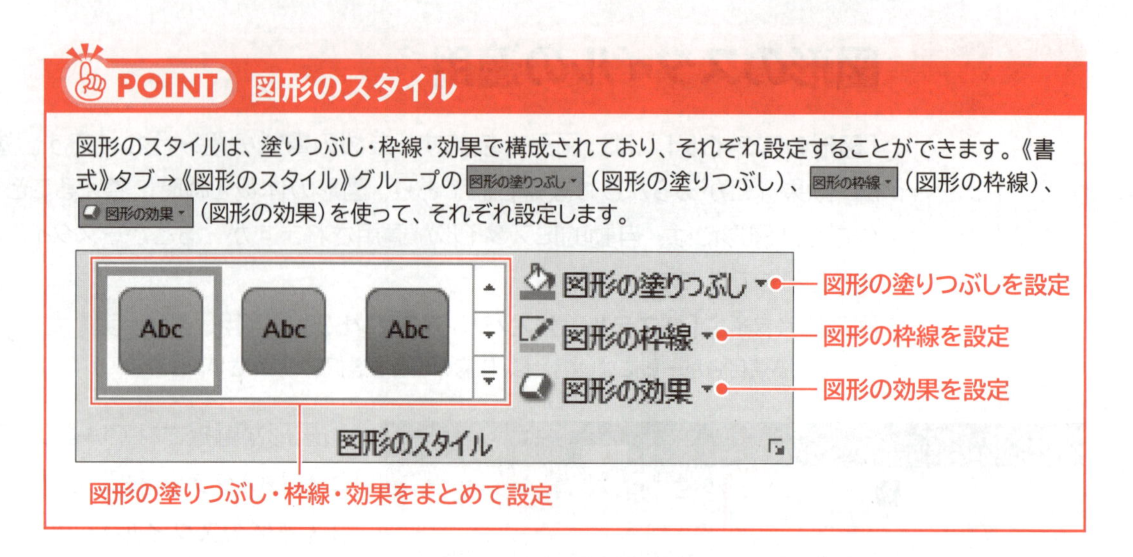

2 図形の書式設定

図形内の文字は、フォントやフォントサイズ、配置などを変更できます。
図形内のすべての文字に書式を設定する場合、図形全体を選択してからコマンドを実行します。図形内の一部の文字だけに書式を設定する場合、図形内の文字を範囲選択してからコマンドを実行します。
図形内のすべての文字のフォントサイズを14ポイントに設定しましょう。
また、**「ラブマンゴー」**だけを斜体に設定しましょう。

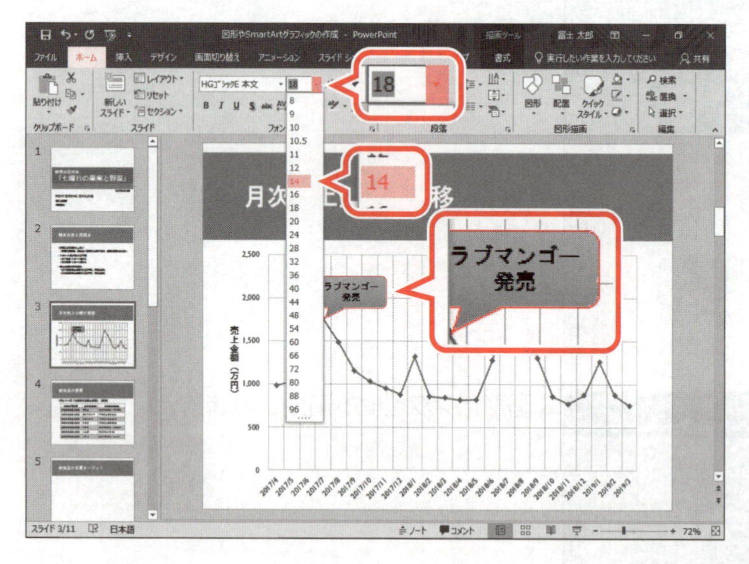

①図形が選択されていることを確認します。
②**《ホーム》**タブを選択します。
③**《フォント》**グループの 18 (フォントサイズ)の をクリックし、一覧から**《14》**を選択します。

図形内のすべての文字のフォントサイズが変更されます。

④**「ラブマンゴー」**をドラッグします。

※マウスポインターの形が I の状態でドラッグします。

⑤**《フォント》**グループの I（斜体）をクリックします。

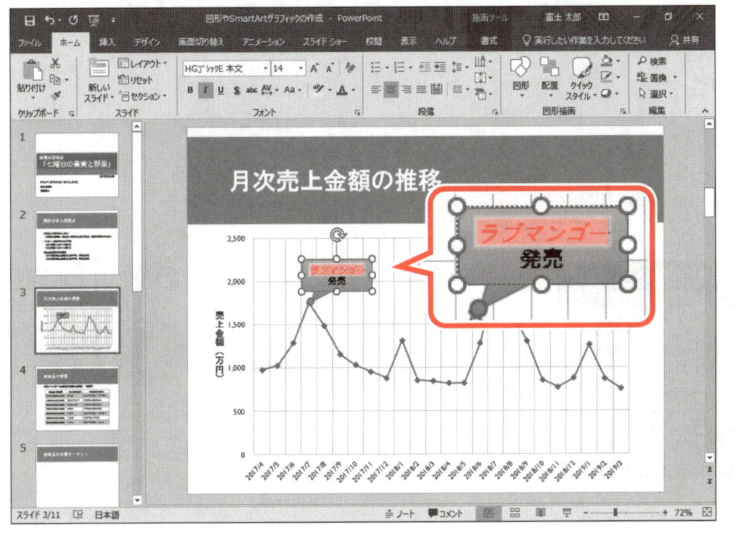

選択した文字に斜体が設定されます。

※図のように、図形のサイズを調整しておきましょう。

POINT 図形の枠線

図形内の文字をクリックすると、カーソルが表示され、枠線が点線になります。この状態のとき、文字を入力したり文字の一部の書式を変更したりできます。
図形の輪郭をクリックすると、図形が選択され、枠線が実線になります。この状態のとき、図形内のすべての文字に書式を設定できます。

●図形内にカーソルがある状態

●図形が選択されている状態

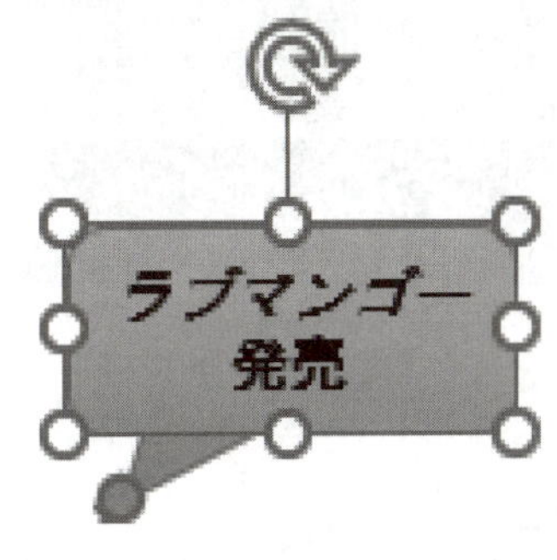

3 図形のコピー

スライドに複数の同じ図形を配置する場合、図形をコピーして利用すると効率的です。
図形をコピーするには、[Ctrl]を押しながら、図形の輪郭をドラッグします。
吹き出しを3つコピーして、文字をそれぞれ修正しましょう。

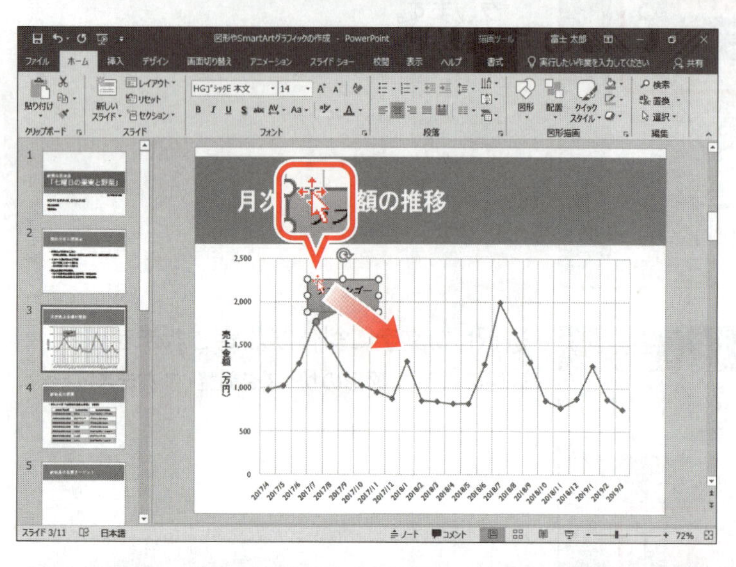

①図形の輪郭をポイントします。
マウスポインターの形が✥に変わります。
②[Ctrl]を押しながら、図のようにドラッグします。
※図形のコピーが完了するまで[Ctrl]を押し続けます。[Ctrl]から先に手を離すと図形の移動になるので注意しましょう。

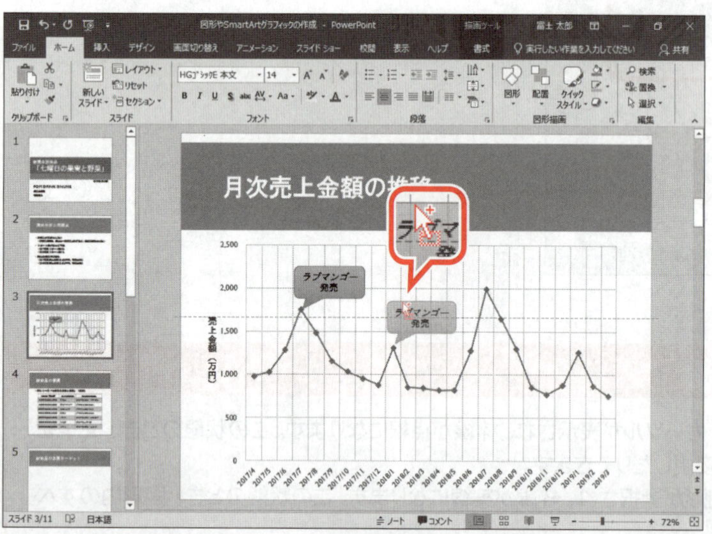

ドラッグ中、マウスポインターの形が に変わります。

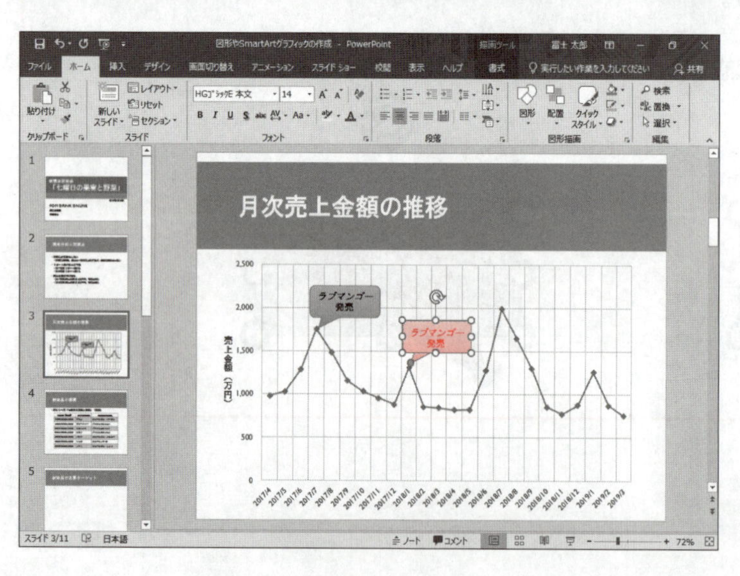

図形がコピーされます。

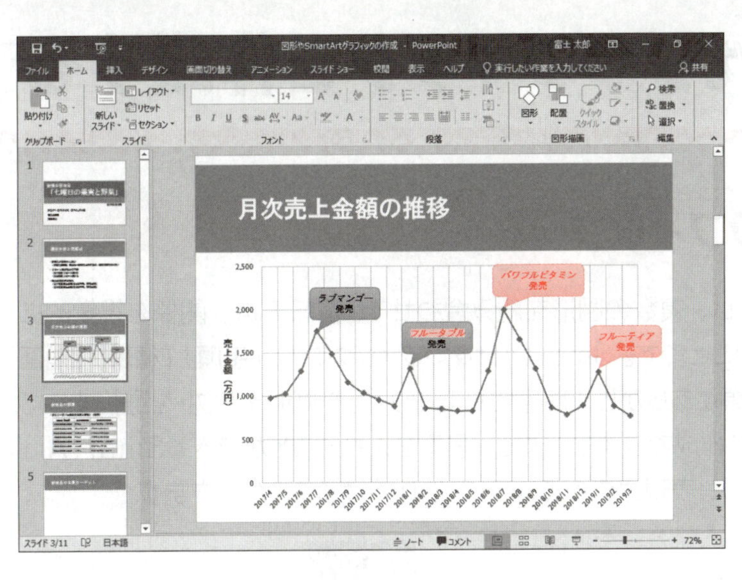

③同様に、もう2つ図形をコピーします。

④図形内の文字を**「フルータブル」「パワフルビタミン」「フルーティア」**に修正します。

※図のように、図形の位置とサイズを調整しておきましょう。

Let's Try ためしてみよう

次のようにスライドを編集しましょう。

※設定する項目名が一覧にない場合は、任意の項目を選択してください。

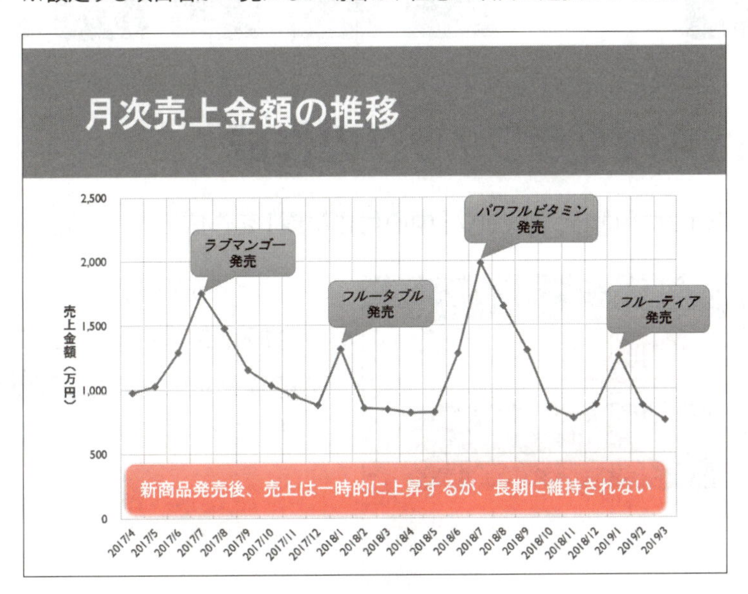

①完成図を参考に、「四角形：角を丸くする」の図形を作成しましょう。

②図形の中に「新商品発売後、売上は一時的に上昇するが、長期に維持されない」と入力しましょう。

③図形にスタイル「グラデーション-赤、アクセント5」を適用しましょう。

Let's Try Answer

①

①《挿入》タブを選択

②《図》グループの（図形）をクリック

③《四角形》の（四角形：角を丸くする）をクリック

④始点から終点までドラッグ

②

①図形を選択

②文字を入力

③

①図形を選択

②《書式》タブを選択

③《図形のスタイル》グループの（その他）をクリック

④《テーマスタイル》の《グラデーション-赤、アクセント5》（左から6番目、上から5番目）をクリック

Step4 SmartArtグラフィックを作成する

1 SmartArtグラフィック

「SmartArtグラフィック」とは、複数の図形を組み合わせて、情報の相互関係を視覚的にわかりやすく表現した図解のことです。SmartArtグラフィックには、**「手順」「循環」「階層構造」「集合関係」**などの種類があらかじめ用意されており、目的のレイアウトを選択するだけでデザイン性の高い図解を作成できます。また、写真を入れることができるSmartArtグラフィックも用意されており、表現力のあるスライドに仕上げることができます。

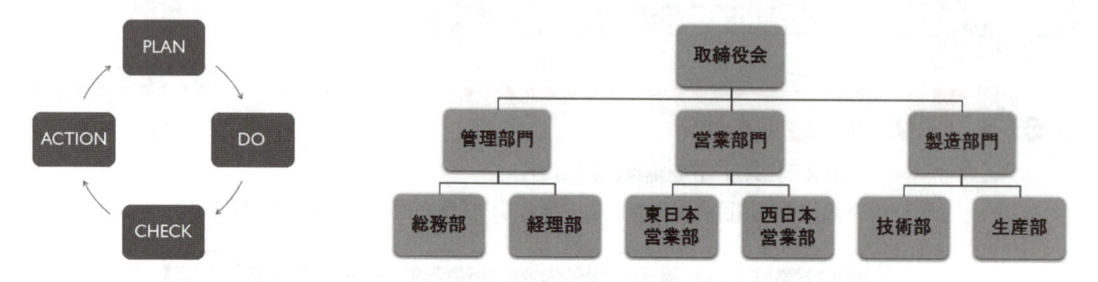

2 SmartArtグラフィックの作成

スライド5にSmartArtグラフィック**「中心付き循環」**を作成しましょう。

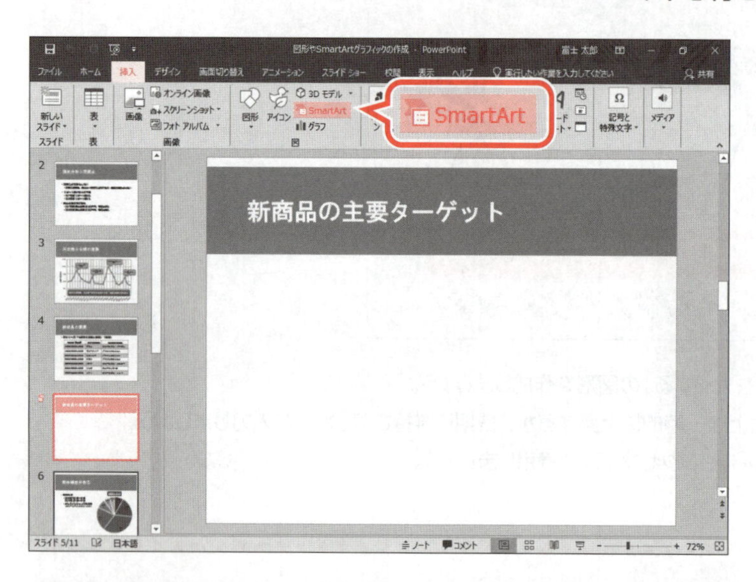

①スライド5を選択します。

②**《挿入》**タブを選択します。

③**《図》**グループの SmartArt （SmartArtグラフィックの挿入）をクリックします。

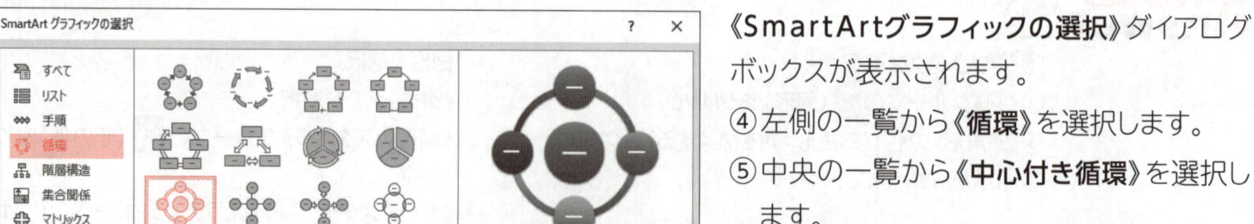

《SmartArtグラフィックの選択》ダイアログボックスが表示されます。

④左側の一覧から**《循環》**を選択します。

⑤中央の一覧から**《中心付き循環》**を選択します。

右側に選択したSmartArtグラフィックの説明が表示されます。

⑥**《OK》**をクリックします。

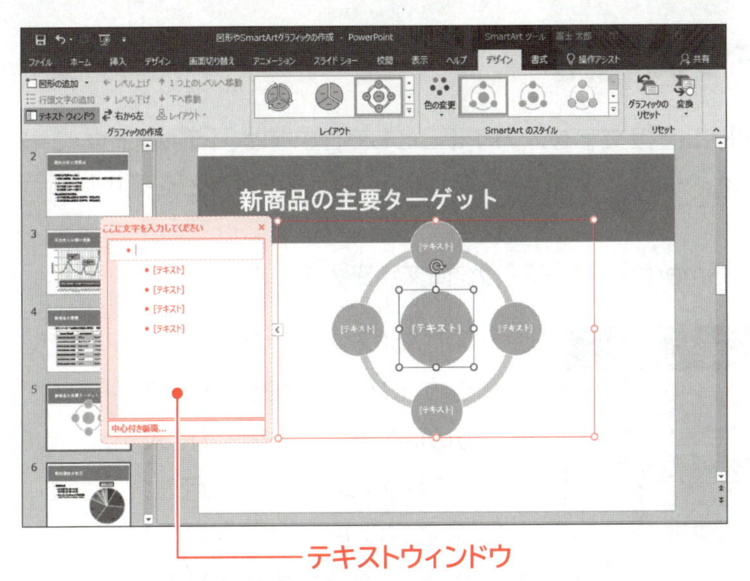

SmartArtグラフィックが作成され、テキストウィンドウが表示されます。

※SmartArtグラフィックには、あらかじめスタイルが適用されています。

※テキストウィンドウが表示されていない場合は、《SmartArtツール》の《デザイン》タブ→《グラフィックの作成》グループの テキスト ウィンドウ（テキストウィンドウ）をクリックします。

⑦SmartArtグラフィックの周囲に枠線が表示され、SmartArtグラフィックが選択されていることを確認します。

※リボンに《SmartArtツール》の《デザイン》タブと《書式》タブが表示されます。

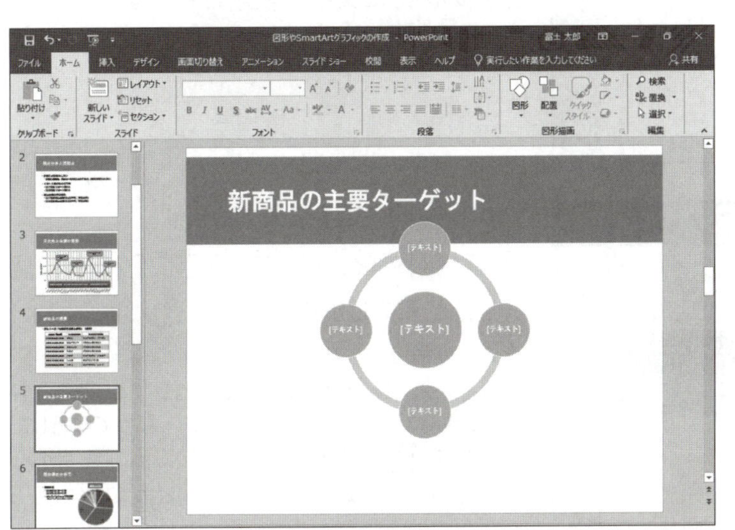

⑧SmartArtグラフィック以外の場所をクリックします。

SmartArtグラフィックの選択が解除されます。

POINT 《SmartArtツール》の《デザイン》タブと《書式》タブ

SmartArtグラフィックが選択されているとき、リボンに《SmartArtツール》の《デザイン》タブと《書式》タブが表示され、SmartArtグラフィックに関するコマンドが使用できる状態になります。

STEP UP プレースホルダーのアイコンを使ったSmartArtグラフィックの作成

コンテンツのプレースホルダーが配置されているスライドでは、プレースホルダー内の（SmartArtグラフィックの挿入）をクリックして、SmartArtグラフィックを作成することができます。

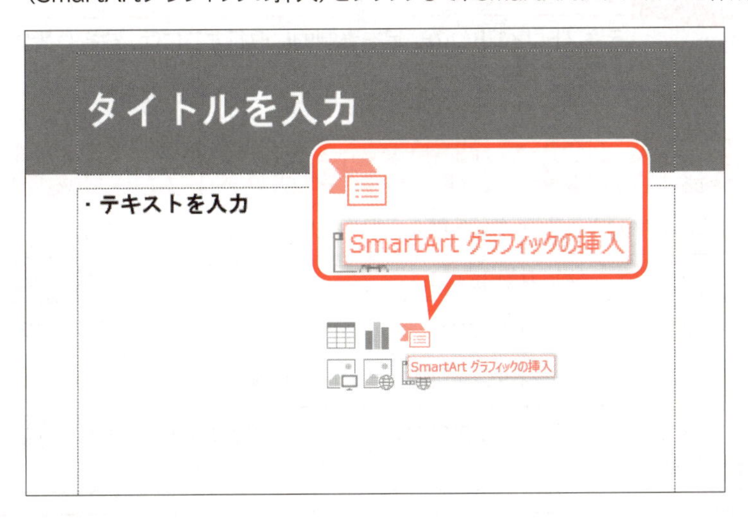

1
2
3
4
5
6
7
8
総合問題
付録
索引

3 テキストウィンドウの利用

SmartArtグラフィックの図形に直接文字を入力することもできますが、**「テキストウィンドウ」**を使って文字を入力すると、図形の追加や削除、レベルの上げ下げなどを簡単に行うことができます。

テキストウィンドウを使って、SmartArtグラフィックに文字を入力しましょう。

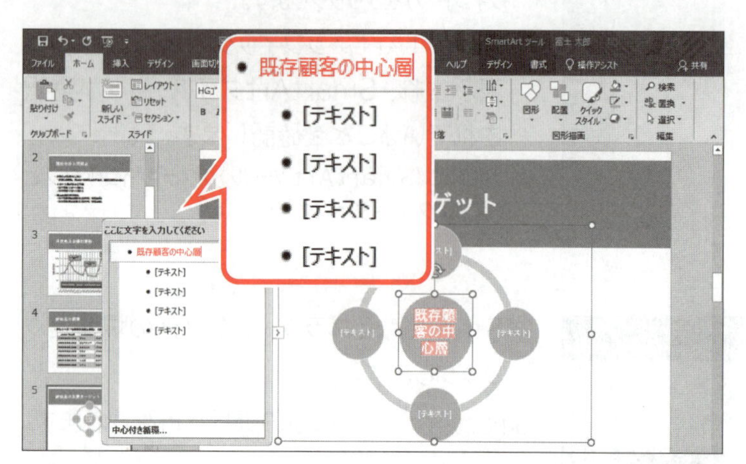

①SmartArtグラフィック内をクリックします。

テキストウィンドウが表示されます。

最上位のレベルの文字を入力します。

②テキストウィンドウの1行目をクリックし、**「既存顧客の中心層」**と入力します。

中央の図形に文字が表示されます。

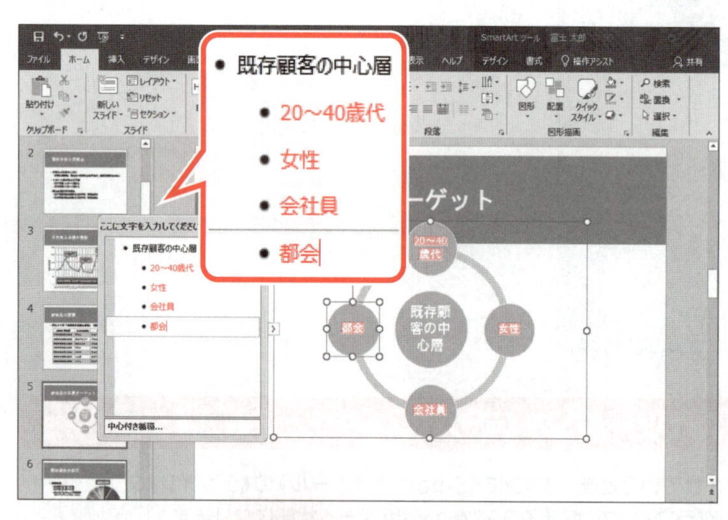

次のレベルに文字を入力します。

③テキストウィンドウの2行目に**「20～40歳代」**と入力します。

※数字は半角で入力します。

※文字を入力し、確定後に[Enter]を押すと、改行されて新しい行頭文字が追加されます。誤って改行した場合は、(元に戻す)をクリックして元に戻します。

④同様に、テキストウィンドウの3～5行目に**「女性」「会社員」「都会」**とそれぞれ入力します。

周囲の図形に文字が表示されます。

STEP UP 操作の取り消し

直前に行った操作を取り消して、元に戻すことができます。

◆クイックアクセスツールバーの(元に戻す)

STEP UP 項目の強制改行

テキストウィンドウの項目を強制的に改行するには、改行位置にカーソルを移動して、[Shift]+[Enter]を押します。

POINT SmartArtグラフィックの選択

SmartArtグラフィックの各部を選択する方法は、次のとおりです。

選択対象	操作方法
SmartArtグラフィック全体	SmartArtグラフィック内をクリック→周囲の枠線をクリック
SmartArtグラフィック内の図形	図形の輪郭をクリック
SmartArtグラフィック内の複数の図形	1つ目の図形の輪郭をクリック→[Shift]を押しながら、2つ目以降の図形をクリック

4 図形の追加と削除

SmartArtグラフィックに図形を追加したり、SmartArtグラフィックから図形を削除したりするには、テキストウィンドウの文字を追加したり削除したりします。

SmartArtグラフィックとテキストウィンドウは連動しているので、テキストウィンドウ側で項目を追加・削除すれば、SmartArtグラフィックの図形も追加・削除されます。逆に、SmartArtグラフィック側で図形を追加・削除すれば、テキストウィンドウの項目も追加・削除されます。

1 図形の追加

SmartArtグラフィックに図形**「健康志向」**を追加しましょう。

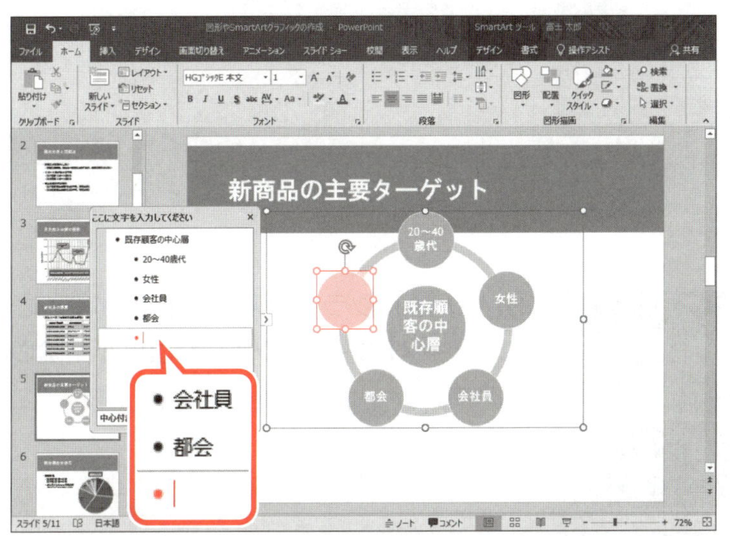

①SmartArtグラフィックが選択されていることを確認します。

「都会」の下に項目を追加します。

②テキストウィンドウの**「都会」**の後ろにカーソルがあることを確認します。

③ Enter を押します。

テキストウィンドウに項目が追加され、SmartArtグラフィックにも図形が追加されます。

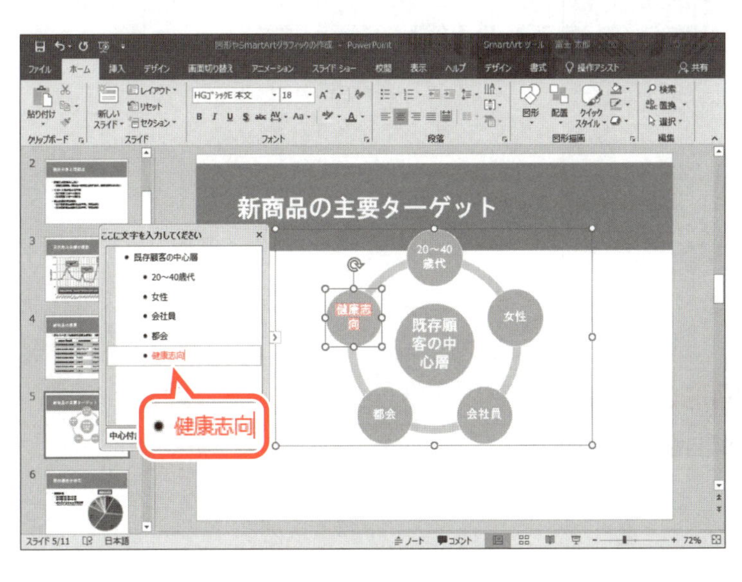

④新しく追加された行に**「健康志向」**と入力します。

追加した図形に文字が表示されます。

STEP UP その他の方法(図形の追加)

◆SmartArtグラフィックの図形を選択→《SmartArtツール》の《デザイン》タブ→《グラフィックの作成》グループの 図形の追加 (図形の追加)

◆SmartArtグラフィックの図形を右クリック→《図形の追加》

2 図形の削除

SmartArtグラフィックから図形「**都会**」と「**健康志向**」を削除しましょう。

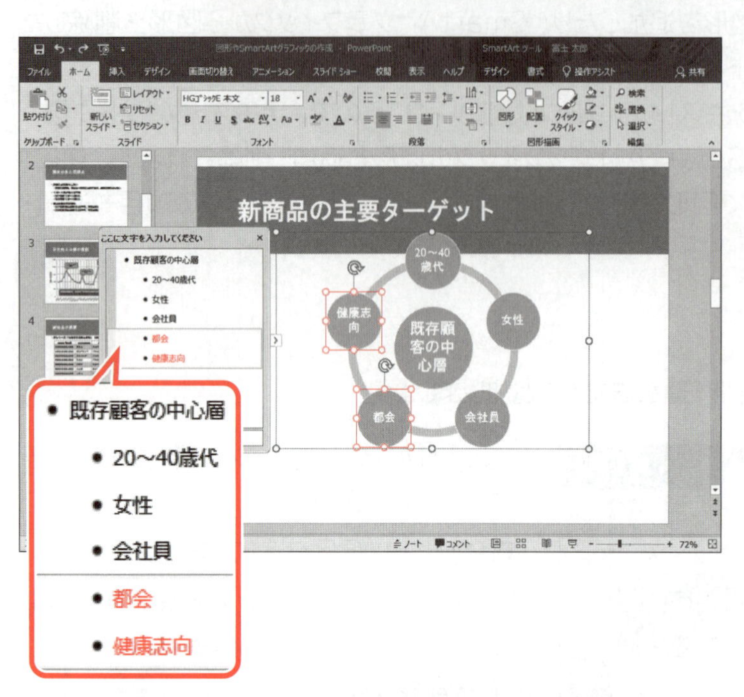

①図形「**健康志向**」をクリックします。

②【Shift】を押しながら、図形「**都会**」をクリックします。

対応するテキストウィンドウの項目も選択されます。

③【Delete】を押します。

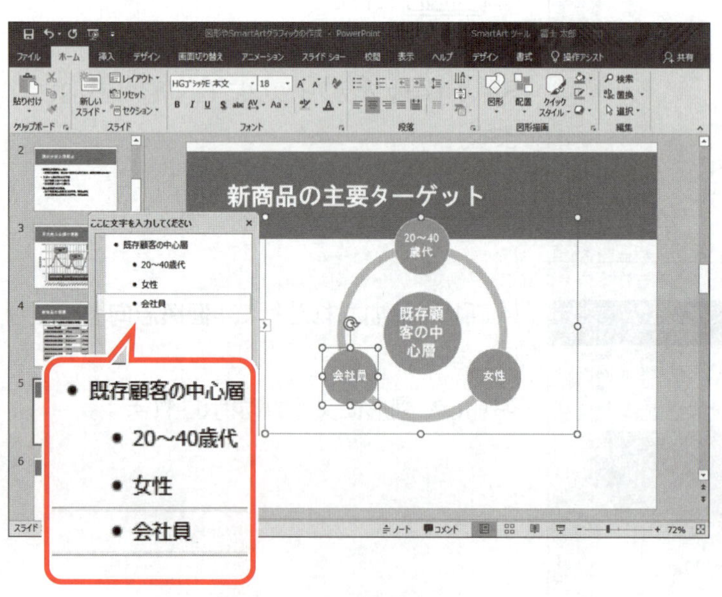

SmartArtグラフィックから図形が削除され、テキストウィンドウからも項目が削除されます。

STEP UP その他の方法（図形の削除）

◆テキストウィンドウの項目を選択→【Delete】

STEP UP 図形の変更

SmartArtグラフィック内の図形は、その他の図形に形状を変更できます。

◆図形を選択→《書式》タブ→《図形》グループの［図形の変更］（図形の変更）

第5章 図形やSmartArtグラフィックの作成

5 SmartArtグラフィックの移動とサイズ変更

スライドに作成したSmartArtグラフィックは、移動したりサイズを変更したりできます。
SmartArtグラフィックを移動するには、周囲の枠線をドラッグします。
SmartArtグラフィックのサイズを変更するには、周囲の枠線上にある○（ハンドル）をドラッグします。
SmartArtグラフィックの位置とサイズを調整しましょう。

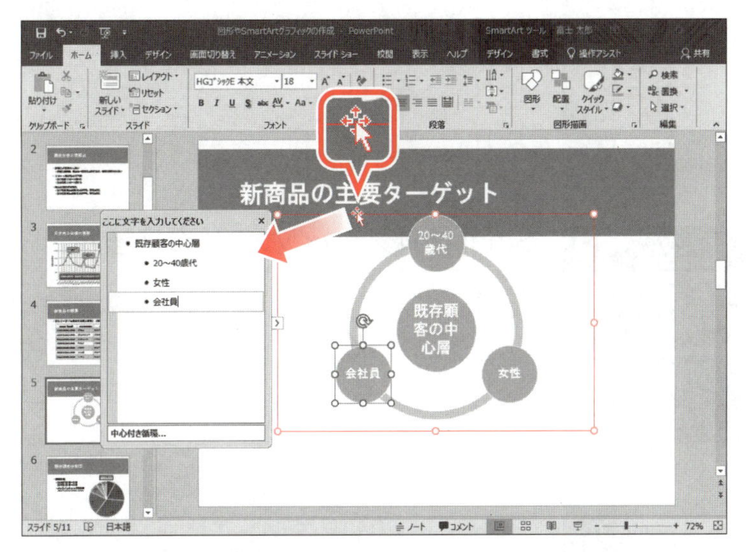

①SmartArtグラフィックが選択されていることを確認します。
②SmartArtグラフィックの周囲の枠線をポイントします。
マウスポインターの形がに変わります。
③図のようにドラッグします。

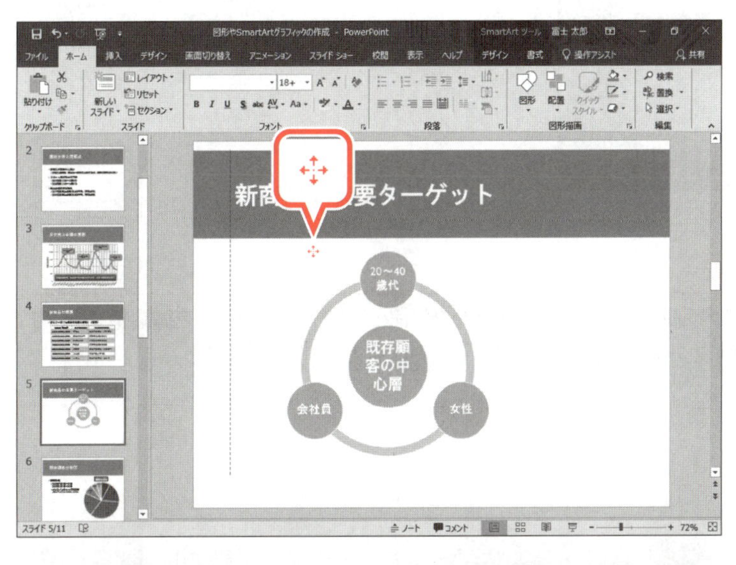

ドラッグ中、マウスポインターの形がに変わります。

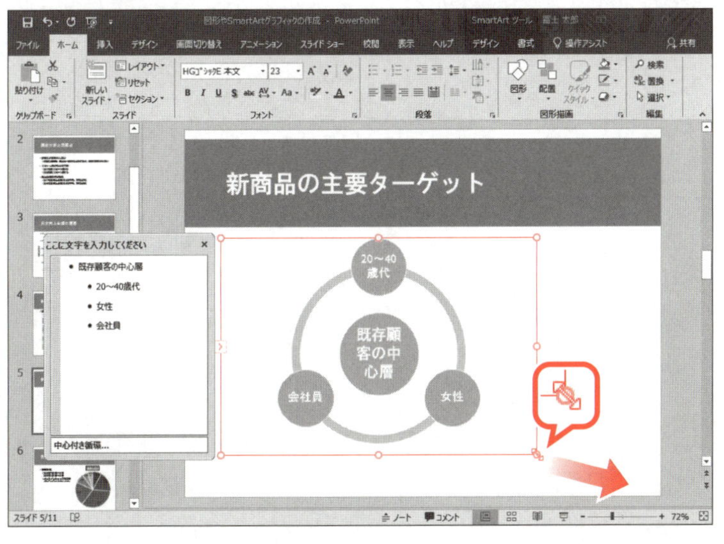

SmartArtグラフィックが移動します。
④SmartArtグラフィックの右下の○（ハンドル）をポイントします。
マウスポインターの形がに変わります。
⑤図のようにドラッグします。

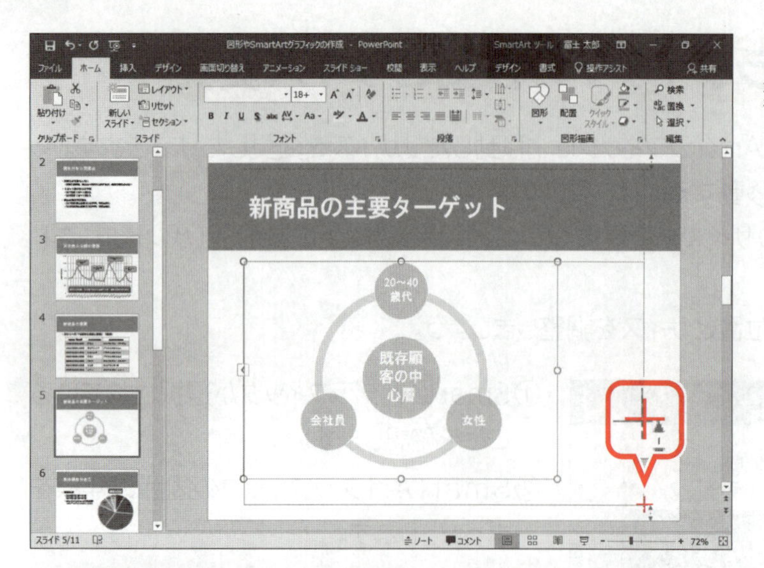

ドラッグ中、マウスポインターの形が┼に変わります。

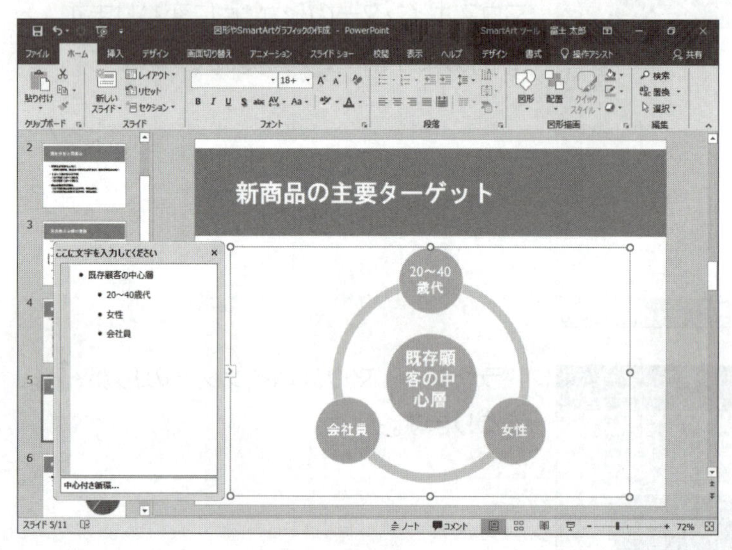

SmartArtグラフィックのサイズが変更されます。

STEP UP 図形のサイズ変更

SmartArtグラフィック内の図形は、少しずつ拡大したり縮小したりして、サイズを微調整できます。

◆図形を選択→《書式》タブ→《図形》グループの 拡大（拡大）／ 縮小（縮小）

Step5 SmartArtグラフィックに書式を設定する

1 SmartArtグラフィックのスタイルの適用

「**SmartArtのスタイル**」とは、SmartArtグラフィックを装飾するための書式の組み合わせです。様々な色のパターンやデザインが用意されており、SmartArtグラフィックの見栄えを瞬時にアレンジできます。作成したSmartArtグラフィックには、自動的にスタイルが適用されますが、あとからスタイルの種類を変更することもできます。

SmartArtグラフィックに色「**カラフル-全アクセント**」とスタイル「**パステル**」を適用しましょう。

※設定する項目名が一覧にない場合は、任意の項目を選択してください。

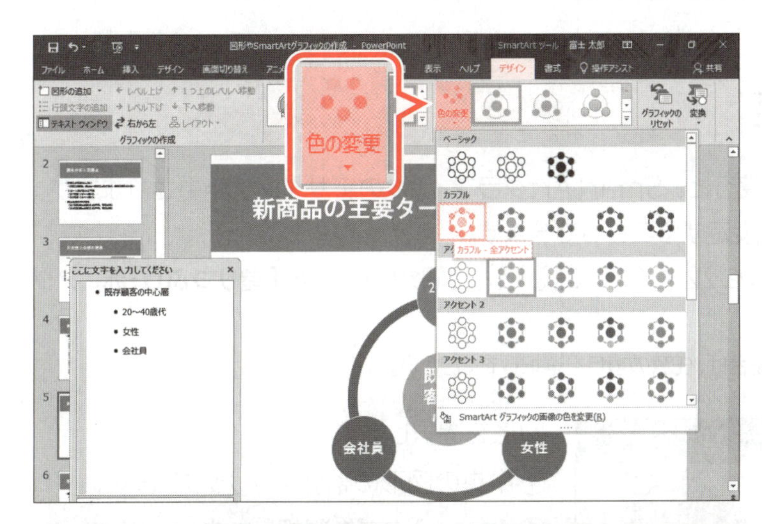

①SmartArtグラフィックが選択されていることを確認します。

②《**SmartArtツール**》の《**デザイン**》タブを選択します。

③《**SmartArtのスタイル**》グループの（色の変更）をクリックします。

④《**カラフル**》の《**カラフル-全アクセント**》をクリックします。

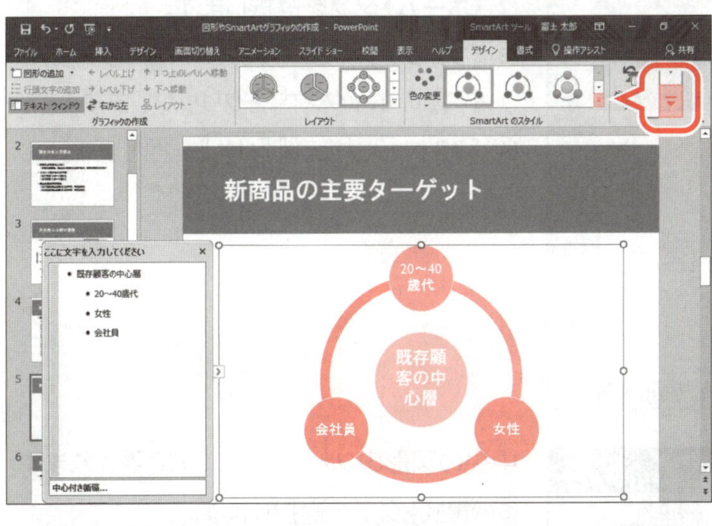

SmartArtグラフィックの色のパターンが変更されます。

⑤《**SmartArtのスタイル**》グループの（その他）をクリックします。

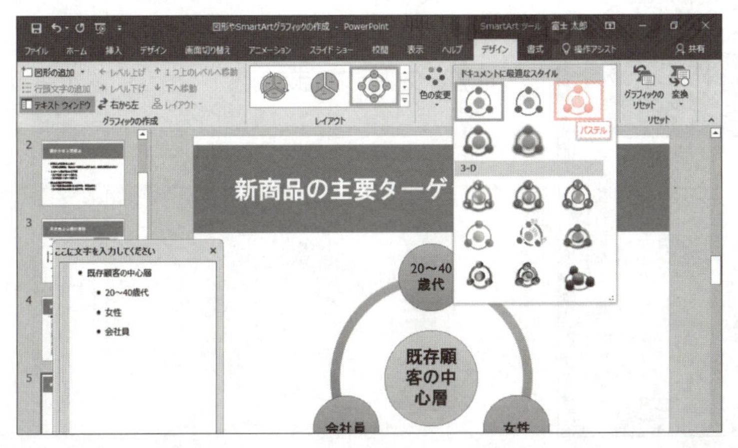

⑥《**ドキュメントに最適なスタイル**》の《**パステル**》をクリックします。

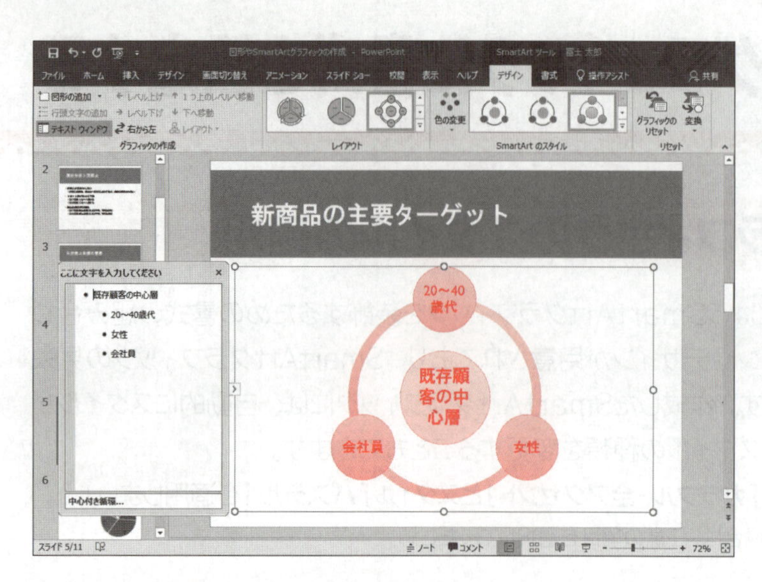

SmartArtグラフィックにスタイルが適用されます。

2 図形の書式設定

「SmartArtのスタイル」を使うと、SmartArtグラフィックのデザインが変更されますが、図形ごとにそれぞれ書式を設定することもできます。
中央の図形のフォントサイズを22ポイントに設定し、図形のスタイル**「塗りつぶし-赤、アクセント5」**を適用しましょう。
※設定する項目名が一覧にない場合は、任意の項目を選択してください。

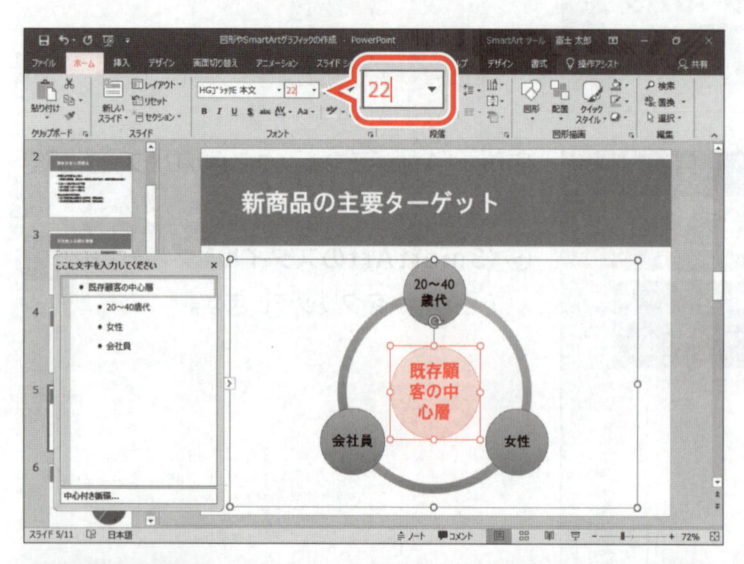

図形を選択します。
①中央の図形の輪郭をクリックします。
②**《ホーム》**タブを選択します。
③**《フォント》**グループの 25 （フォントサイズ）のボックス内をクリックします。
④**「22」**と入力し、Enter を押します。

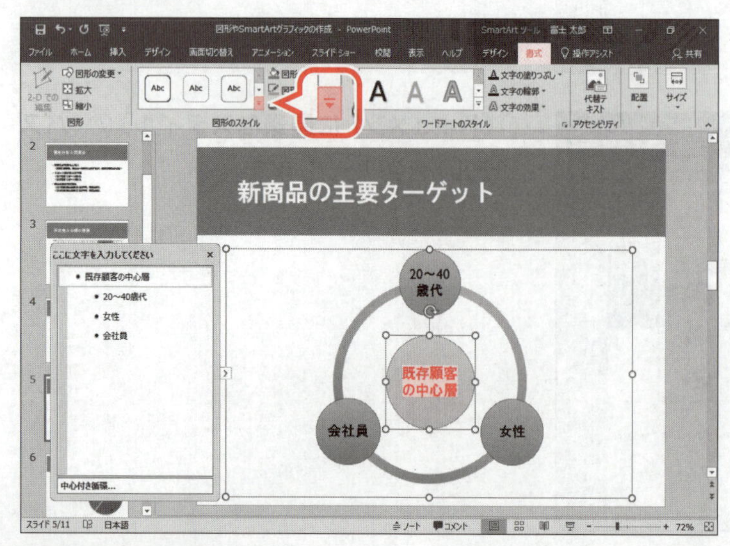

中央の図形のフォントサイズが変更されます。
⑤**《書式》**タブを選択します。
⑥**《図形のスタイル》**グループの （その他）をクリックします。

⑦《テーマスタイル》の《塗りつぶし-赤、アクセント5》をクリックします。

中央の図形にスタイルが適用されます。

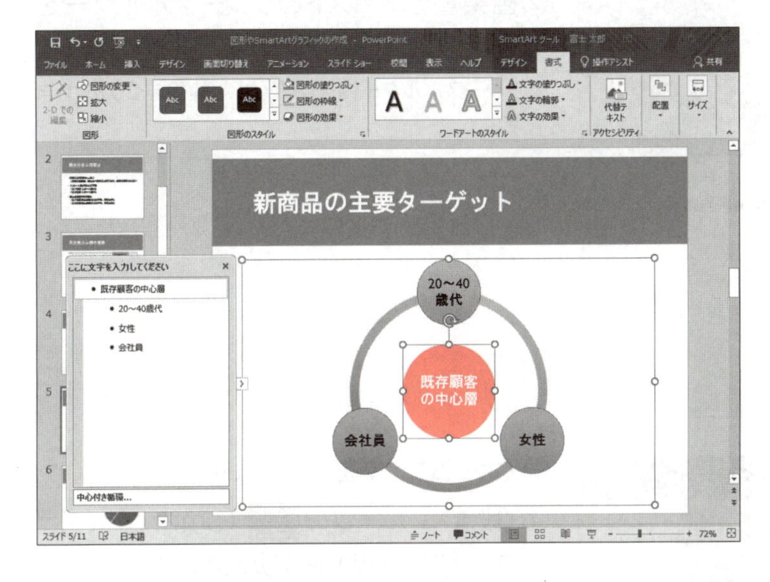

POINT フォントサイズの設定

25 （フォントサイズ）の一覧に設定したいフォントサイズがない場合は、フォントサイズのボックス内に直接入力します。

STEP UP SmartArtグラフィックのリセット

SmartArtグラフィックに対する書式をすべてリセットし、初期の状態に戻す方法は、次のとおりです。

◆SmartArtグラフィックを選択→《SmartArtツール》の《デザイン》タブ→《リセット》グループの （グラフィックのリセット）

Step6 箇条書きテキストをSmartArtグラフィックに変換する

1 SmartArtグラフィックに変換

スライドにあらかじめ入力されている箇条書きテキストを、簡単にSmartArtグラフィックに変換できます。変換後のイメージを確認しながら、一覧からSmartArtグラフィックを選択できます。

スライド2の箇条書きテキストを、SmartArtグラフィック**「縦方向プロセス」**に変換しましょう。

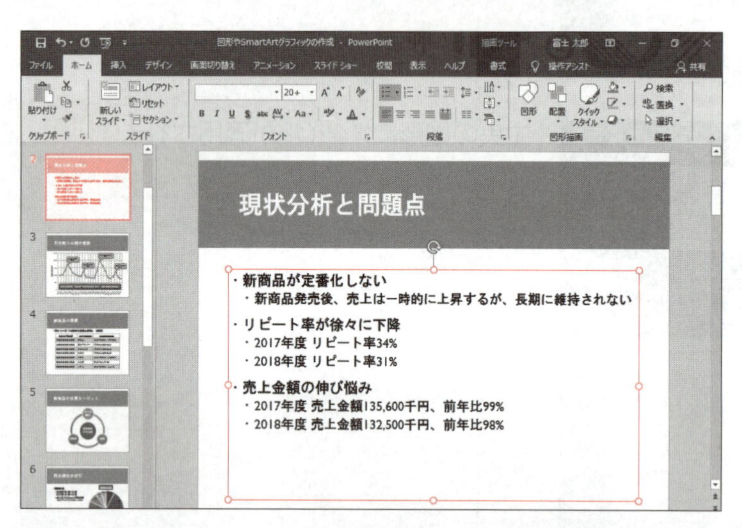

①スライド2を選択します。

②箇条書きテキストのプレースホルダーを選択します。

※プレースホルダー内をクリックし、枠線をクリックします。

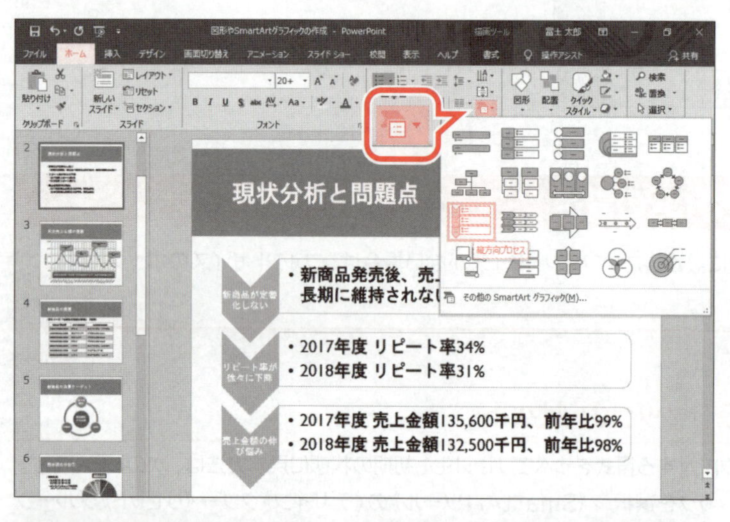

③**《ホーム》**タブを選択します。

④**《段落》**グループの (SmartArtグラフィックに変換)をクリックします。

⑤**《縦方向プロセス》**をポイントします。

※一覧のSmartArtグラフィックをポイントすると、変換結果がスライドで確認できます。

⑥クリックします。

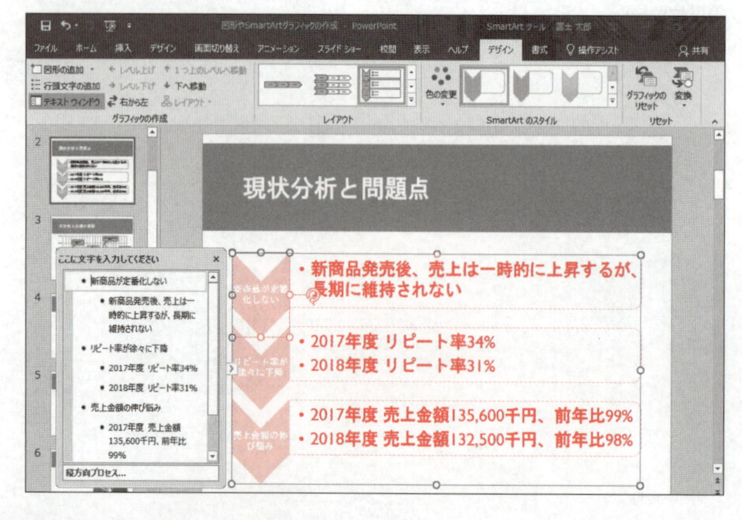

箇条書きテキストがSmartArtグラフィックに変換されます。

STEP UP SmartArtグラフィックをテキストまたは図形に変換

SmartArtグラフィックをテキストまたは図形に変換できます。

◆SmartArtグラフィックを選択→《SmartArtツール》の《デザイン》タブ→《リセット》グループの（SmartArtを図形またはテキストに変換）→《テキストに変換》または《図形に変換》

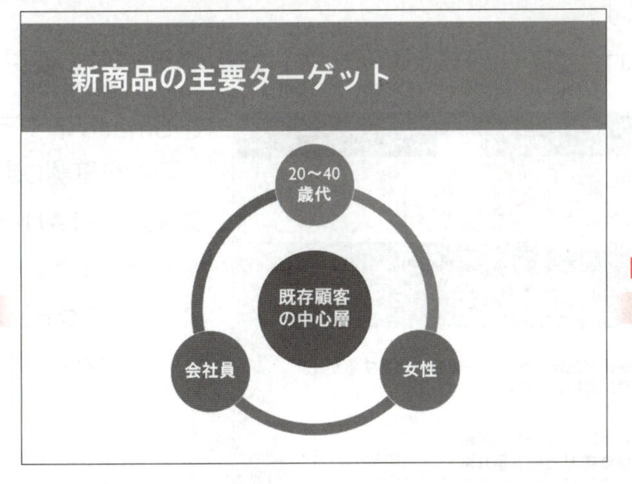

テキストに変換すると

新商品の主要ターゲット

- 既存顧客の中心層
  - 20～40歳代
  - 女性
  - 会社員

テキストウィンドウの内容がそのまま箇条書きになる

図形に変換すると

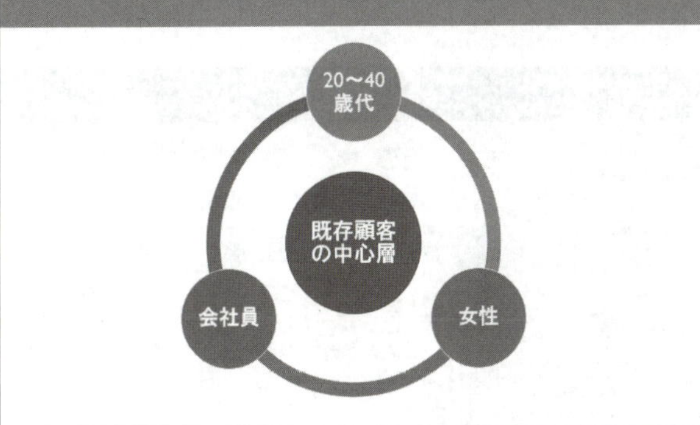

図形がバラバラになり単独で扱えるようになる

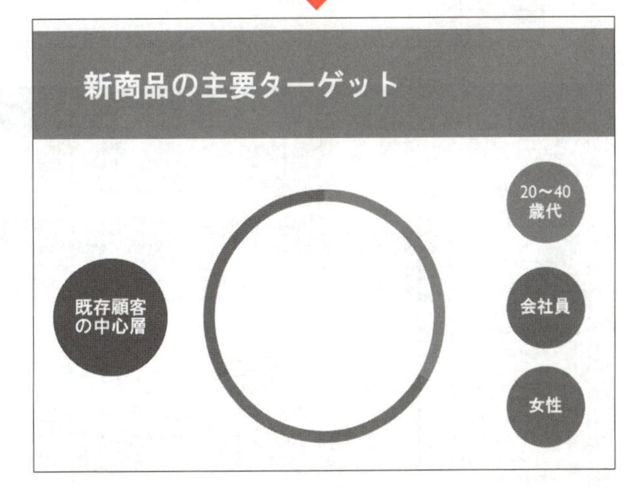

2 SmartArtグラフィックのレイアウトの変更

作成したSmartArtグラフィックをあとから異なるレイアウトに変更できます。
レイアウトを変更しても、入力済みの文字はそのまま新しいSmartArtグラフィックに引き継がれます。
SmartArtグラフィックのレイアウトを「**段違いステップ**」に変更しましょう。

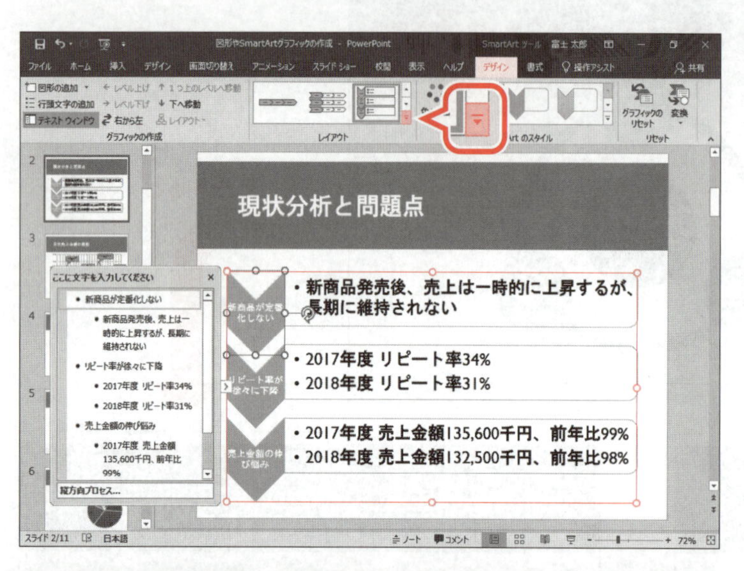

①SmartArtグラフィックが選択されていることを確認します。
②《**SmartArtツール**》の《**デザイン**》タブを選択します。
③《**レイアウト**》グループの（その他）をクリックします。

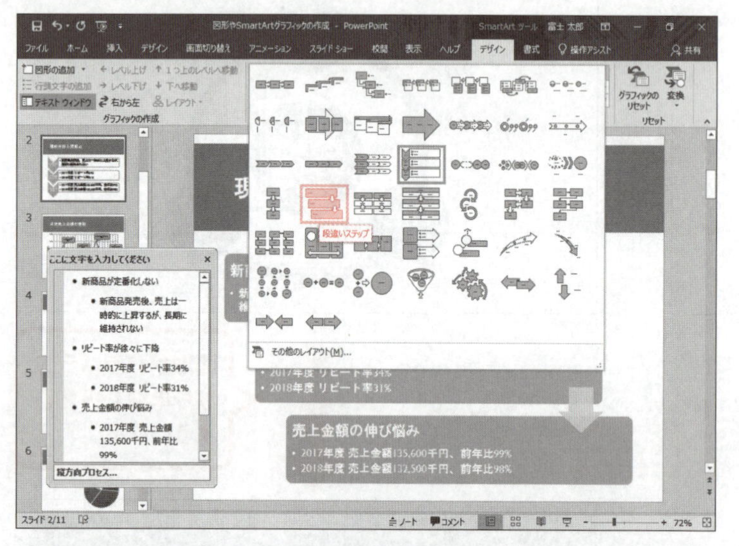

④《**段違いステップ**》をクリックします。

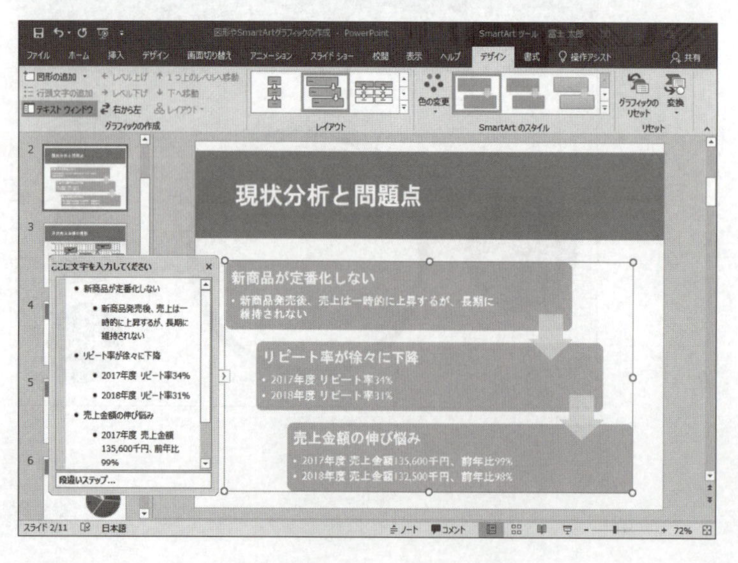

SmartArtグラフィックのレイアウトが変更されます。

第5章 図形やSmartArtグラフィックの作成

STEP UP レベルの上げ下げ

テキストウィンドウ側で項目のレベルを上げたり下げたりすると、SmartArtグラフィックの図形に反映されます。逆に、SmartArtグラフィック側で図形のレベルを上げたり下げたりすると、テキストウィンドウの項目にも反映されます。

レベルを上げる

◆テキストウィンドウ内の項目にカーソルを移動→[Shift]+[Tab]

レベルを下げる

◆テキストウィンドウ内の項目にカーソルを移動→[Tab]

Let's Try ためしてみよう

次のようにスライドを編集しましょう。

※設定する項目名が一覧にない場合は、任意の項目を選択してください。

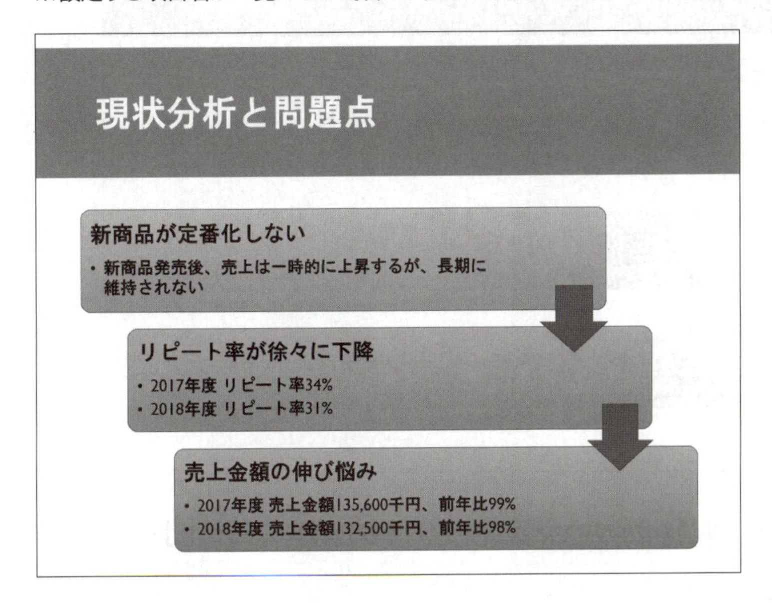

①SmartArtグラフィックに色「カラフル-全アクセント」とスタイル「パステル」を適用しましょう。

②SmartArtグラフィックの矢印に図形のスタイル「塗りつぶし-赤、アクセント5」を適用しましょう。

Let's Try Answer

①

①SmartArtグラフィックを選択

②《SmartArtツール》の《デザイン》タブを選択

③《SmartArtのスタイル》グループの[色の変更]（色の変更）をクリック

④《カラフル》の《カラフル-全アクセント》（左から1番目）をクリック

⑤《SmartArtのスタイル》グループの[▼]（その他）をクリック

⑥《ドキュメントに最適なスタイル》の《パステル》（左から3番目、上から1番目）をクリック

②

①1つ目の矢印を選択

②[Shift]を押しながら、2つ目の矢印を選択

③《書式》タブを選択

④《図形のスタイル》グループの[▼]（その他）をクリック

⑤《塗りつぶし-赤、アクセント5》（左から6番目、上から2番目）をクリック

※プレゼンテーションに「図形やSmartArtグラフィックの作成完成」と名前を付けて、フォルダー「第5章」に保存し、閉じておきましょう。

練習問題

解答 ▶ 別冊P.4

フォルダー「第5章」のプレゼンテーション「第5章練習問題」を開いておきましょう。

次のようにスライドを編集しましょう。
※設定する項目名が一覧にない場合は、任意の項目を選択してください。

●完成図

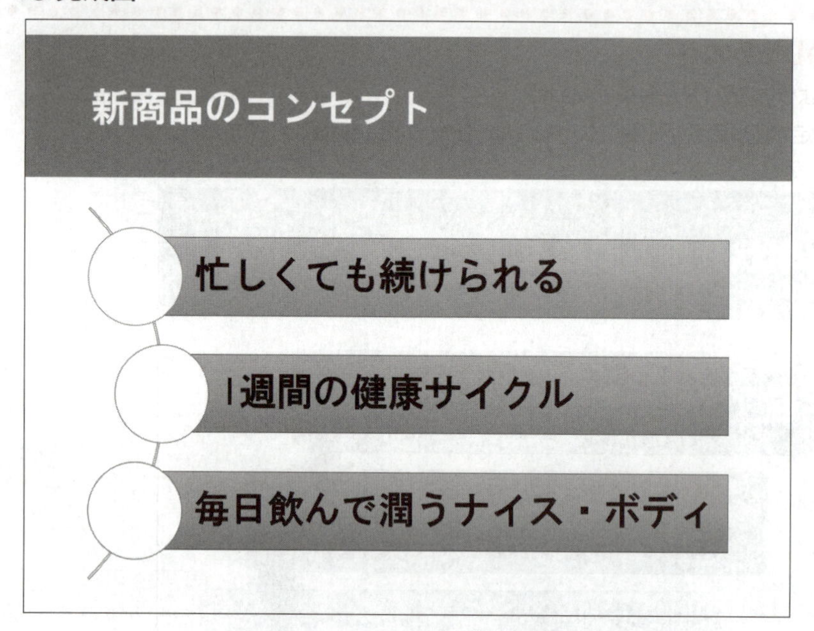

① スライド9にSmartArtグラフィック**「縦方向カーブリスト」**を作成しましょう。

Hint! 《縦方向カーブリスト》は、《リスト》に分類されます。

② 完成図を参考に、テキストウィンドウを使って、SmartArtグラフィックに文字を入力しましょう。

③ SmartArtグラフィックに色**「カラフル-全アクセント」**とスタイル**「パステル」**を適用しましょう。

④ 完成図を参考に、SmartArtグラフィックの位置とサイズを調整しましょう。

次のようにスライドを編集しましょう。
※設定する項目名が一覧にない場合は、任意の項目を選択してください。

●完成図

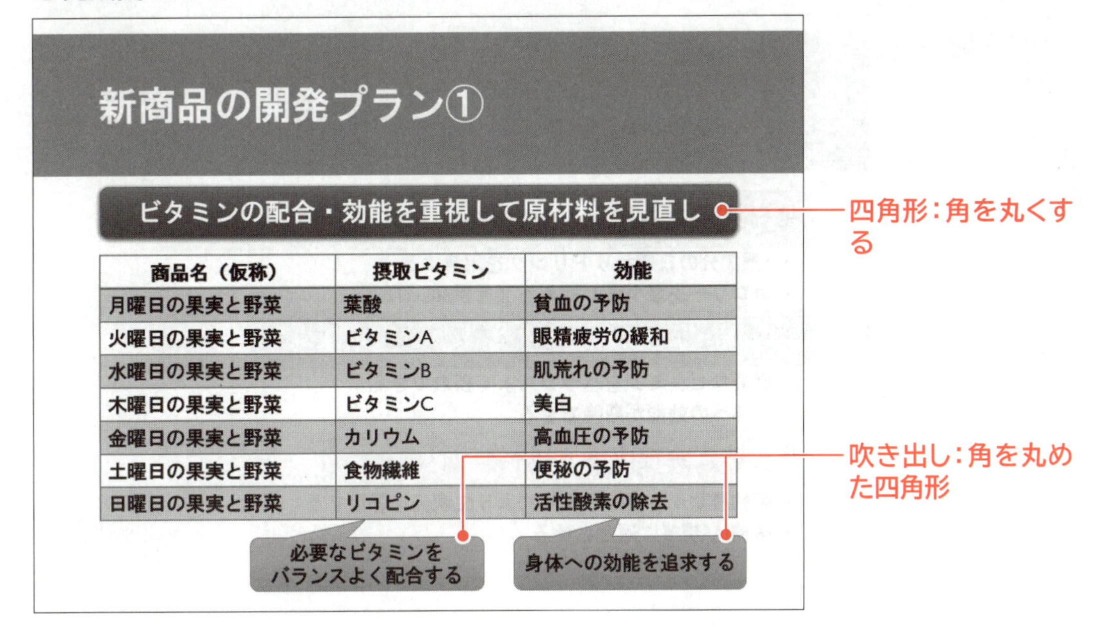

⑤ スライド12に**「四角形：角を丸くする」**の図形を作成し、図形の中に**「ビタミンの配合・効能を重視して原材料を見直し」**と入力しましょう。

⑥ ⑤の図形のフォントサイズを24ポイントに設定し、図形のスタイル**「グラデーション-赤、アクセント5」**を適用しましょう。

⑦ 完成図を参考に、⑤の図形の位置とサイズを調整しましょう。

⑧ **「吹き出し：角を丸めた四角形」**の図形を作成し、図形の中に**「必要なビタミンをバランスよく配合する」**と入力しましょう。**「必要なビタミンを」**の後ろで改行します。

⑨ ⑧の図形にスタイル**「パステル-オレンジ、アクセント3」**を適用しましょう。

⑩ 完成図を参考に、⑧の図形の位置とサイズを調整しましょう。

⑪ ⑧の図形をコピーし、コピーした図形の中に**「身体への効能を追求する」**と入力しましょう。

次のようにスライドを編集しましょう。

※設定する項目名が一覧にない場合は、任意の項目を選択してください。

●完成図

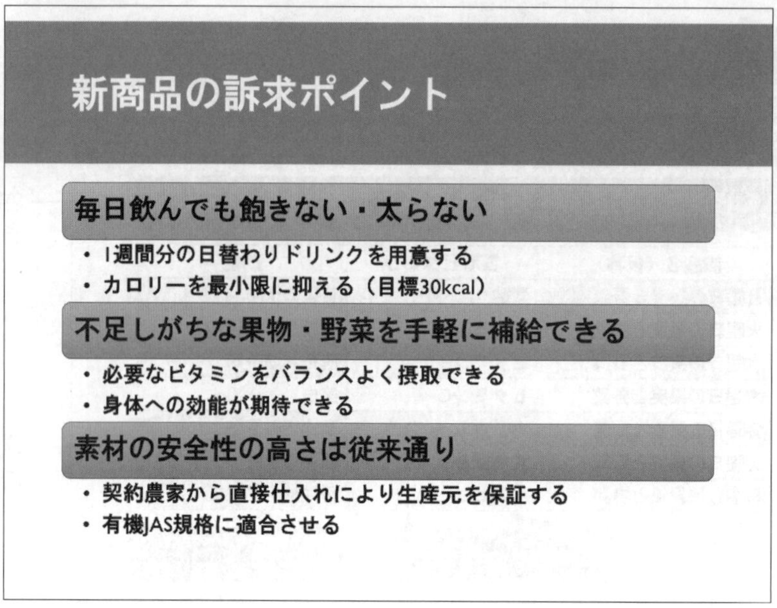

新商品の訴求ポイント

毎日飲んでも飽きない・太らない
- 1週間分の日替わりドリンクを用意する
- カロリーを最小限に抑える（目標30kcal）

不足しがちな果物・野菜を手軽に補給できる
- 必要なビタミンをバランスよく摂取できる
- 身体への効能が期待できる

素材の安全性の高さは従来通り
- 契約農家から直接仕入れにより生産元を保証する
- 有機JAS規格に適合させる

⑫ スライド14の箇条書きテキストを、SmartArtグラフィック**「縦方向箇条書きリスト」**に変換しましょう。

⑬ SmartArtグラフィックに色**「カラフル-全アクセント」**とスタイル**「パステル」**を適用しましょう。

※プレゼンテーションに「第5章練習問題完成」と名前を付けて、フォルダー「第5章」に保存し、閉じておきましょう。

第6章

画像やワードアートの挿入

第6章 この章で学ぶこと

学習前に習得すべきポイントを理解しておき、
学習後には確実に習得できたかどうかを振り返りましょう。

Step 1 作成するスライドを確認する

1 作成するスライドの確認

次のようなスライドを作成しましょう。

販売戦略① ファン獲得施策

契約農家での果物づくりや野菜づくりの過程をインターネットで公開

成長過程をこまめに更新して作り上げる達成感を共有

素材の安心感・信頼感を高めることができる

画像の挿入
画像の移動とサイズ変更
図のスタイルの適用
画像の明るさとコントラストの調整

画像の挿入
画像の移動とサイズ変更
図のスタイルの適用

今後の計画

採算シミュレーションの実施
・価格の設定
・販売目標の設定
・適正生産量の算出

開発スケジュールの具体的な策定
・原材料の調達
・試作品の開発
・試飲会の実施

新商品の完成

ワードアートの挿入
文字の方向の変更
ワードアートの移動

Step2 画像を挿入する

1 画像

「画像」とは、写真やイラストをデジタル化したデータのことです。
デジタルカメラで撮影したりスキャナで取り込んだりした画像をPowerPointのスライドに挿入できます。PowerPointでは画像のことを**「図」**ということもあります。
写真には、スライドの情報にリアリティを持たせる効果があります。
また、イラストには、スライドのアクセントになったり、スライド全体の雰囲気を作ったりする効果があります。

2 画像の挿入

スライド15にフォルダー**「第6章」**の画像**「契約農家の畑1」**を挿入しましょう。

File OPEN　フォルダー「第6章」のプレゼンテーション「画像やワードアートの挿入」を開いておきましょう。

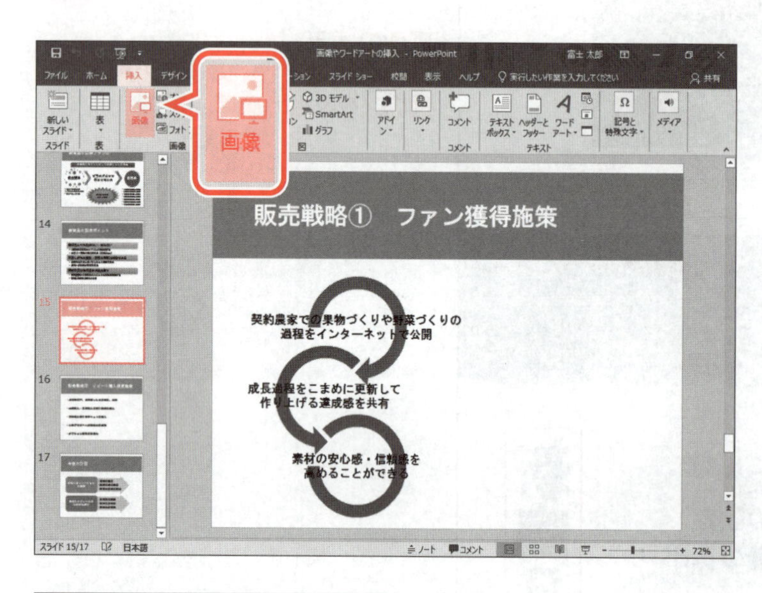

①スライド15を選択します。
②**《挿入》**タブを選択します。
③**《画像》**グループの（図）をクリックします。

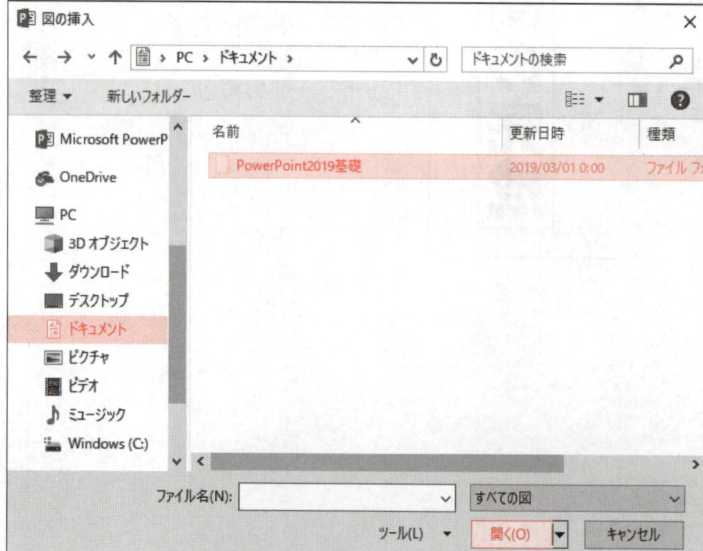

《図の挿入》ダイアログボックスが表示されます。
画像が保存されている場所を選択します。
④左側の一覧から**《ドキュメント》**を選択します。
※《ドキュメント》が開かれていない場合は、《PC》→《ドキュメント》をクリックします。
⑤右側の一覧から**「PowerPoint2019基礎」**を選択します。
⑥**《開く》**をクリックします。

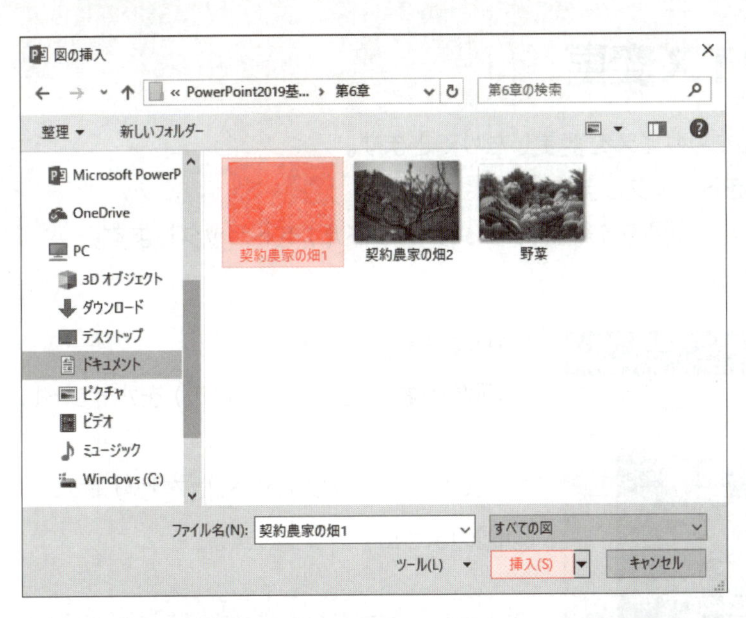

⑦一覧から**「第6章」**を選択します。

⑧**《開く》**をクリックします。

挿入する画像を選択します。

⑨一覧から**「契約農家の畑1」**を選択します。

⑩**《挿入》**をクリックします。

画像が挿入されます。

※リボンに《図ツール》の《書式》タブが表示されます。

POINT 《図ツール》の《書式》タブ

画像が選択されているとき、リボンに《図ツール》の《書式》タブが表示され、画像に関するコマンドが使用できる状態になります。

STEP UP プレースホルダーのアイコンを使った画像の挿入

コンテンツのプレースホルダーが配置されているスライドでは、プレースホルダー内の（図）をクリックして、画像を挿入することができます。

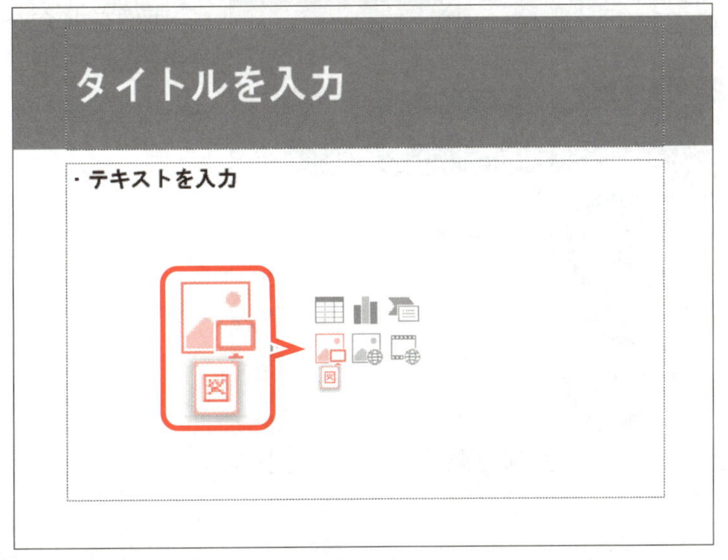

3 画像の移動とサイズ変更

画像は、スライド内で移動したりサイズを変更したりできます。
画像を移動するには、画像をドラッグします。
画像のサイズを変更するには、周囲の枠線上にある○（ハンドル）をドラッグします。
画像の位置とサイズを調整しましょう。

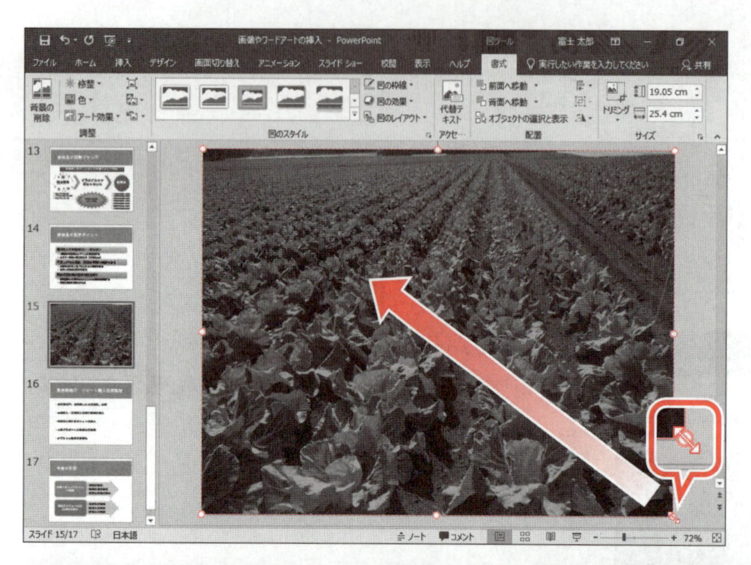

①画像を選択します。
②画像の右下の○（ハンドル）をポイントします。
マウスポインターの形が↘に変わります。
③図のようにドラッグします。

ドラッグ中、マウスポインターの形が＋に変わります。

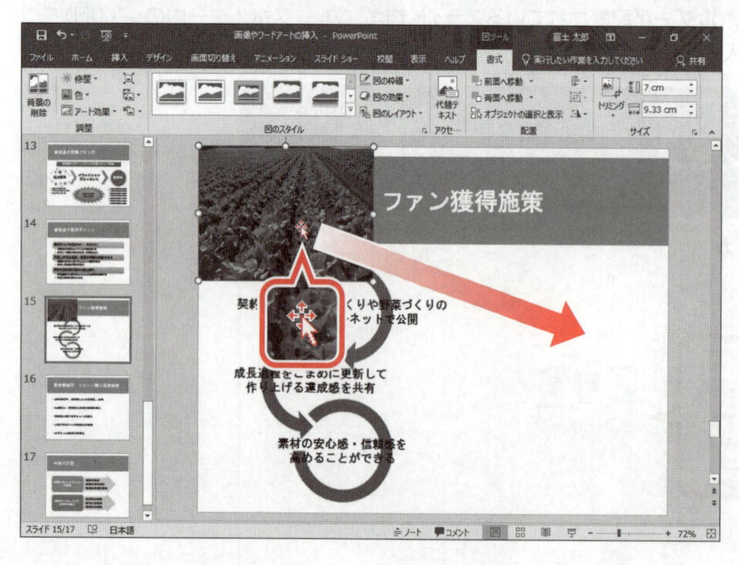

画像のサイズが変更されます。
④画像をポイントします。
マウスポインターの形が✥に変わります。
⑤図のようにドラッグします。

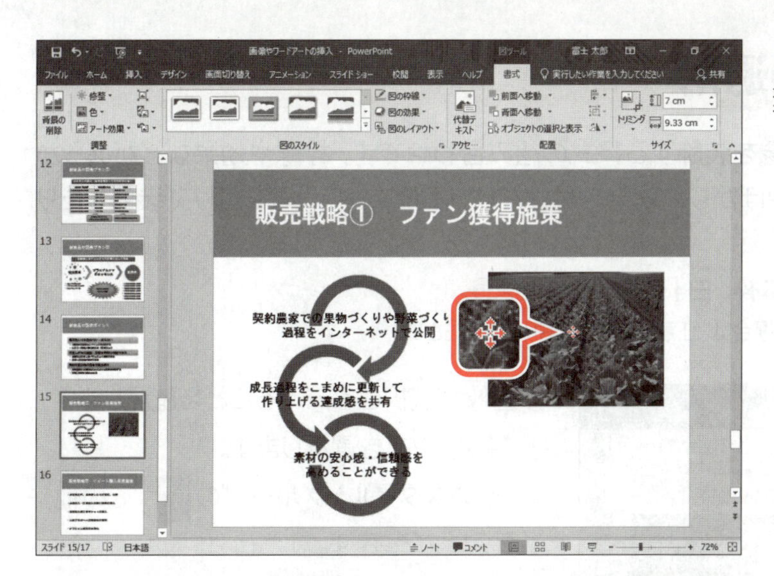

ドラッグ中、マウスポインターの形が✥に変わります。

画像が移動します。

STEP UP 画像の回転

画像は自由な角度に回転できます。
画像の上側に表示される⟳をポイントし、マウスポインターの形が⟳に変わったらドラッグします。

4 図のスタイルの適用

「**図のスタイル**」とは、画像を装飾する書式の組み合わせです。枠線や効果などがあらかじめ設定されており、影やぼかしの効果を付けたり、画像にフレームを付けて装飾したりできます。

画像にスタイル「**シンプルな枠、白**」を適用しましょう。

※設定する項目名が一覧にない場合は、任意の項目を選択してください。

①画像が選択されていることを確認します。

②《**書式**》タブを選択します。

③《**図のスタイル**》グループの（その他）をクリックします。

④《**シンプルな枠、白**》をクリックします。

画像にスタイルが適用されます。

※画像以外の場所をクリックし、選択を解除して、図のスタイルを確認しておきましょう。

5 画像の明るさとコントラストの調整

挿入した画像が暗い場合には明るくしたり、メリハリがない場合にはコントラストを高くしたりできます。また、モノクロにしたりセピア調にしたりして、色合いを変更することもできます。

画像の明るさとコントラストをそれぞれ「+20%」に調整しましょう。

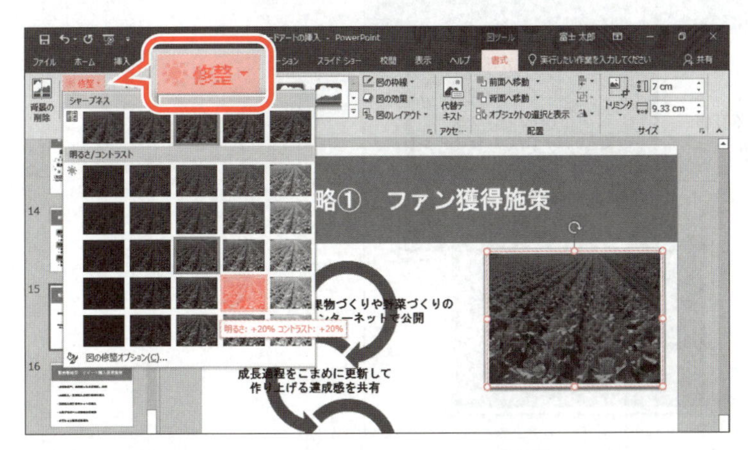

①画像を選択します。

②**《書式》**タブを選択します。

③**《調整》**グループの 修整 （修整）をクリックします。

④**《明るさ/コントラスト》**の**《明るさ：+20% コントラスト：+20%》**をクリックします。

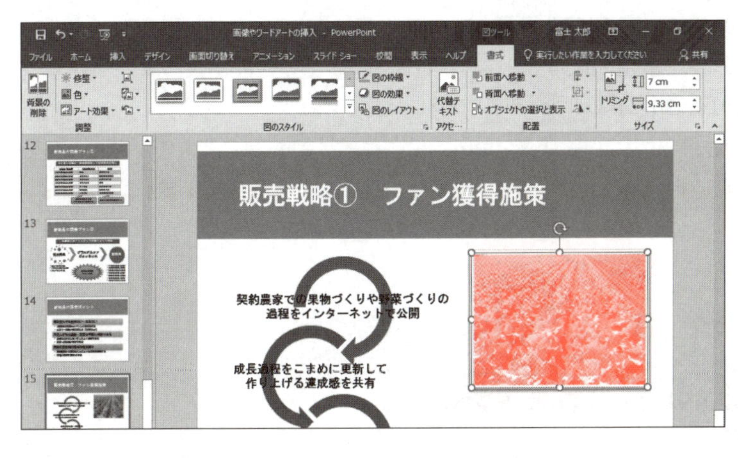

画像の明るさとコントラストが調整されます。

STEP UP 画像の加工

《書式》タブ→《調整》グループでは、次のように画像を加工できます。

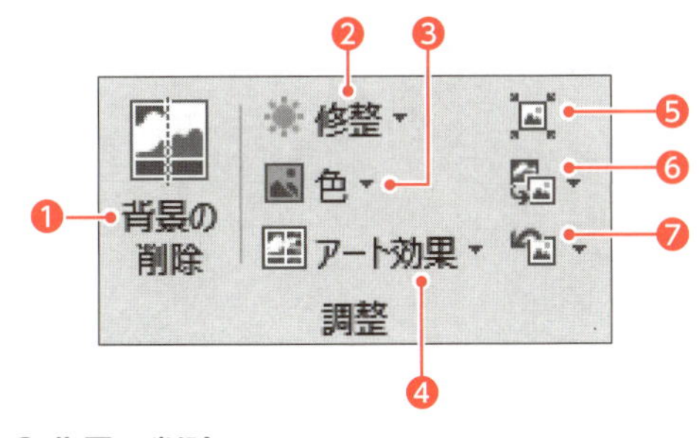

❶背景の削除

画像の背景に写り込んでいる不要なものを削除します。

❷修整

画像の明るさ、コントラスト、鮮明度を調整できます。

❸色

画像の色味、彩度、トーンなどを調整できます。

❹アート効果

スケッチ、線画、マーカーなどの特殊効果を画像に加えることができます。

❺図の圧縮

圧縮に関する設定や印刷用・Web・電子メール用など、用途に応じて画像の解像度を調整します。

❻図の変更

現在、挿入されている画像を別の画像に置き換えます。設定されている書式やサイズは、そのまま保持されます。

❼図のリセット

設定した書式や変更したサイズをリセットして、画像をもとの状態に戻します。

Let's Try ためしてみよう

完成図を参考に、スライドに画像を挿入しましょう。
※設定する項目名が一覧にない場合は、任意の項目を選択してください。

①フォルダー「第6章」の画像「契約農家の畑2」を挿入しましょう。
②完成図を参考に、画像の位置とサイズを調整しましょう。
③画像にスタイル「シンプルな枠、白」を適用しましょう。

①

①《挿入》タブを選択
②《画像》グループの (図)をクリック
③画像の場所を選択
※《ドキュメント》→「PowerPoint2019基礎」→「第6章」を選択します。
④一覧から「契約農家の畑2」を選択
⑤《挿入》をクリック

②

①画像の周囲の○(ハンドル)をドラッグして、サイズ変更
②画像をドラッグして、移動

③

①画像を選択
②《書式》タブを選択
③《図のスタイル》グループの (その他)をクリック
④《シンプルな枠、白》(左から1番目、上から1番目)をクリック

Step3 ワードアートを挿入する

1 ワードアート

「**ワードアート**」を使うと、文字の周囲に輪郭を付けたり、影や光彩で立体的にしたりして、文字を簡単に装飾できます。強調したい文字は、ワードアートを使って表現すると、見る人にインパクトを与えることができます。

絶賛発売中

OPEN SALE!!

2 ワードアートの挿入

スライド17にワードアートを使って「**新商品の完成**」という文字を挿入しましょう。

※設定する項目名が一覧にない場合は、任意の項目を選択してください。

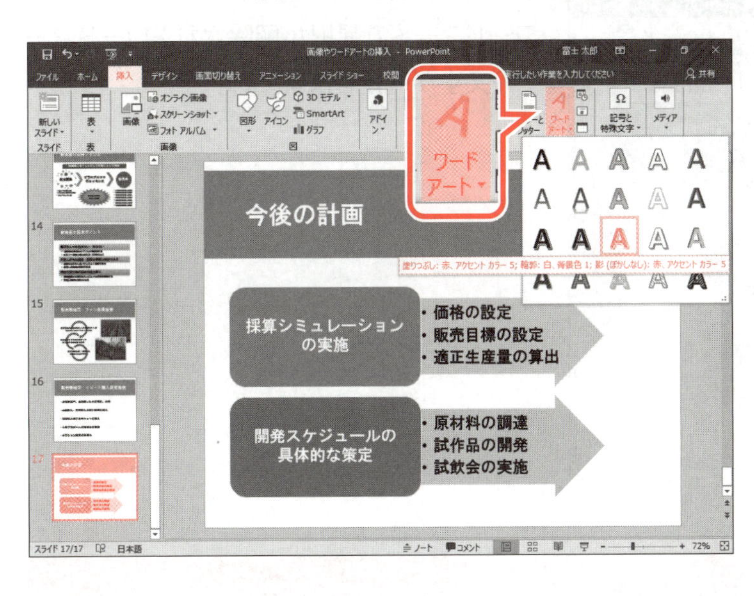

①スライド17を選択します。

②**《挿入》**タブを選択します。

③**《テキスト》**グループの （ワードアートの挿入）をクリックします。

④**《塗りつぶし：赤、アクセントカラー5；輪郭：白、背景色1；影（ぼかしなし）：赤、アクセントカラー5》**をクリックします。

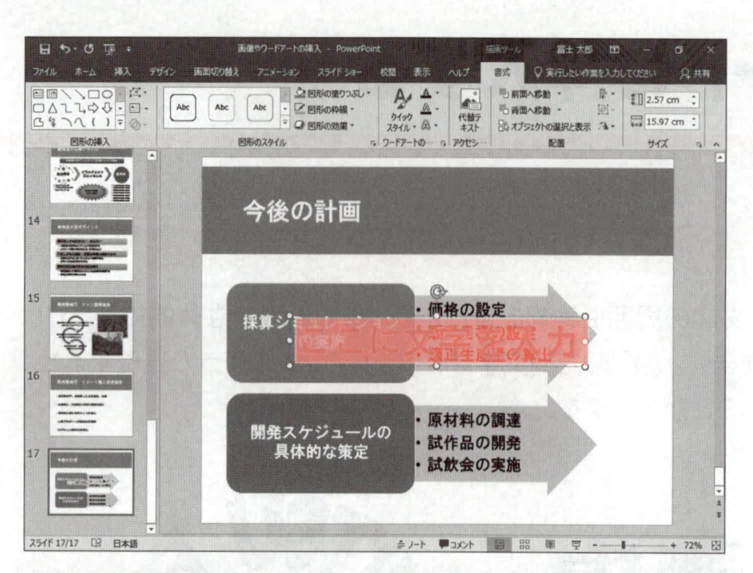

⑤**《ここに文字を入力》**が選択されていることを確認します。

※リボンに《描画ツール》の《書式》タブが表示されます。

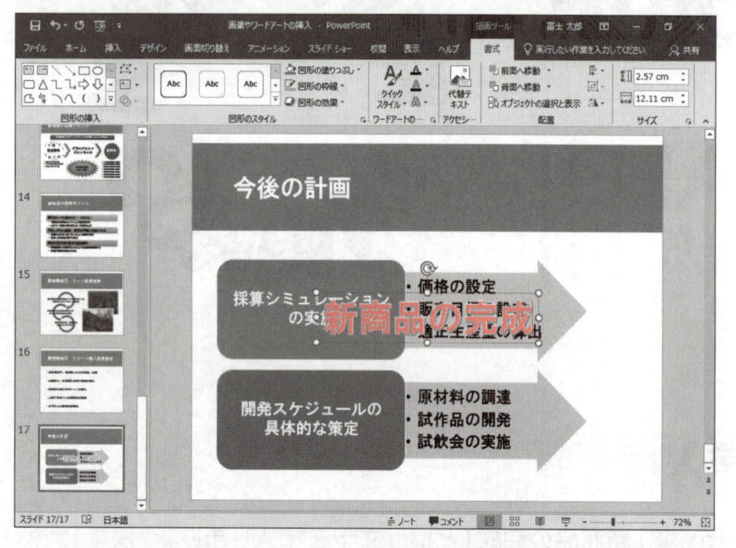

⑥**「新商品の完成」**と入力します。

※文字を入力すると、ワードアートが点線で囲まれ、ワードアート内にカーソルが表示されます。

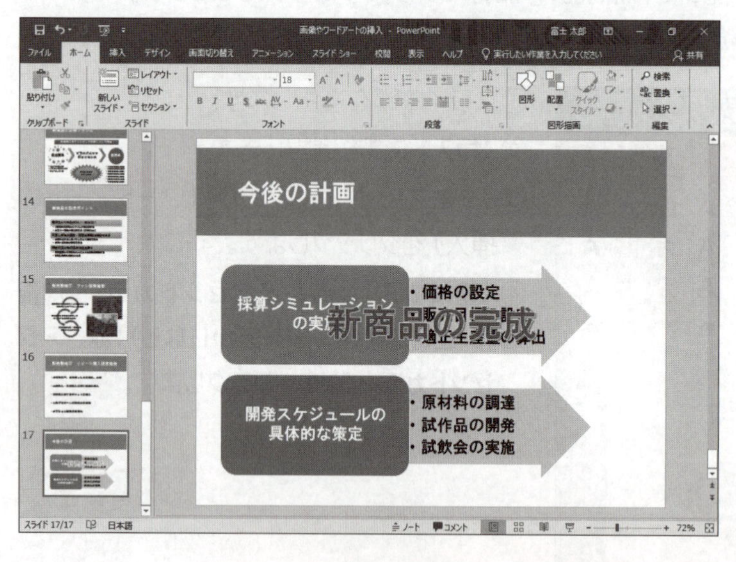

⑦ワードアート以外の場所をクリックします。

ワードアートの選択が解除され、ワードアートの文字が確定します。

POINT 《描画ツール》の《書式》タブ

ワードアートが選択されているとき、リボンに《描画ツール》の《書式》タブが表示され、ワードアートに関するコマンドが使用できる状態になります。

POINT ワードアートの枠線

ワードアート内をクリックすると、カーソルが表示され、枠線が点線になります。この状態のとき、文字を入力したり文字の一部の書式を設定したりできます。
ワードアートの周囲の枠線をクリックすると、ワードアートが選択され、枠線が実線になります。この状態のとき、ワードアード内のすべての文字に書式を設定できます。

●ワードアート内にカーソルがある状態

●ワードアートが選択されている状態

STEP UP ワードアートの効果の設定

入力済みのタイトルや箇条書きテキストの文字に、ワードアートの効果を設定できます。

◆文字を選択→《書式》タブ→《ワードアートのスタイル》グループで設定

新規企画商品
「七曜日の果実と野菜」

2019年4月18日

FOM DRINK ONLINE

商品企画室

花田奈々

新規企画商品
「七曜日の果実と野菜」

2019年4月18日

FOM DRINK ONLINE

商品企画室

花田奈々

3 文字の方向の変更

初期の設定では、ワードアートの文字の方向は横書きですが、縦書きに変更することができます。

ワードアートの文字の方向を横書きから縦書きに変更しましょう。

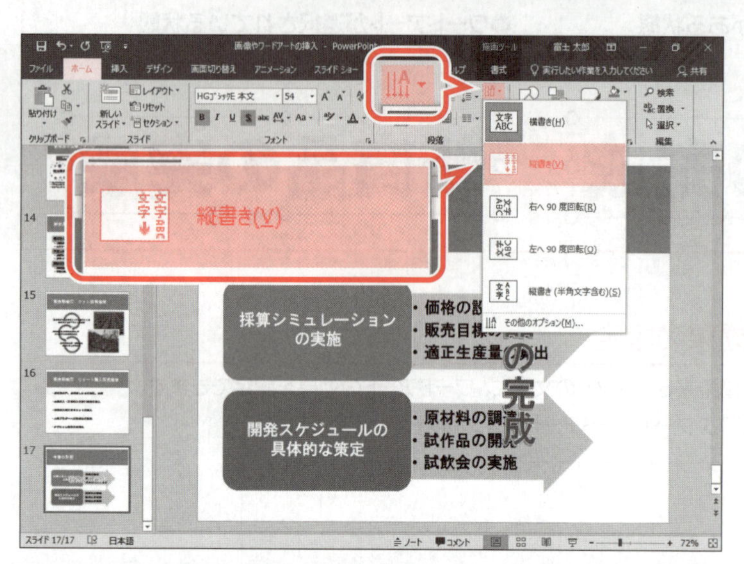

①ワードアートを選択します。

※ワードアート内をクリックし、周囲の枠線をクリックします。

②**《ホーム》**タブを選択します。

③**《段落》**グループの（文字列の方向）をクリックします。

④**《縦書き》**をクリックします。

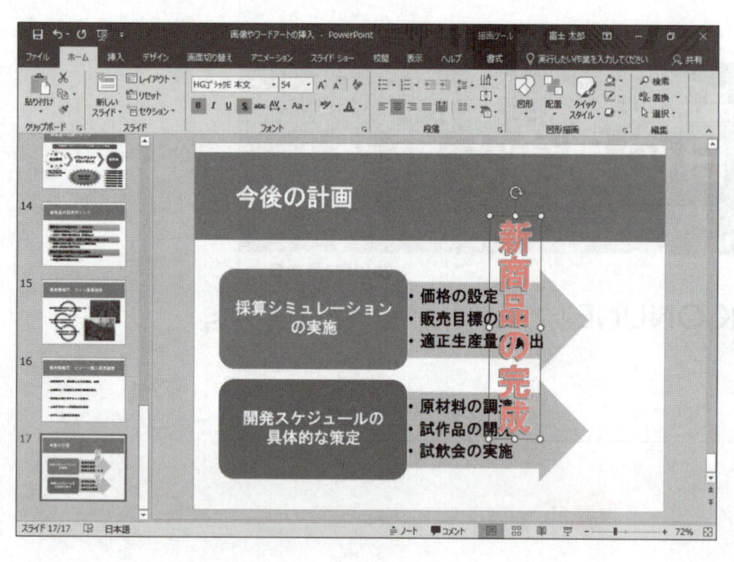

文字の方向が変更されます。

4 ワードアートの移動

ワードアートを移動するには、周囲の枠線をドラッグします。
スライドに挿入したワードアートを移動しましょう。

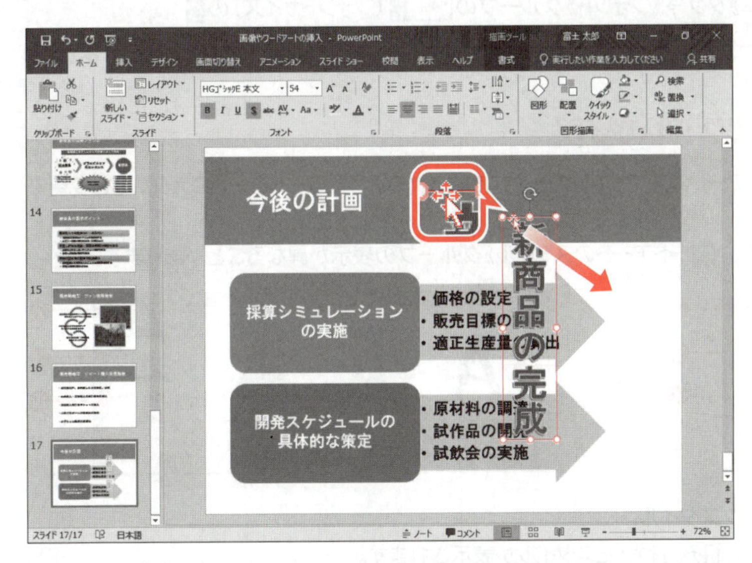

①ワードアートを選択します。
②ワードアートの周囲の枠線をポイントします。
マウスポインターの形が に変わります。
③図のようにドラッグします。

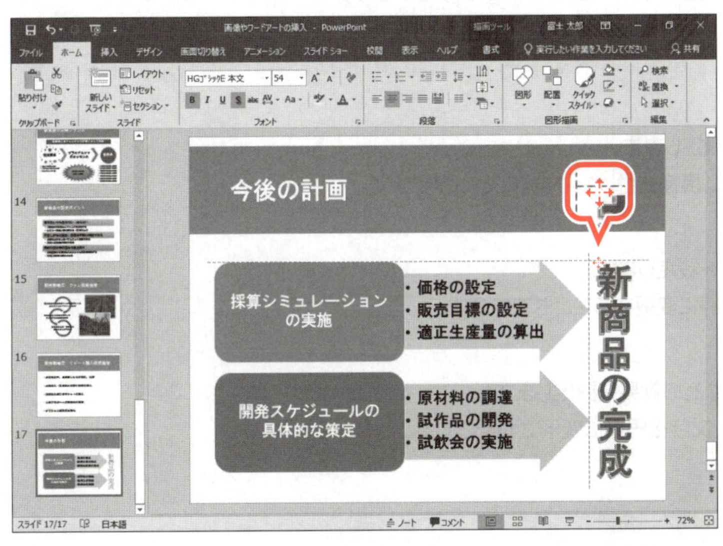

ドラッグ中、マウスポインターの形が に変わります。

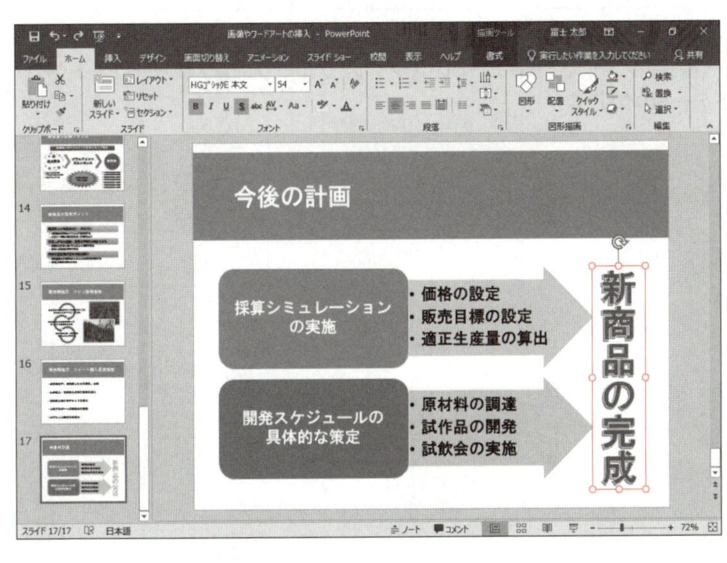

ワードアートが移動します。
※プレゼンテーションに「画像やワードアートの挿入完成」と名前を付けて、フォルダー「第6章」に保存し、閉じておきましょう。

POINT ワードアートのサイズ変更

スライドに挿入したワードアートは、周囲の○（ハンドル）をドラッグしてもサイズを変更できません。ワードアートのサイズを変更するには、フォントサイズを変更します。
ワードアートのフォントサイズを変更する方法は、次のとおりです。

◆ワードアートを選択→《ホーム》タブ→《フォント》グループの 54 （フォントサイズ）の

STEP UP ワードアートのスタイルの変更

《書式》タブ→《ワードアートのスタイル》グループでは、次のようにワードアートのスタイルを変更できます。

※画面解像度によって、《ワードアートのスタイル》グループの表示が異なることがあります。

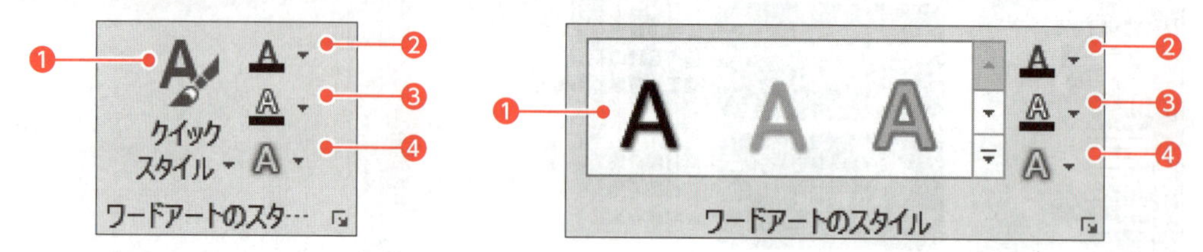

❶ワードアートクイックスタイル

文字の色、輪郭、効果を組み合わせたスタイルが表示されます。

文字にワードアートのスタイルを適用したり、設定済みのワードアートのスタイルを変更したりするときに使います。

❷文字の塗りつぶし

文字を塗りつぶす色を設定します。

グラデーションにしたり、模様を付けたりすることもできます。

❸文字の輪郭

文字の輪郭の太さや色を設定します。

文字の輪郭は点線や破線に変更することもできます。

❹文字の効果

文字に影や反射、光彩などの効果を設定します。

文字を立体的にしたり、文字を円形に変形させたりすることもできます。

STEP UP ワードアートのクリア

ワードアートに設定されているスタイルを解除し、通常の文字に戻す方法は、次のとおりです。

◆ワードアートを選択→《書式》タブ→《ワードアートのスタイル》グループの （ワードアートクイックスタイル）→《ワードアートのクリア》

練習問題

解答 ► 別冊P.5

フォルダー「第6章」のプレゼンテーション「第6章練習問題」を開いておきましょう。

次のようにスライドを編集しましょう。

※設定する項目名が一覧にない場合は、任意の項目を選択してください。

●完成図

① スライド1にフォルダー「**第6章**」の画像「**野菜**」を挿入しましょう。

② 完成図を参考に、画像の位置とサイズを調整しましょう。

③ 画像にスタイル「**楕円、ぼかし**」を適用しましょう。

④ 画像の明るさを「**+20%**」に調整しましょう。

次のようにスライドを編集しましょう。

※設定する項目名が一覧にない場合は、任意の項目を選択してください。

●完成図

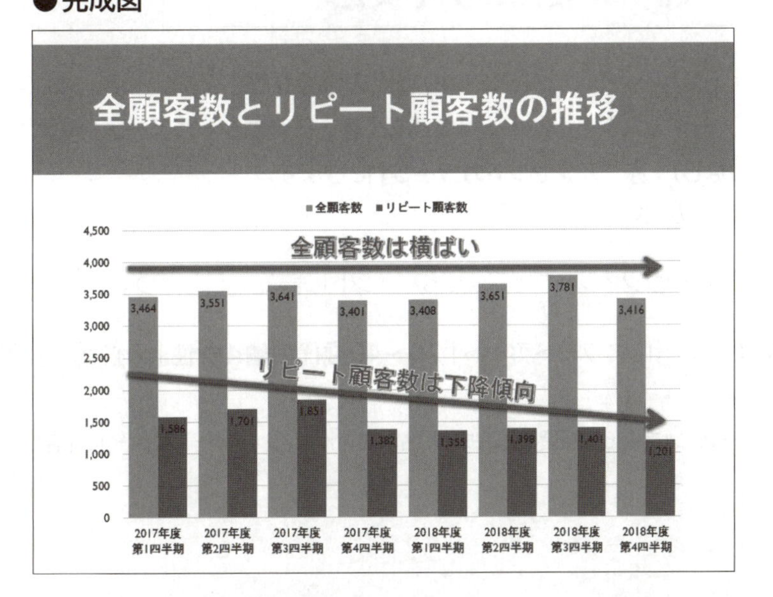

⑤ スライド4にワードアート**「全顧客数は横ばい」**を挿入しましょう。
ワードアートのスタイルは**「塗りつぶし：赤、アクセントカラー5；輪郭：白、背景色1；影（ぼかしなし）：赤、アクセントカラー5」**にします。

⑥ ワードアートのフォントサイズを24ポイントに設定しましょう。

⑦ 完成図を参考に、ワードアート**「全顧客数は横ばい」**の位置を調整しましょう。

⑧ ワードアート**「全顧客数は横ばい」**をコピーし、**「リピート顧客数は下降傾向」**に修正しましょう。

Hint! Ctrl を押しながら、ワードアートの周囲の枠線をドラッグすると、ワードアートをコピーできます。

⑨ 完成図を参考に、ワードアート**「リピート顧客数は下降傾向」**を回転しましょう。

Hint! ワードアートの上の をドラッグすると、ワードアートを回転できます。

⑩ 完成図を参考に、ワードアート**「リピート顧客数は下降傾向」**の位置を調整しましょう。

次のようにスライドを編集しましょう。
※設定する項目名が一覧にない場合は、任意の項目を選択してください。

●完成図

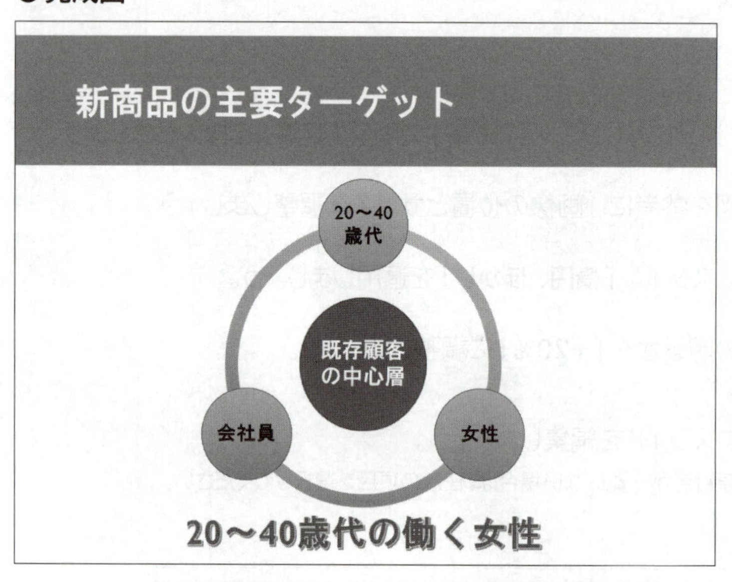

⑪ スライド6にワードアート**「20～40歳代の働く女性」**を挿入しましょう。
ワードアートのスタイルは**「塗りつぶし：赤、アクセントカラー5；輪郭：白、背景色1；影（ぼかしなし）：赤、アクセントカラー5」**にします。
※数字は半角で入力します。

⑫ ワードアートのフォントサイズを36ポイントに設定しましょう。

⑬ 完成図を参考に、ワードアート**「20～40歳代の働く女性」**の位置を調整しましょう。

※プレゼンテーションに「第6章練習問題完成」と名前を付けて、フォルダー「第6章」に保存し、閉じておきましょう。

第7章

特殊効果の設定

第7章 この章で学ぶこと

学習前に習得すべきポイントを理解しておき、
学習後には確実に習得できたかどうかを振り返りましょう。

1 スライド上のオブジェクトにアニメーションを設定できる。 → P.153

2 効果のオプションを使って、アニメーションの動きをアレンジできる。 → P.155

3 アニメーションが再生される順番を変更できる。 → P.156

4 設定したアニメーションをコピーして、別のオブジェクトに貼り付けることができる。 → P.157

5 スライドが切り替わるときの効果を設定できる。 → P.158

6 効果のオプションを使って、スライドが切り替わるときの効果をアレンジできる。 → P.161

7 スライドが自動的に切り替わるように設定できる。 → P.162

Step 1 アニメーションを設定する

1 アニメーション

「アニメーション」とは、スライド上のタイトルや箇条書きテキスト、画像、表などの**「オブジェクト」**に対して、動きを付ける効果のことです。波を打つように揺らす、ピカピカと点滅させる、徐々に拡大するなど、様々なアニメーションが用意されています。
アニメーションを使うと、重要な箇所が強調され、見る人の注目を集めることができます。
PowerPointに用意されているアニメーションは、次のように分類されます。

❶開始
オブジェクトが表示されるときのアニメーションです。

❷強調
オブジェクトが表示されているときのアニメーションです。

❸終了
オブジェクトが非表示になるときのアニメーションです。

❹アニメーションの軌跡
オブジェクトがスライド上を動く軌跡です。

2 アニメーションの設定

アニメーションは、対象のオブジェクトを選択してから設定します。
スライド4のワードアート**「全顧客数は横ばい」**に**「開始」**の**「ズーム」**のアニメーションを設定しましょう。次に、上側の矢印に**「開始」**の**「ワイプ」**のアニメーションを設定しましょう。

フォルダー「第7章」のプレゼンテーション「特殊効果の設定」を開いておきましょう。

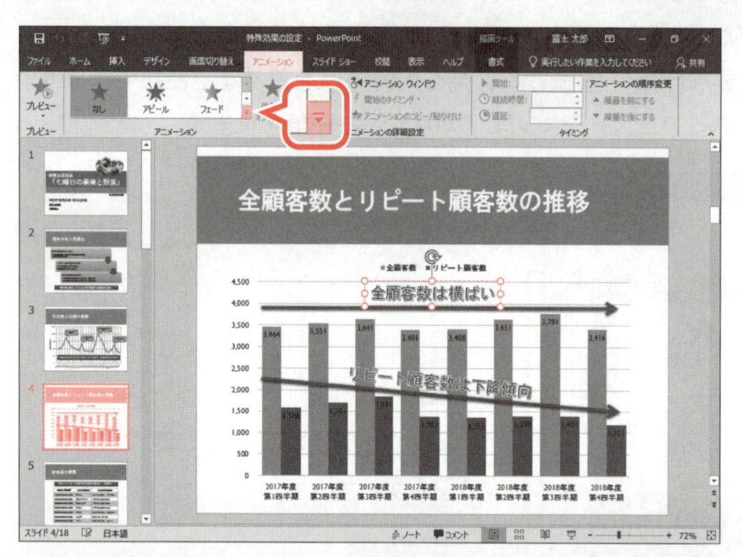

①スライド4を選択します。
②ワードアート**「全顧客数は横ばい」**を選択します。
※ワードアート内をクリックし、周囲の枠線をクリックします。
③**《アニメーション》**タブを選択します。
④**《アニメーション》**グループの（その他）をクリックします。

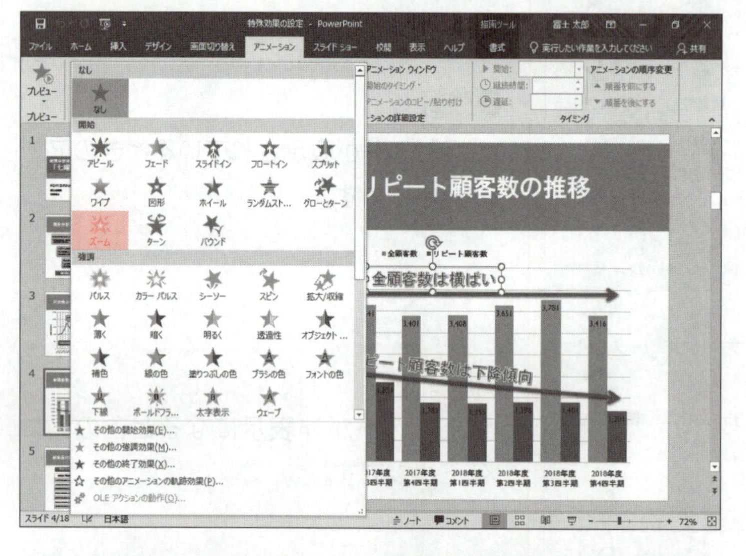

⑤**《開始》**の**《ズーム》**をクリックします。

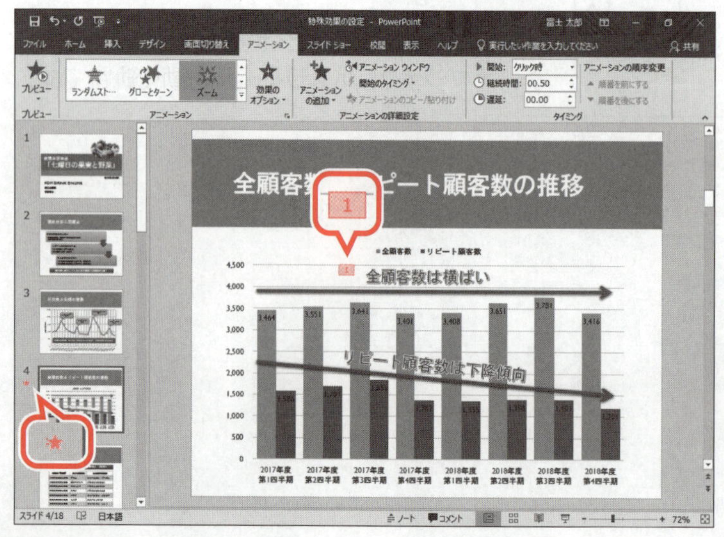

アニメーションが設定されます。
⑥サムネイルペインのスライド4に★が表示されていることを確認します。
⑦ワードアートの左側に**「1」**が表示されていることを確認します。
※この番号は、アニメーションの再生順序を表します。

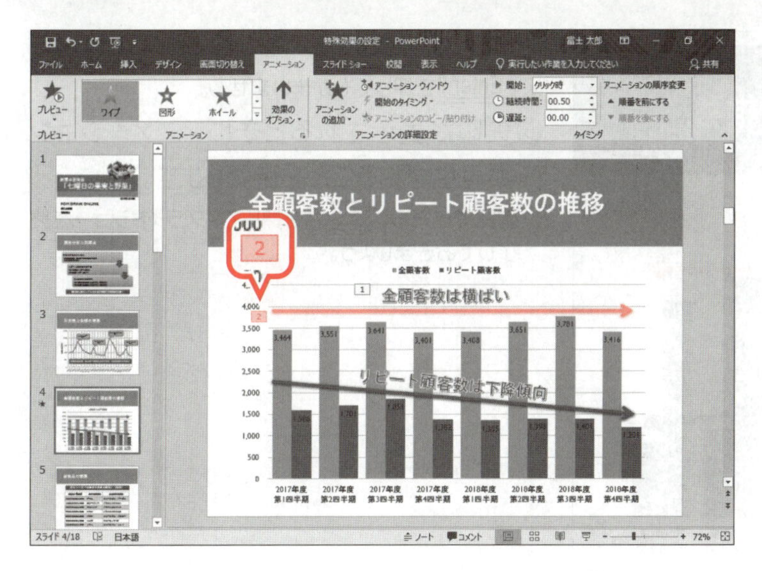

⑧同様に、上側の矢印に**《開始》**の**《ワイプ》**を設定します。

3 アニメーションの確認

スライドショーを実行し、設定したアニメーションを確認しましょう。

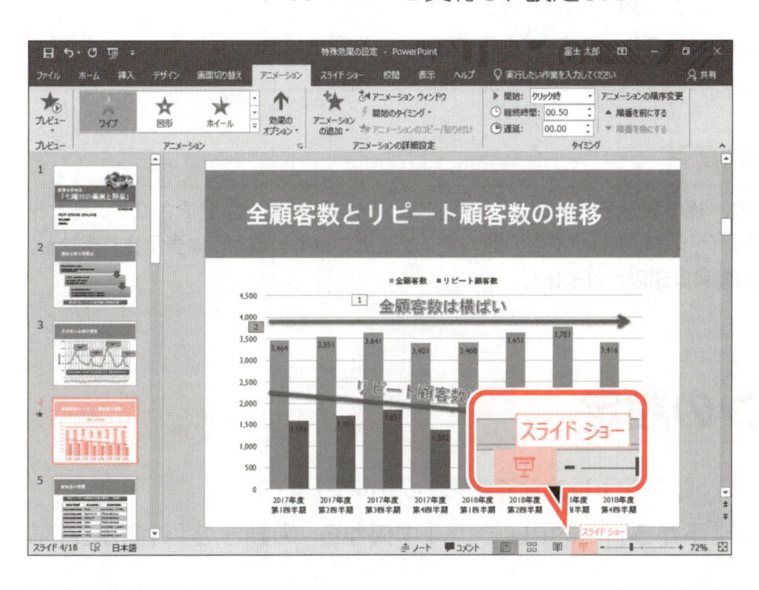

①スライド4が選択されていることを確認します。

②ステータスバーの　（スライドショー）をクリックします。

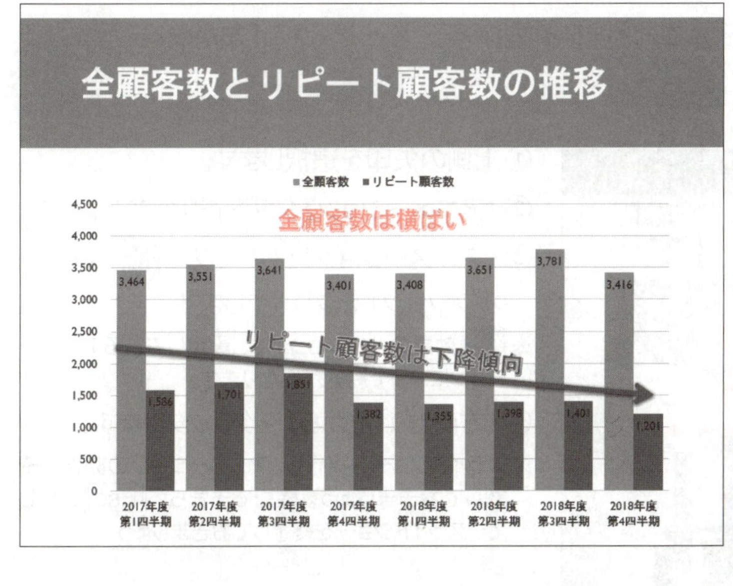

スライドショーが実行されます。

③クリックします。

※【Enter】を押してもかまいません。

④ワードアート**「全顧客数は横ばい」**が表示されるときにアニメーションが再生されることを確認します。

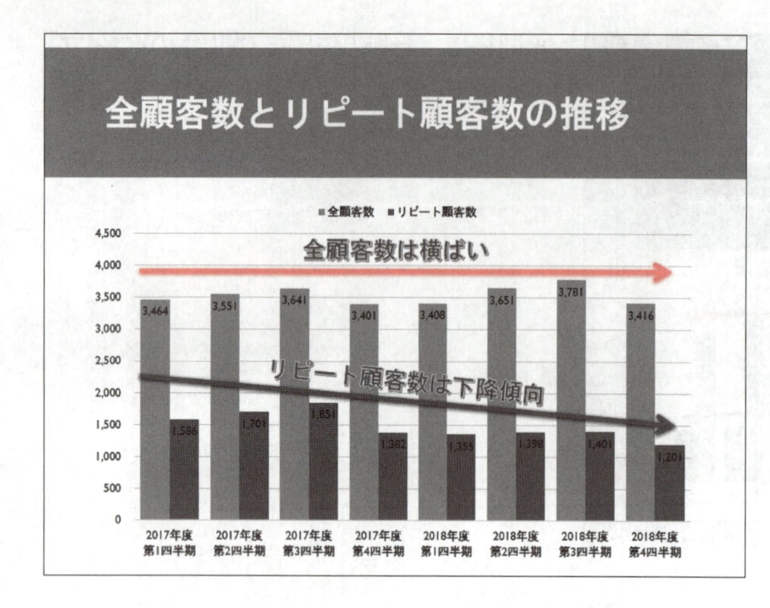

⑤クリックします。
※ Enter を押してもかまいません。
⑥矢印が表示されるときにアニメーションが再生されることを確認します。
※確認できたら、 Esc を押して、スライドショーを終了しておきましょう。

POINT アニメーションのプレビュー

標準表示モードでアニメーションを再生できます。
◆サムネイルペインの (アニメーションの再生)をクリック
◆《アニメーション》タブ→《プレビュー》グループの (アニメーションのプレビュー)

STEP UP アニメーションの番号

アニメーションの番号は、標準表示モードでリボンの《アニメーション》タブが選択されているときだけ表示されます。スライドショー実行中やその他のタブが選択されているときは表示されません。また、アニメーションの番号は印刷されません。

4 効果のオプションの設定

アニメーションの種類によって、動きをアレンジできるものがあります。
たとえば、**「上から」**の動きを**「下から」**に変更したり、**「中央から」**の動きを**「外側から」**に変更したりできます。
初期の設定では、**「下から」**表示される**「ワイプ」**のアニメーションを**「左から」**表示されるように変更しましょう。

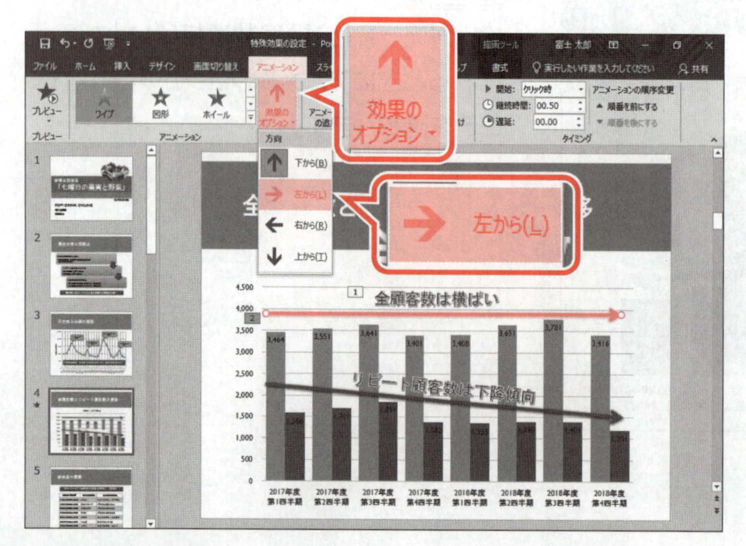

①上側の矢印を選択します。
②**《アニメーション》**タブを選択します。
③**《アニメーション》**グループの (効果のオプション)をクリックします。
※ (効果のオプション)は、設定しているアニメーションによって絵柄が異なります。
④**《方向》**の**《左から》**をクリックします。
※スライドショーを実行し、アニメーションの動きを確認しておきましょう。確認できたら、 Esc を押して、スライドショーを終了しておきましょう。

5 アニメーションの再生順序の変更

アニメーションを設定すると表示される「1」や「2」などの番号は、アニメーションが再生される順番を示しています。この番号は、アニメーションを設定した順番で振られますが、あとから入れ替えることができます。

ワードアートと矢印のアニメーションが再生される順番を入れ替えましょう。

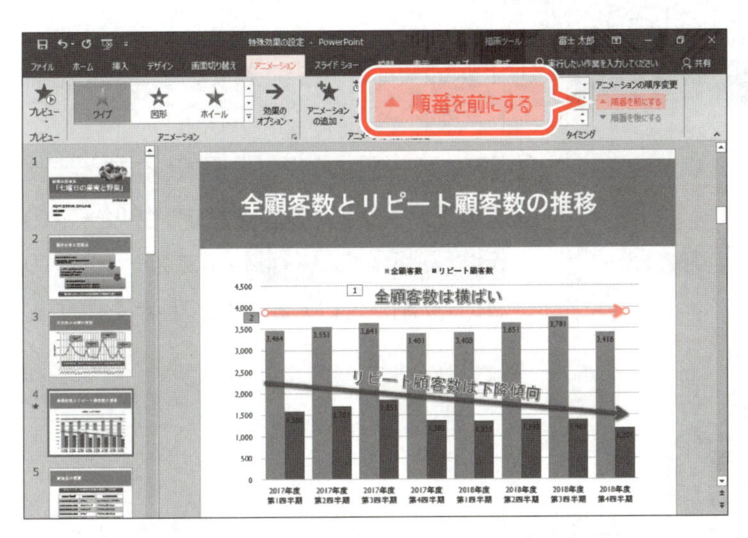

①上側の矢印を選択します。

②《**アニメーション**》タブを選択します。

③《**タイミング**》グループの《**アニメーションの順序変更**》の ▲ 順番を前にする （順番を前にする）をクリックします。

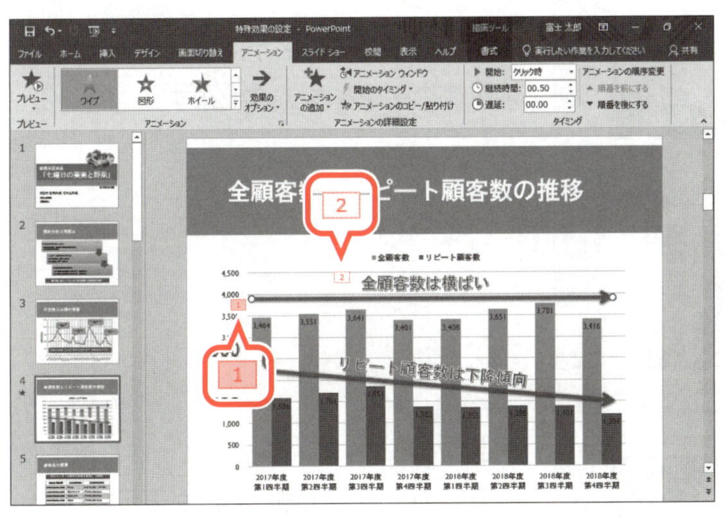

矢印の順番が前になります。

④ワードアートと矢印の番号が入れ替わっていることを確認します。

※スライドショーを実行し、アニメーションの動きを確認しておきましょう。確認できたら、Esc を押して、スライドショーを終了しておきましょう。

STEP UP アニメーションの開始のタイミング

初期の設定では、アニメーションはクリックすると再生されますが、他のアニメーションの動きに合わせて自動的に再生させることもできます。

アニメーションを再生するタイミングは、《アニメーション》タブ→《タイミング》グループの《開始》の クリック時 （アニメーションのタイミング）で設定します。

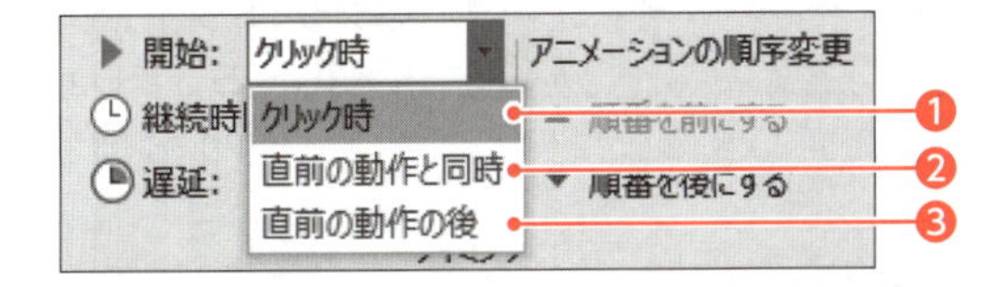

❶クリック時

スライドショーを実行中、マウスをクリックすると再生されます。

❷直前の動作と同時

直前のアニメーションが再生されるのと同時に再生されます。

❸直前の動作の後

直前のアニメーションが再生されたあと、すぐに再生されます。

6 アニメーションのコピー/貼り付け

「**アニメーションのコピー/貼り付け**」を使うと、設定したアニメーションをコピーして、別の文字や図形などのオブジェクトに貼り付けることができます。
上側の矢印に設定したアニメーションを下側の矢印にコピーしましょう。
次に、ワードアート「**全顧客数は横ばい**」に設定したアニメーションを、ワードアート「**リピート顧客数は下降傾向**」にコピーしましょう。

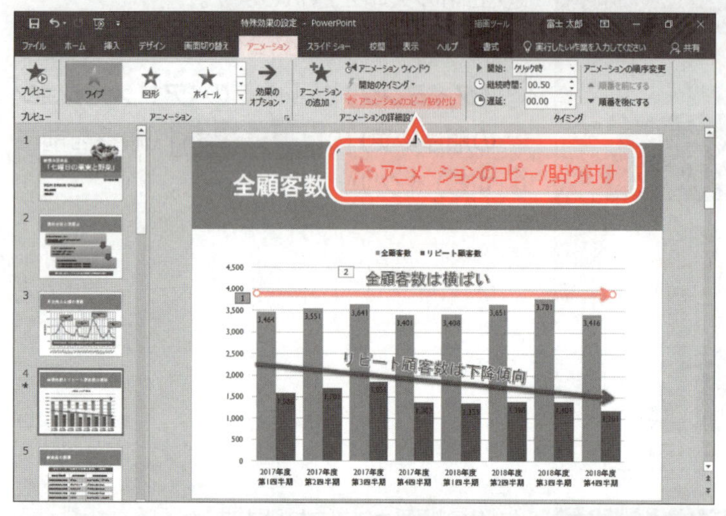

①上側の矢印が選択されていることを確認します。
②《**アニメーション**》タブを選択します。
③《**アニメーションの詳細設定**》グループの アニメーションのコピー/貼り付け（アニメーションのコピー/貼り付け）をクリックします。

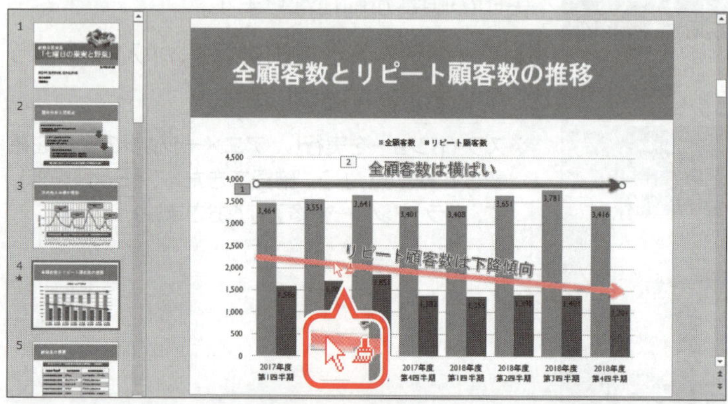

マウスポインターの形が に変わります。
④下側の矢印をクリックします。

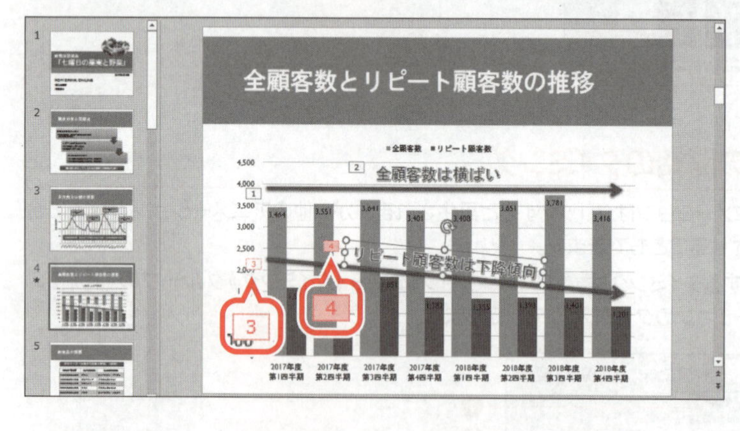

設定したアニメーションがコピーされます。
⑤下側の矢印の左側に「**3**」が表示されていることを確認します。
⑥同様に、ワードアート「**全顧客数は横ばい**」に設定したアニメーションを、ワードアート「**リピート顧客数は下降傾向**」にコピーします。
※スライドショーを実行し、アニメーションの動きを確認しておきましょう。確認できたら、Esc を押して、スライドショーを終了しておきましょう。

STEP UP アニメーションの解除

設定したアニメーションを解除する方法は、次のとおりです。

◆オブジェクトを選択→《アニメーション》タブ→《アニメーション》グループの （その他）→《なし》の《なし》

Step2 画面切り替え効果を設定する

1 画面切り替え効果

「画面切り替え効果」を設定すると、スライドショーでスライドが切り替わるときに変化を付けることができます。モザイク状に徐々に切り替える、カーテンを開くように切り替える、ページをめくるように切り替えるなど、様々な切り替えが可能です。
画面切り替え効果は、スライドごとに異なる効果を設定したり、すべてのスライドに同じ効果を設定したりできます。

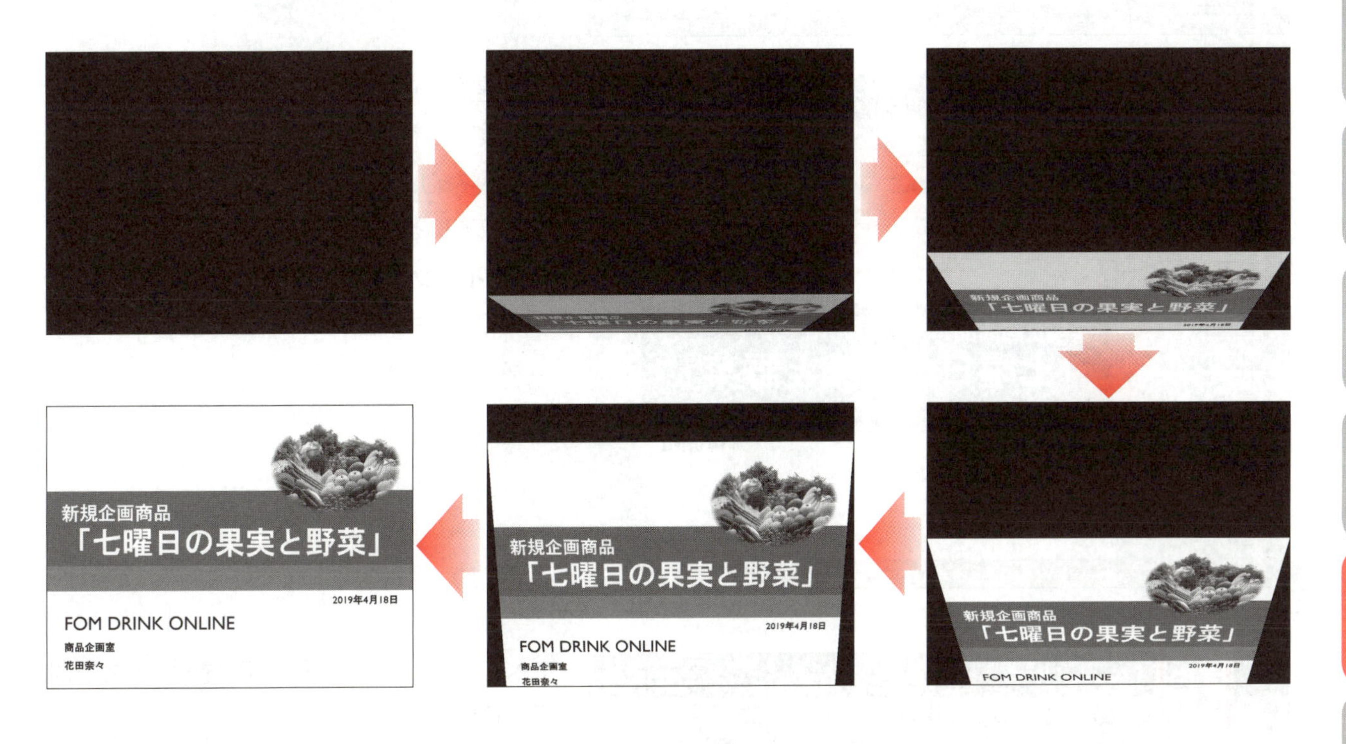

2 画面切り替え効果の設定

スライド1に**「キューブ」**の画面切り替え効果を設定しましょう。
次に、同じ画面切り替え効果をすべてのスライドに適用しましょう。

①スライド1を選択します。
②**《画面切り替え》**タブを選択します。
③**《画面切り替え》**グループの▼（その他）をクリックします。

④《はなやか》の《キューブ》をクリックします。

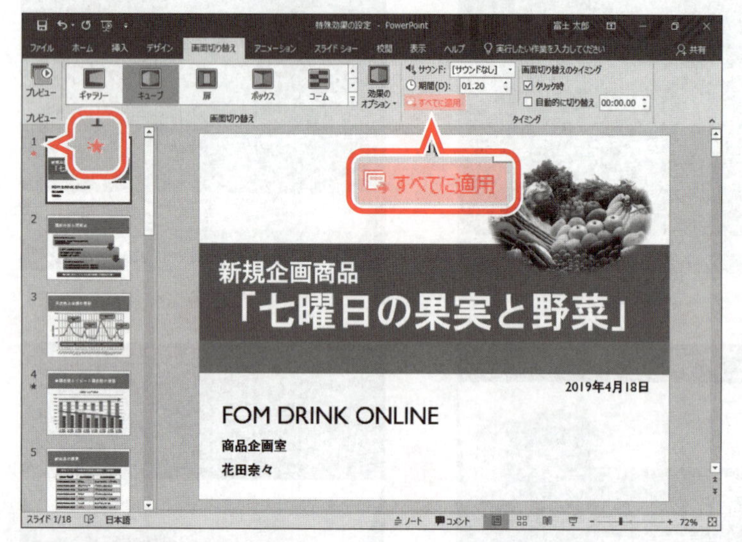

現在選択しているスライドに画面切り替え効果が設定されます。

⑤サムネイルペインのスライド1に★が表示されていることを確認します。

⑥《タイミング》グループの すべてに適用 （すべてに適用）をクリックします。

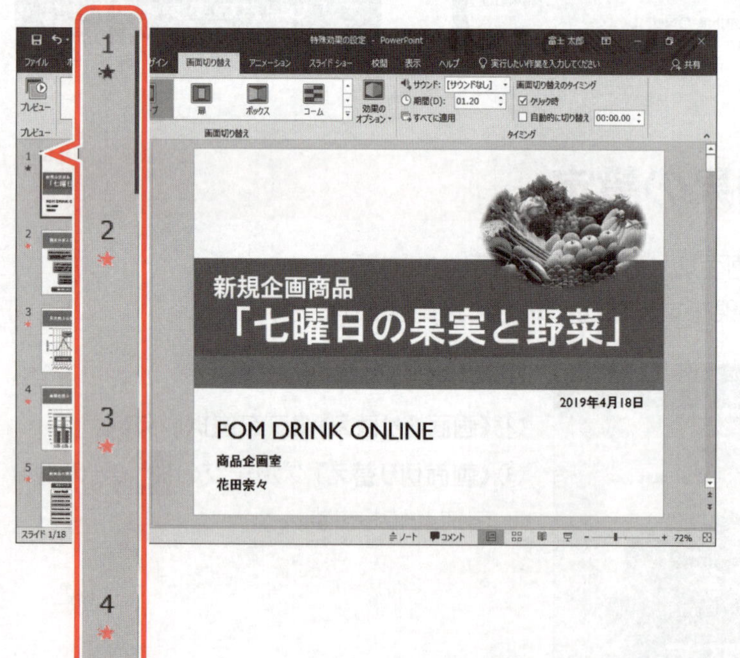

すべてのスライドに画面切り替え効果が設定されます。

⑦サムネイルペインのすべてのスライドに★が表示されていることを確認します。

3 画面切り替え効果の確認

スライドショーを実行し、設定した画面切り替え効果を確認しましょう。

①ステータスバーの［スライドショー］（スライドショー）をクリックします。

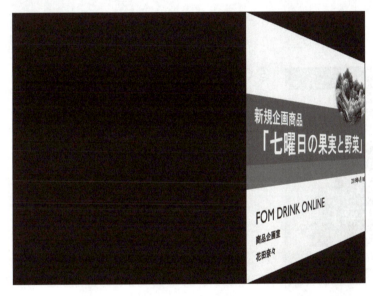

②クリックして、スライドが切り替わるときの変化を確認します。

※確認できたら、Esc を押して、スライドショーを終了しておきましょう。

POINT 画面切り替え効果のプレビュー

標準表示モードで画面切り替え効果を再生できます。

◆サムネイルペインの★（アニメーションの再生）をクリック

◆《画面切り替え》タブ→《プレビュー》グループの［プレビュー］（画面切り替えのプレビュー）

4 効果のオプションの設定

画面切り替え効果の種類によって、動きをアレンジできるものがあります。
初期の設定では、**「右から」**表示される**「キューブ」**の画面切り替え効果を**「下から」**表示されるように変更し、すべてのスライドに適用しましょう。

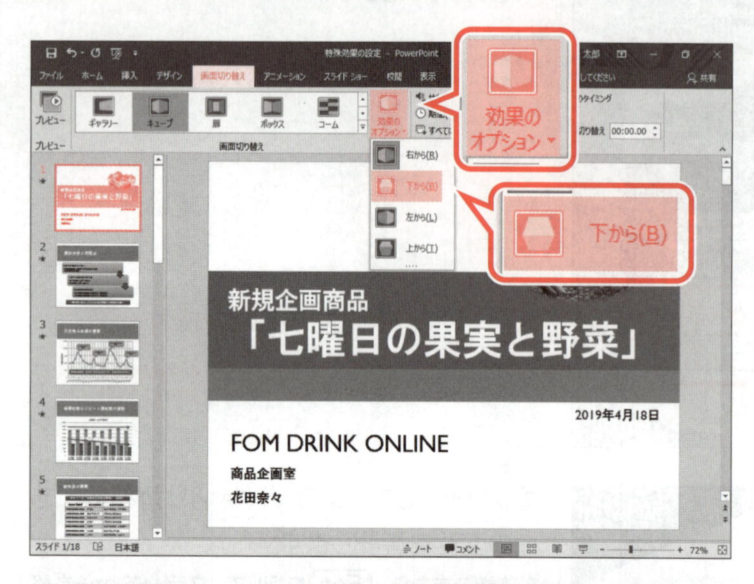

①スライド1を選択します。
②**《画面切り替え》**タブを選択します。
③**《画面切り替え》**グループの（効果のオプション）をクリックします。
※（効果のオプション）は、設定している画面切り替え効果によって絵柄が異なります。
④**《下から》**をクリックします。

⑤**《タイミング》**グループの すべてに適用 （すべてに適用）をクリックします。
※スライドショーを実行し、画面切り替え効果を確認しておきましょう。確認できたら、Esc を押して、スライドショーを終了しておきましょう。

STEP UP 画面切り替え効果の解除

設定した画面切り替え効果を解除する方法は、次のとおりです。
◆スライドを選択→《画面切り替え》タブ→《画面切り替え》グループの（その他）→《弱》の《なし》
※すべてのスライドの画面切り替え効果を解除するには、《タイミング》グループの すべてに適用 （すべてに適用）をクリックする必要があります。

5 画面の自動切り替え

初期の設定では、スライドショーの実行中にマウスをクリックまたは[Enter]を押すと、画面が切り替わります。クリックしたり[Enter]を押したりしなくても、指定時間で自動的に画面が切り替わるように設定できます。

3秒経過すると、自動的に次のスライドに切り替わるように、すべてのスライドを設定しましょう。

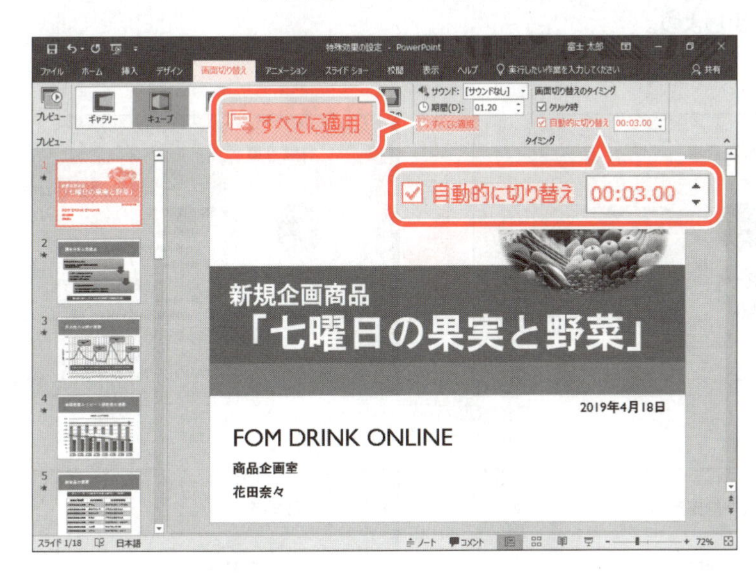

①スライド1を選択します。

②《**画面切り替え**》タブを選択します。

③《**タイミング**》グループの《**画面切り替えのタイミング**》の《**自動的に切り替え**》を☑にします。

④《**自動的に切り替え**》を「**00:03.00**」に設定します。

⑤《**タイミング**》グループの[すべてに適用]（すべてに適用）をクリックします。

※スライドショーを実行し、スライドが自動的に切り替わることを確認しておきましょう。確認できたら、[Esc]を押して、スライドショーを終了しておきましょう。

※プレゼンテーションに「特殊効果の設定完成」と名前を付けて、フォルダー「第7章」に保存し、閉じておきましょう。

STEP UP スライド一覧表示の時間

スライド一覧表示モードに切り替えると、スライドの右下に設定した時間が表示されます。

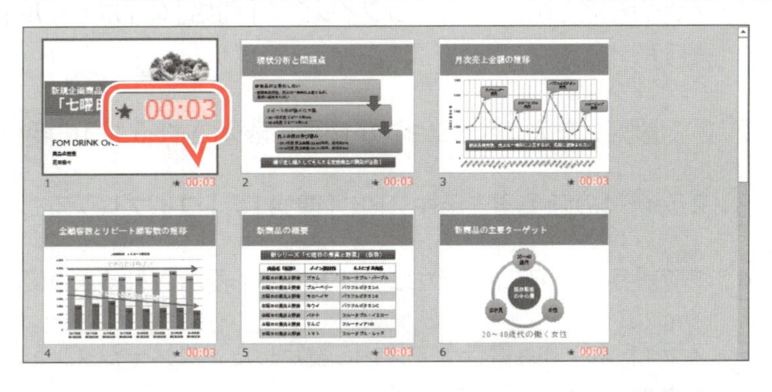

STEP UP 画面切り替えのタイミング

《画面切り替え》タブ→《タイミング》グループの《画面切り替えのタイミング》の《クリック時》と《自動的に切り替え》を組み合わせて、次のように画面切り替えのタイミングを設定できます。

設定	説明
☑クリック時 ☑自動的に切り替え	クリックまたは[Enter]を押したときや指定時間が経過したときに、画面が切り替わります。
☑クリック時 ☐自動的に切り替え	クリックまたは[Enter]を押したときに、画面が切り替わります。
☐クリック時 ☑自動的に切り替え	[Enter]を押したときや指定時間が経過したときに、画面が切り替わります。
☐クリック時 ☐自動的に切り替え	[Enter]を押したときに、画面が切り替わります。

練習問題

解答 ► 別冊P.6

フォルダー「第7章」のプレゼンテーション「第7章練習問題」を開いておきましょう。

次のようにスライドを編集しましょう。

●完成図

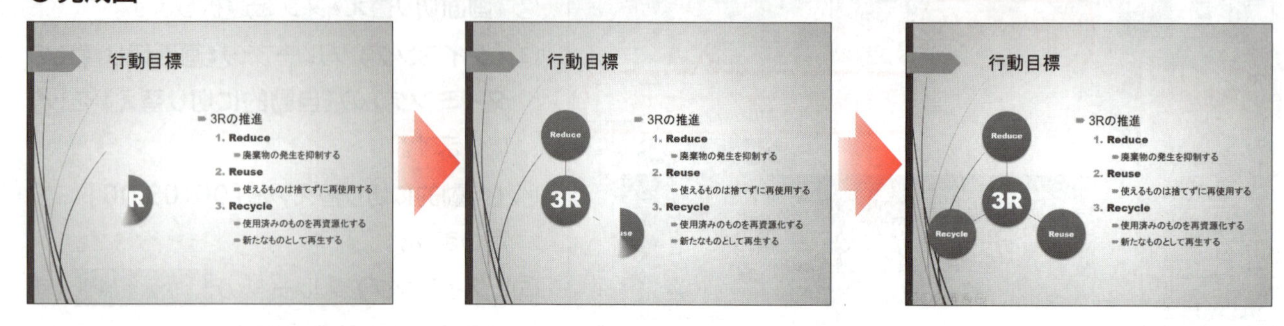

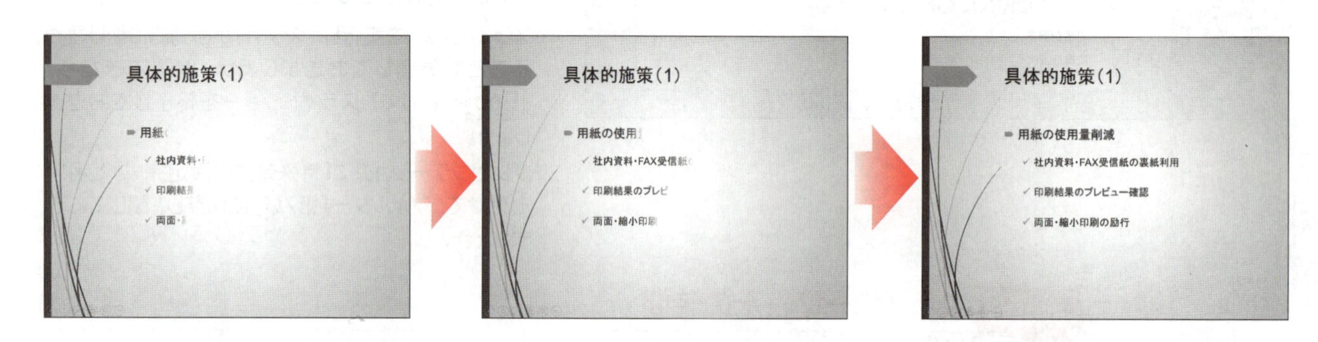

① スライド3のSmartArtグラフィックに**「開始」**の**「ホイール」**のアニメーションを設定しましょう。

② ①で設定したアニメーションが個別に表示されるように変更しましょう。

③ スライド4の箇条書きテキストに**「開始」**の**「ワイプ」**のアニメーションを設定しましょう。

④ ③で設定したアニメーションが**「左から」**表示されるように変更しましょう。

⑤ スライド4の箇条書きテキストに設定したアニメーションを、スライド5とスライド6の箇条書きテキストにコピーしましょう。

⑥ スライド1に**「ピールオフ」**の画面切り替え効果を設定しましょう。
次に、同じ画面切り替え効果をすべてのスライドに適用しましょう。

⑦ 2秒経過すると、自動的に次のスライドに切り替わるように、すべてのスライドを設定しましょう。

⑧ スライドショーを実行して、画面切り替え効果とアニメーションを確認しましょう。

※プレゼンテーションに「第7章練習問題完成」と名前を付けて、フォルダー「第7章」に保存し、閉じておきましょう。

第8章

プレゼンテーションをサポートする機能

第8章 この章で学ぶこと

学習前に習得すべきポイントを理解しておき、
学習後には確実に習得できたかどうかを振り返りましょう。

1	プレゼンテーションを印刷するレイアウトにどのような形式があるかを説明できる。	→ P.166
2	ノートペインに補足説明を入力し、ノートを印刷できる。	→ P.167
3	スライドショー実行中に、キーボードやショートカットメニューを使って、スライドの切り替えができる。	→ P.171
4	スライドショー実行中に、目的のスライドにジャンプできる。	→ P.172
5	スライドショー実行中に、スライドの一部をペンや蛍光ペンで強調できる。	→ P.174
6	ペンや蛍光ペンの色を変更できる。	→ P.176
7	ペンや蛍光ペンで書き込んだ内容をスライドに保持できる。	→ P.178
8	発表者ツールがどのような機能かを説明できる。	→ P.179
9	発表者ツールを使ってスライドショーを実行できる。	→ P.180
10	発表者ツールを使って目的のスライドにジャンプできる。	→ P.184
11	発表者ツールを使ってスライドの一部を拡大表示できる。	→ P.185
12	リハーサルを実行して、スライドショーのタイミングを記録できる。	→ P.187
13	目的別スライドショーがどのような機能かを説明できる。	→ P.190
14	目的別スライドショーを作成できる。	→ P.191
15	作成した目的別スライドショーを実行できる。	→ P.193

Step 1 プレゼンテーションを印刷する

1 印刷のレイアウト

作成したプレゼンテーションは、スライドをそのままの形式で印刷したり、配布資料として1枚の用紙に複数のスライドを入れて印刷したりできます。
印刷のレイアウトには、次のようなものがあります。

●フルページサイズのスライド

1枚の用紙全面にスライドを1枚ずつ印刷します。

●ノート

スライドとノートペインに入力したスライドの補足説明が印刷されます。

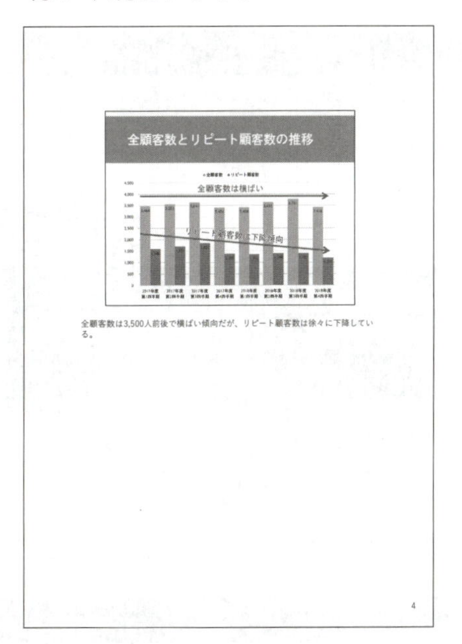

●アウトライン

スライド番号と文字が印刷され、画像や表、グラフなどは印刷されません。

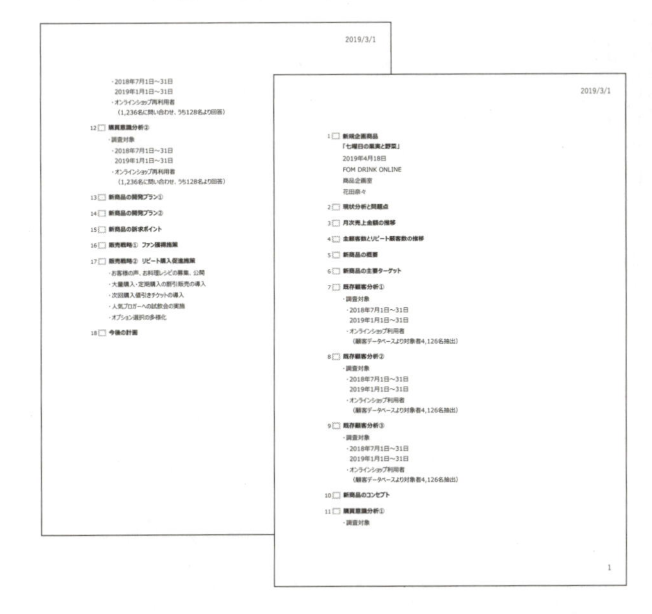

●配布資料

1枚の用紙に印刷するスライドの枚数を指定して印刷します。1枚の用紙に3枚のスライドを印刷するように設定した場合だけ、用紙の右半分にメモを書き込む部分が配置されます。

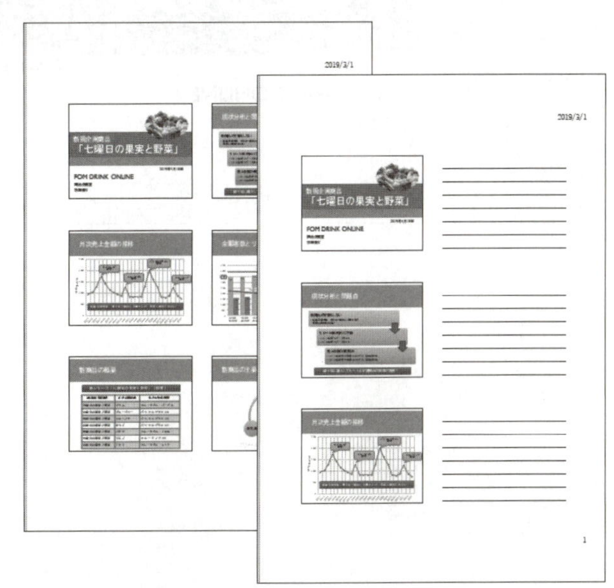

2 印刷の実行

ノートペインにスライドの補足説明を入力し、ノートの形式で印刷しましょう。

フォルダー「第8章」のプレゼンテーション「プレゼンテーションをサポートする機能」を開いておきましょう。

1 ノートペインの表示

「ノートペイン」とは、作業中のスライドに補足説明を書き込む領域のことです。
ノートペインの表示／非表示を切り替えるには、ステータスバーの ノート （ノート）をクリックします。
ノートペインを表示し、ノートペインの領域を拡大しましょう。

①スライド1を選択します。
②ステータスバーの ノート （ノート）をクリックします。

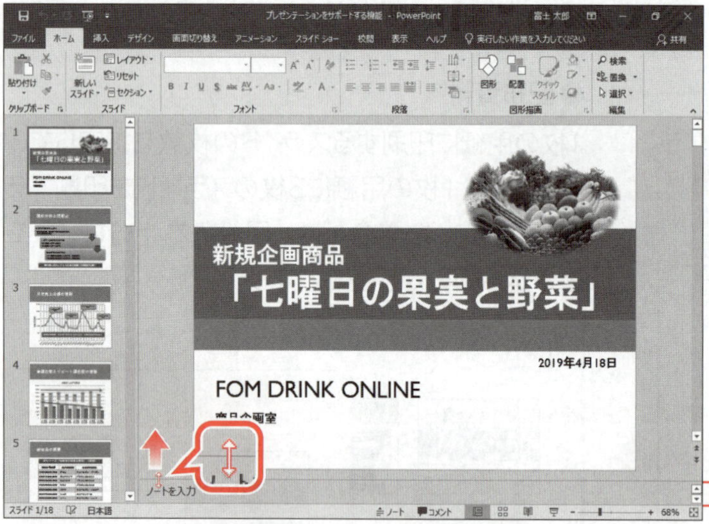

ノートペイン

ノートペインが表示されます。
③スライドペインとノートペインの境界線をポイントします。
マウスポインターの形が⇕に変わります。
④図のようにドラッグします。

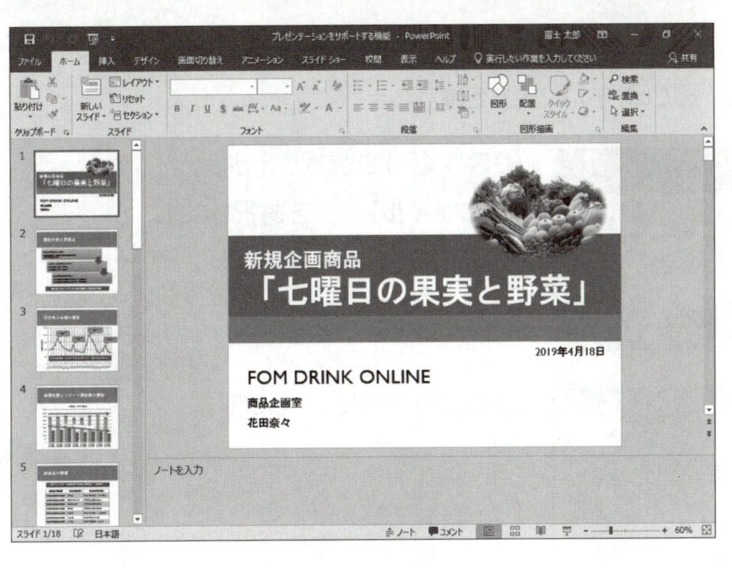

ノートペインの領域が拡大されます。

2 ノートペインへの入力

スライド4のノートペインに補足説明を入力しましょう。

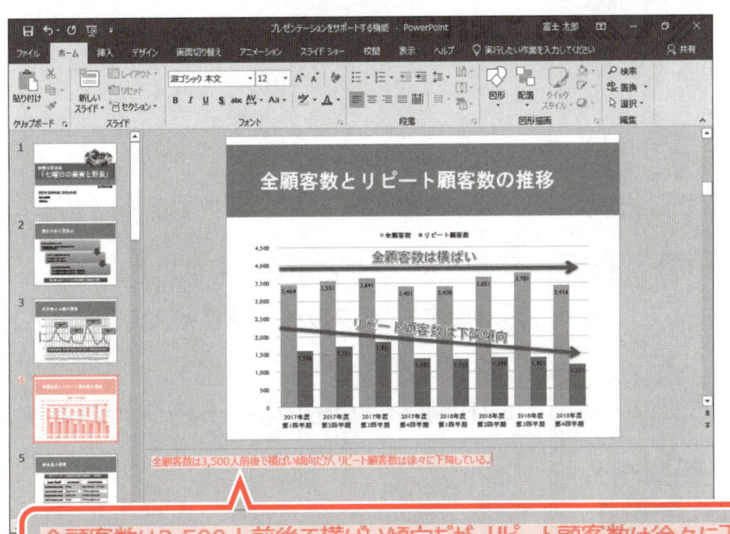

①スライド4を選択します。

②ノートペイン内をクリックします。

ノートペインにカーソルが表示されます。

③次の文字を入力します。

全顧客数は3,500人前後で横ばい傾向だが、リピート顧客数は徐々に下降している。

STEP UP ノートへのオブジェクトの挿入

ノートには文字だけでなく、グラフや図形などのオブジェクトも挿入できます。オブジェクトの挿入は、ノート表示モードで行います。

ノート表示モードに切り替える方法は、次のとおりです。

◆《表示》タブ→《プレゼンテーションの表示》グループの（ノート表示）

3 ノートの印刷

すべてのスライドをノートの形式で印刷する方法を確認しましょう。

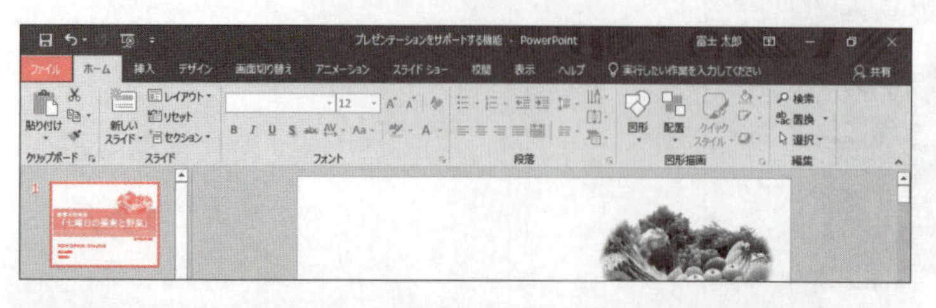

①スライド1を選択します。

②《ファイル》タブを選択します。

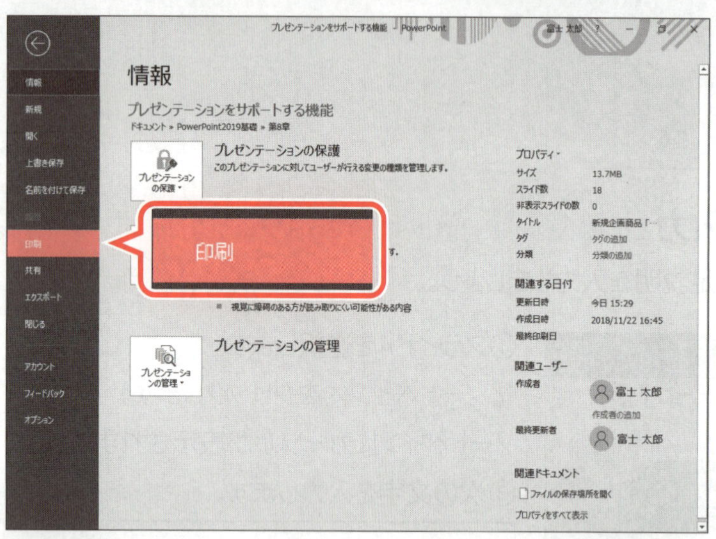

③《印刷》をクリックします。

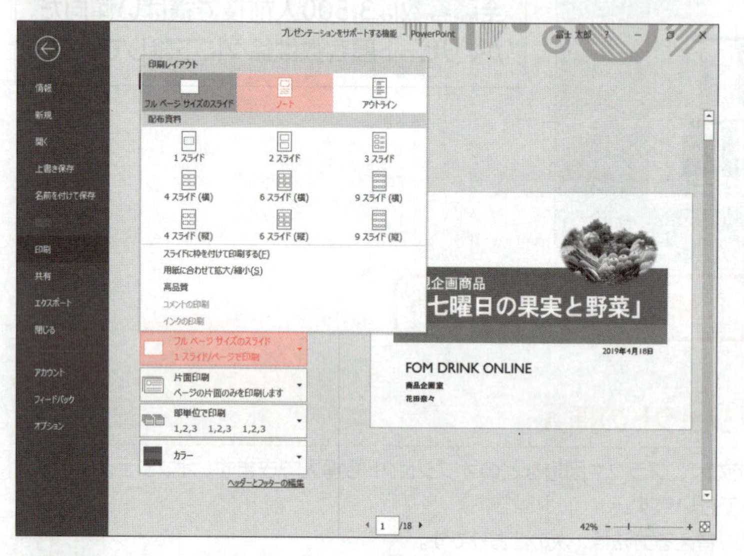

印刷イメージが表示されます。

④《設定》の《フルページサイズのスライド》をクリックします。

⑤《印刷レイアウト》の《ノート》をクリックします。

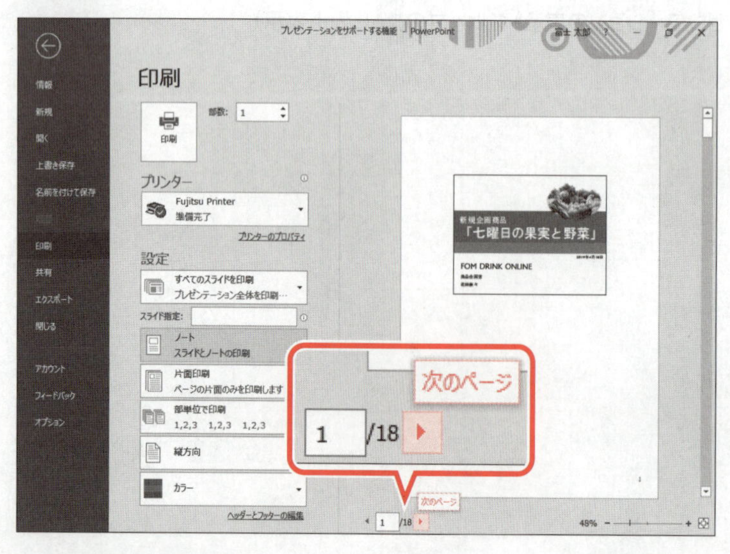

印刷イメージが変更されます。

4ページ目を表示します。

⑥ ▶ （次のページ）を3回クリックします。

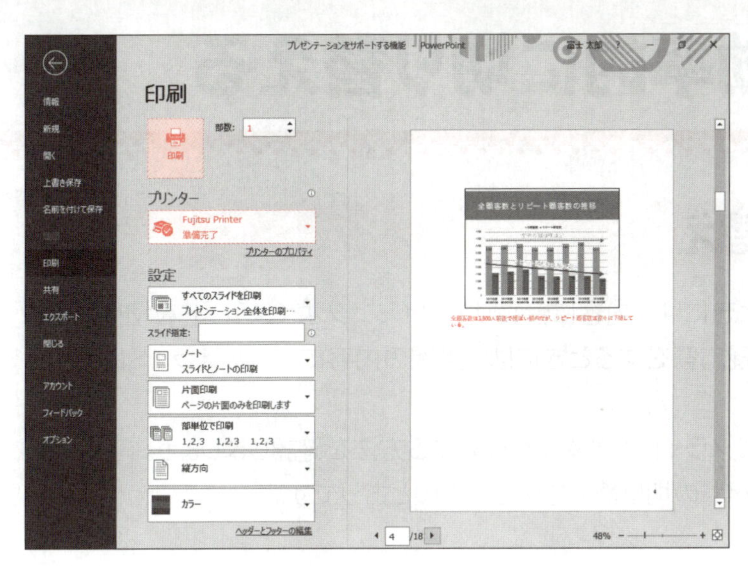

⑦ノートペインに入力した内容が表示されていることを確認します。

印刷を実行します。

⑧**《部数》**が「**1**」になっていることを確認します。

⑨**《プリンター》**に出力するプリンターの名前が表示されていることを確認します。

※表示されていない場合は、▾をクリックし、一覧から選択します。

⑩**《印刷》**をクリックします。

※印刷を実行しない場合は、Escを押します。

※ ≙ノート（ノート）をクリックし、ノートペインを非表示にしておきましょう。

STEP UP スライドの白黒表示

カラーで作成したスライドをモノクロプリンターで印刷すると、色の組み合わせによってデータが見づらくなる場合があります。印刷を実行する前に白黒の濃淡を確認し、見づらい部分があった場合は調整します。

《表示》タブ→《カラー/グレースケール》グループの グレースケール（グレースケール）または 白黒（白黒）を選択すると表示される《グレースケール》タブまたは《白黒》タブで調整します。

●《グレースケール》タブ

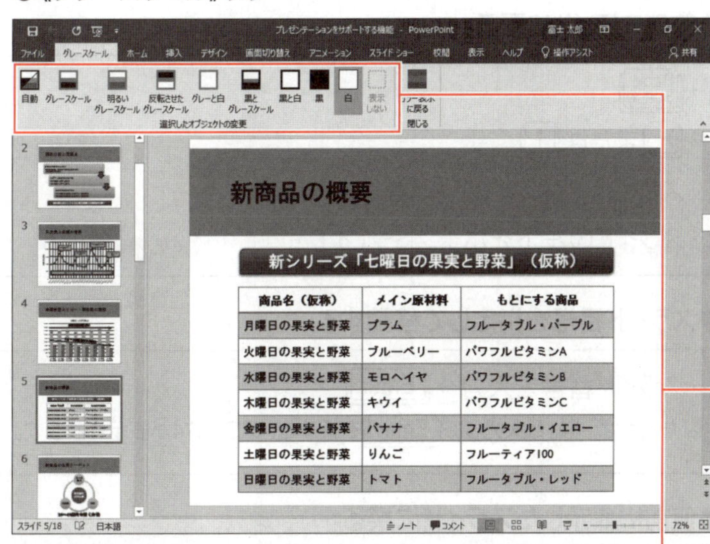

スライドのデータが見やすくなるものを選択

●《白黒》タブ

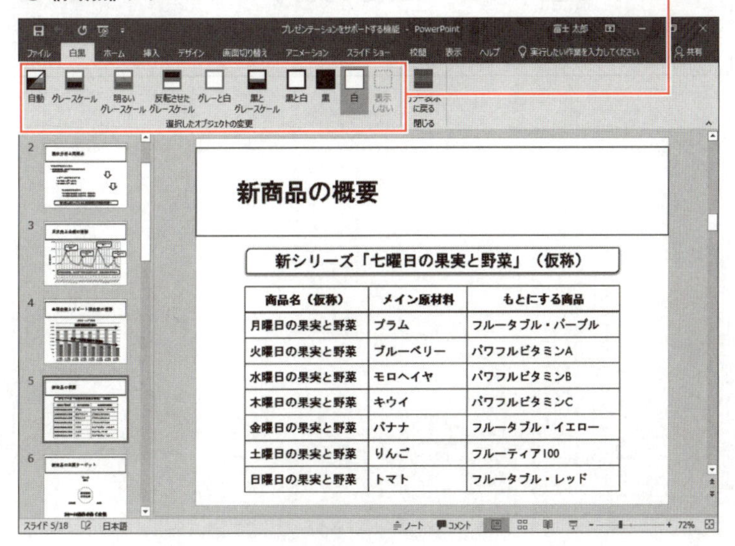

Step2 スライドを効率的に切り替える

1 スライドの切り替え

プレゼンテーションを行うときには、内容に合わせてタイミングよくスライドを切り替えることが重要です。また、質疑応答をするときには、質問の内容にあったスライドに素早く切り替える必要があります。
表示中のスライドから特定のスライドへ効率よく移動する方法を確認しましょう。
スライドショー実行中のスライドの切り替え方法は、次のとおりです。

●次のスライドに進む

・スライドをクリック
・［　　］(スペース)または［Enter］
・［→］または［↓］
・スライドを右クリック→**《次へ》**
・スライドの左下をポイント→(▷)

●前のスライドに戻る

・［Back Space］
・［←］または［↑］
・スライドを右クリック→**《前へ》**
・スライドの左下をポイント→(◁)

●スライド番号を指定して移動する

・スライド番号を入力→［Enter］
※たとえば、「4」と入力して［Enter］を押すと、スライド4が表示されます。

●直前に表示したスライドに戻る

・スライドを右クリック→**《最後の表示》**
・スライドの左下をポイント→(…)→**《最後の表示》**

2 目的のスライドへジャンプ

スライドショーを実行し、スライド1からスライド15にジャンプしましょう。

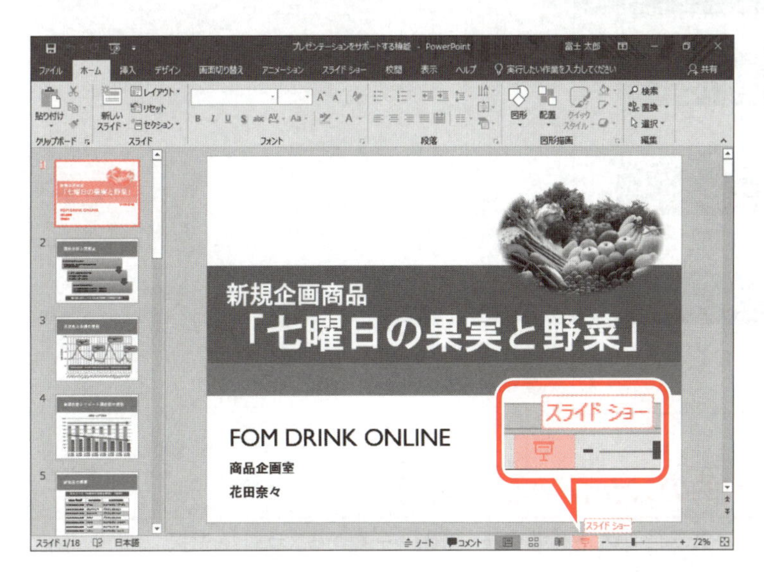

①スライド1を選択します。

②ステータスバーの［スライドショーボタン］（スライドショー）をクリックします。

スライドショーが実行されます。

③スライドを右クリックします。

④**《すべてのスライドを表示》**をクリックします。

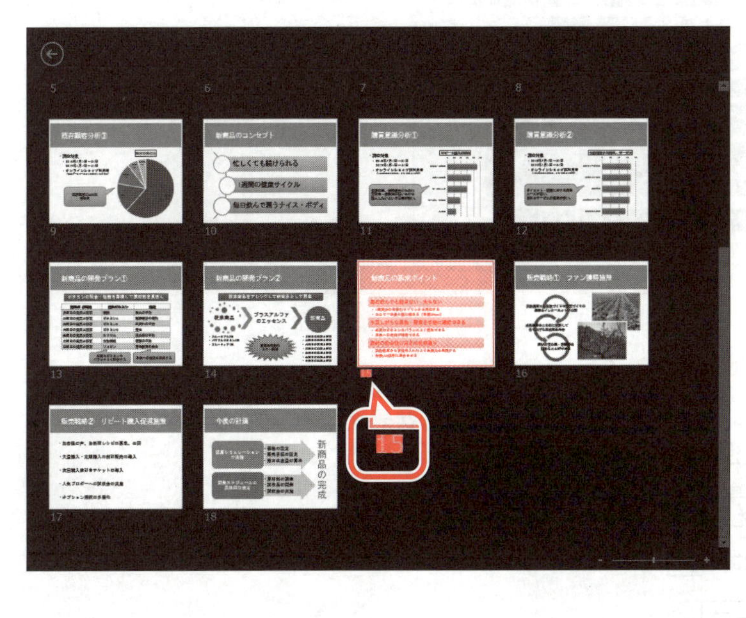

すべてのスライドの一覧が表示されます。

⑤スライド15をクリックします。

※一覧に表示されていない場合は、スクロールして調整します。

新商品の訴求ポイント

毎日飲んでも飽きない・太らない
- 1週間分の日替わりドリンクを用意する
- カロリーを最小限に抑える（目標30kcal）

不足しがちな果物・野菜を手軽に補給できる
- 必要なビタミンをバランスよく摂取できる
- 身体への効能が期待できる

素材の安全性の高さは従来通り
- 契約農家から直接仕入れにより生産元を保証する
- 有機JAS規格に適合させる

スライド15が表示されます。

※ Esc を押して、スライドショーを終了しておきましょう。

STEP UP その他の方法（目的のスライドへジャンプ）

◆スライドショーを実行→スライドの左下をポイント→（アイコン）→一覧からスライドを選択

POINT 非表示スライドの設定

特定のスライドを非表示に設定して、スライドショーから除外できます。
非表示に設定したスライドは、サムネイルペインのスライド番号に斜線が引かれます。
スライドを非表示に設定する方法は、次のとおりです。

◆スライドを選択→《スライドショー》タブ→《設定》グループの（非表示スライドに設定）

※非表示に設定したスライドを選択して、ステータスバーの（スライドショー）をクリックすると、非表示にしたスライドが表示されます。非表示に設定していないスライドを選択して、スライドショーを実行しましょう。

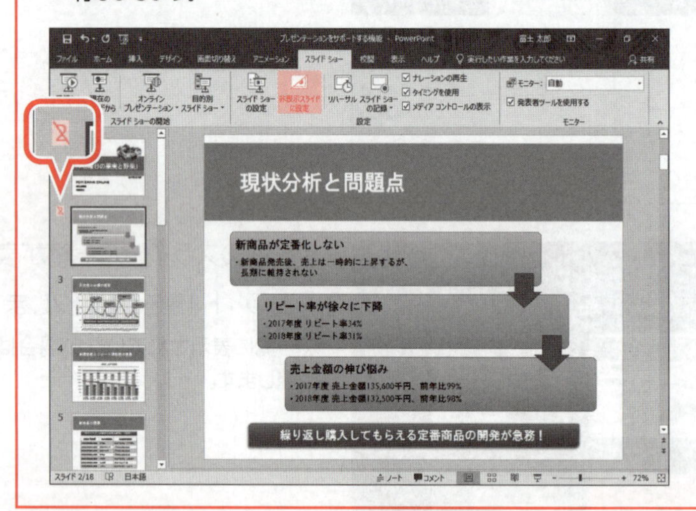

STEP UP 画面を黒・白に切り替える

スライドショーを実行中、画面を黒または白の表示に切り替えてプレゼンテーションを一時的に中断できます。画面以外に注目させる場合に便利です。

画面を黒に切り替える

◆スライドショーを実行→ B

画面を白に切り替える

◆スライドショーを実行→ W

※画面が黒または白で表示されている状態を解除する場合は、再度 B または W を押します。

Step3 ペンや蛍光ペンを使ってスライドを部分的に強調する

1 ペンや蛍光ペンの利用

スライドショーの実行中にスライド上の強調したい部分を**「ペン」**で囲んだり、**「蛍光ペン」**で色を塗ったりできます。
スライドショーを実行し、スライド4のグラフの数値軸**「3,500」**をペンで囲みましょう。
次に、ワードアート**「全顧客数は横ばい」**に蛍光ペンで色を塗りましょう。

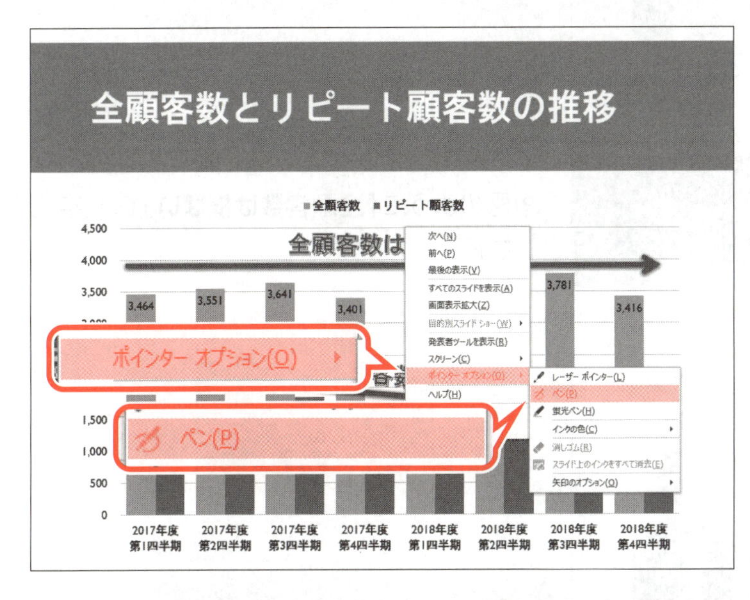

①スライドショーを実行し、スライド4に切り替えます。
②スライドを右クリックします。
③**《ポインターオプション》**をポイントします。
④**《ペン》**をクリックします。

マウスポインターの形が・に変わります。
⑤図のように、**「3,500」**の周囲をドラッグします。

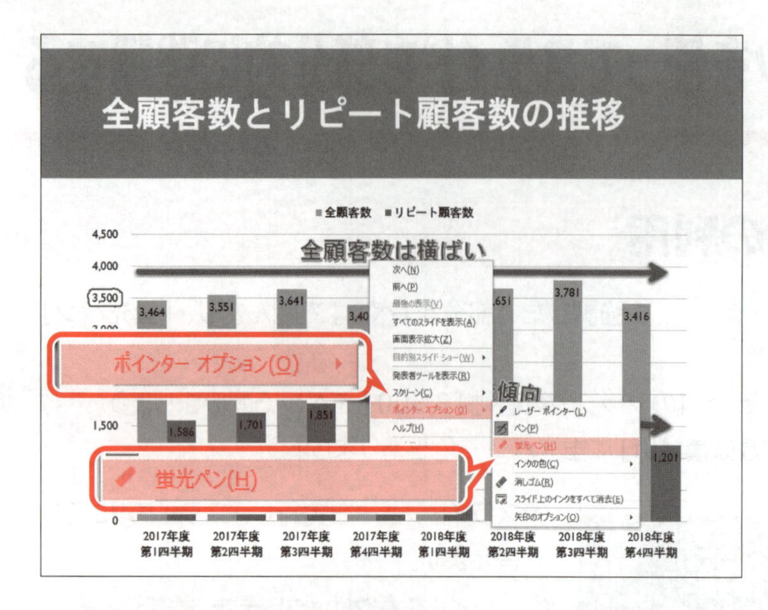

ペンの種類を変更します。

⑥スライドを右クリックします。

⑦**《ポインターオプション》**をポイントします。

⑧**《蛍光ペン》**をクリックします。

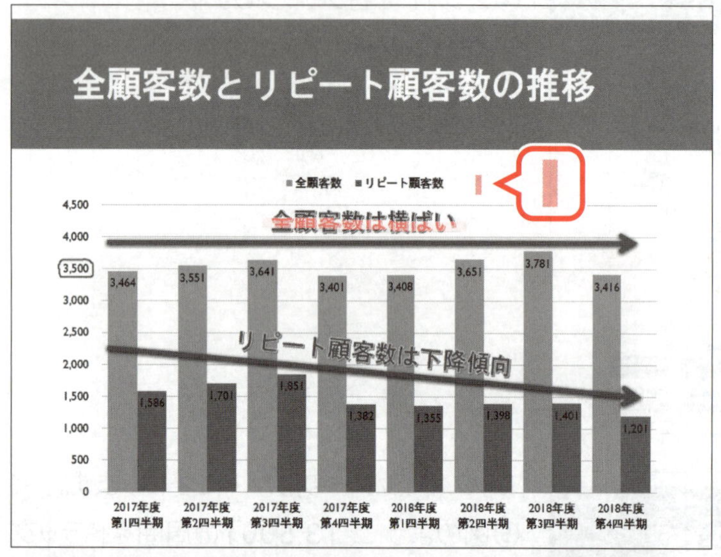

マウスポインターの形が▌に変わります。

⑨図のように**「全顧客数は横ばい」**の文字上をドラッグします。

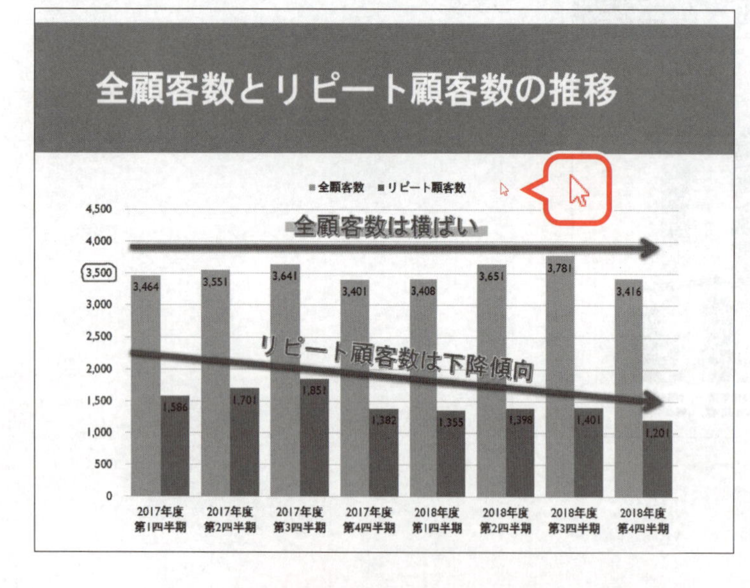

ペンを解除します。

⑩【Esc】を押します。

マウスポインターの形が に戻ります。

※【Esc】を押してもマウスポインターの形が切り替わらない場合は、マウスを動かします。

STEP UP その他の方法(ペンや蛍光ペンの利用)

◆スライドの左下をポイント→ →《ペン》または《蛍光ペン》

2 ペンの色の変更

初期の設定では、ペンの色は赤色、蛍光ペンの色は黄色になっていますが、別の色に変更できます。
蛍光ペンの色を薄い緑色に変更し、スライド4のワードアート**「リピート顧客数は下降傾向」**を強調しましょう。

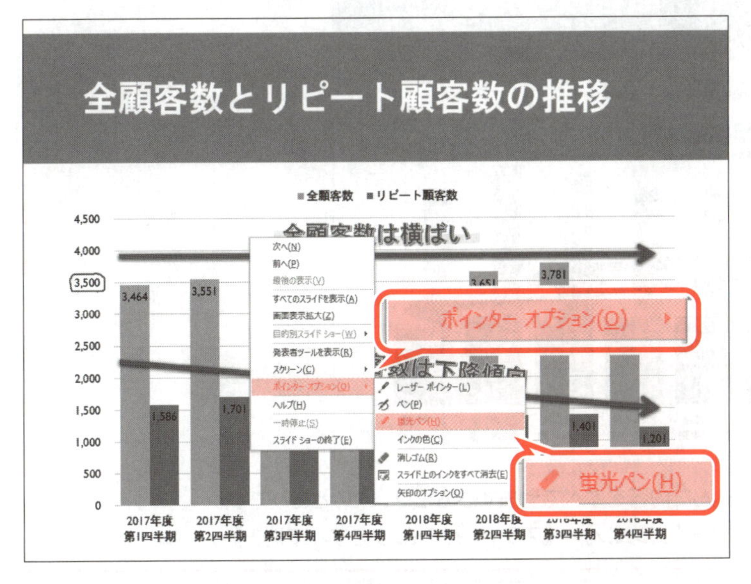

①スライド4が表示されていることを確認します。
②スライドを右クリックします。
③**《ポインターオプション》**をポイントします。
④**《蛍光ペン》**をクリックします。

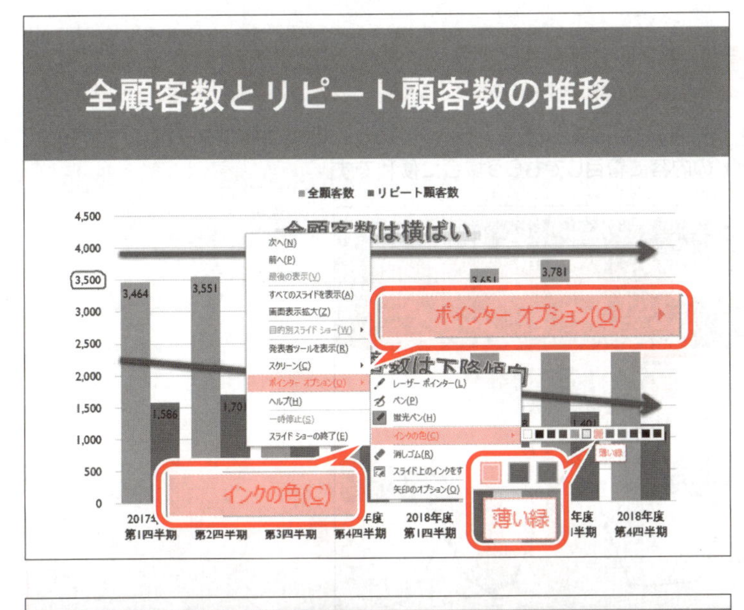

ペンの色を変更します。
⑤スライドを右クリックします。
⑥**《ポインターオプション》**をポイントします。
⑦**《インクの色》**をポイントします。
⑧**《薄い緑》**をクリックします。

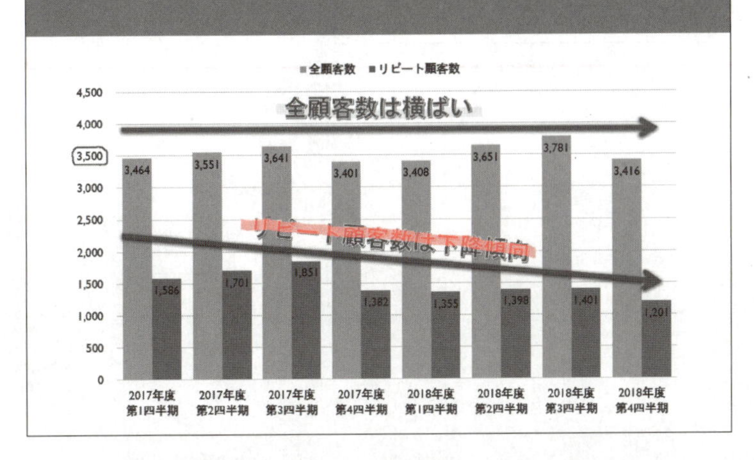

蛍光ペンの色が薄い緑になります。
⑨図のように、**「リピート顧客数は下降傾向」**の文字上をドラッグします。
※ Esc を押して、ペンを解除しておきましょう。

1 2 3 4 5 6 7 8 総合問題 付録 索引

POINT ペンや蛍光ペンで書き込んだ内容の消去

スライドにペンや蛍光ペンで書き込んだ内容を部分的に消去する方法は、次のとおりです。

◆スライドを右クリック→《ポインターオプション》→《消しゴム》→消去する部分をクリック

※消しゴムを解除するには、Esc を押します。

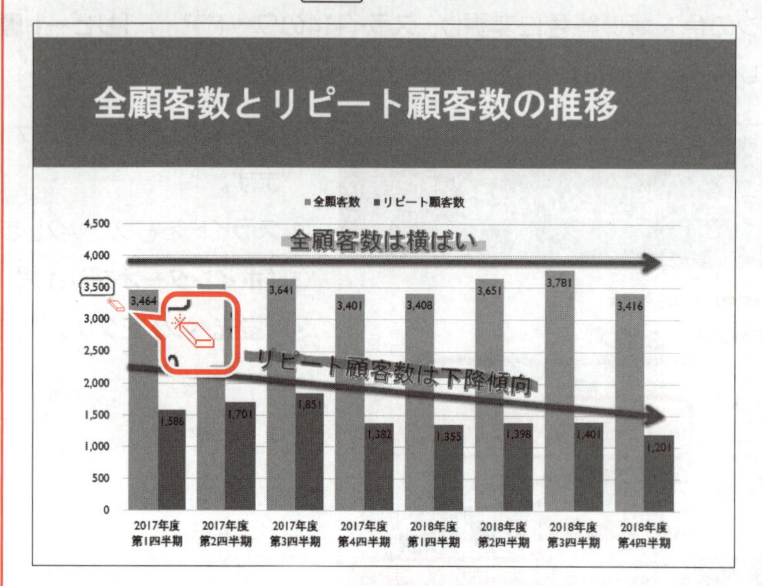

スライドにペンや蛍光ペンで書き込んだ内容をすべて消去する方法は、次のとおりです。

◆スライドを右クリック→《ポインターオプション》→《スライド上のインクをすべて消去》

POINT レーザーポインターの利用

スライドショー実行中に、Ctrl を押しながらスライドをドラッグすると、マウスポインターが「レーザーポインター」に変わります。スライドの内容に着目してもらう場合に便利です。

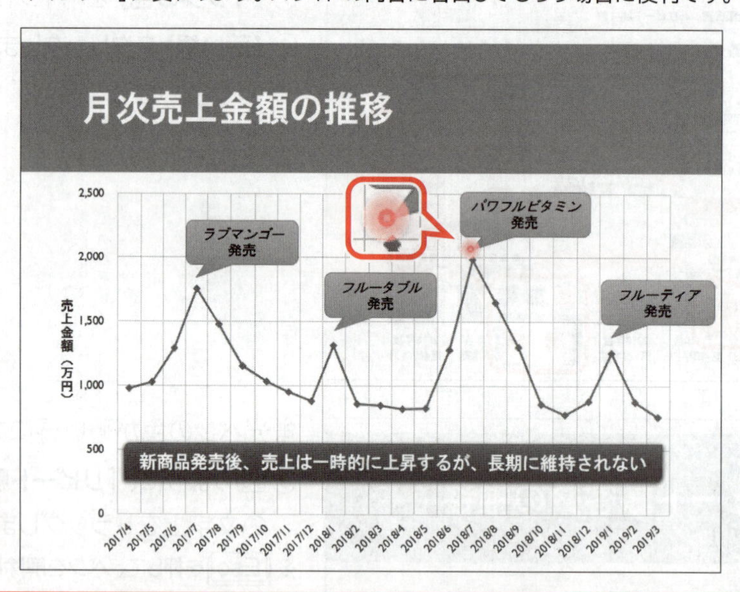

3 インク注釈の保持

ペンや蛍光ペンで書き込んだ内容は保持することができます。あとから再びスライドショーを実行するときにも同じ書き込みを利用できます。内容を保持すると、スライドに**「インク注釈」**として配置されます。
スライドショーを終了し、スライドにペンや蛍光ペンで書き込んだ内容を保持しましょう。

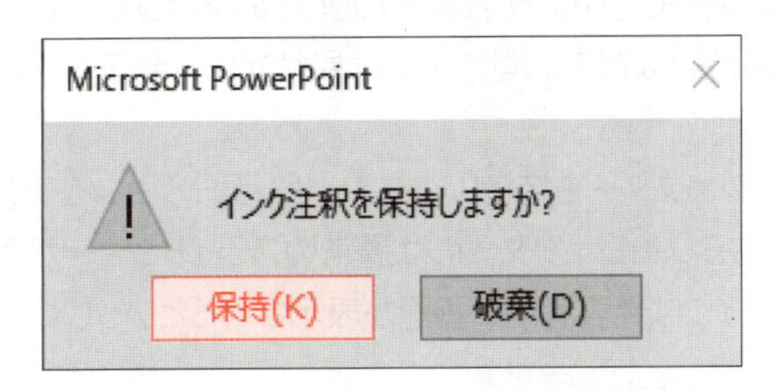

スライドショーを終了します。
①Escを押します。
図のようなメッセージが表示されます。
②**《保持》**をクリックします。
※《破棄》をクリックすると、書き込んだすべての内容を消去して、スライドショーを終了します。

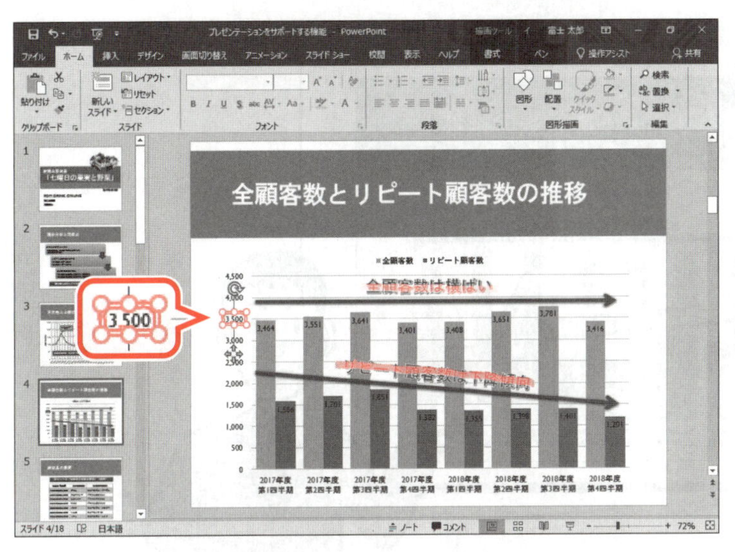

書き込んだ内容が保持され、標準表示モードに戻ります。
③スライド上にインク注釈が表示されていることを確認します。
④ペンのインク注釈をクリックします。
⑤インク注釈の周囲に○（ハンドル）が表示され、インク注釈が選択されていることを確認します。
※リボンに《描画ツール》の《書式》タブと《インクツール》の《ペン》タブが表示されます。
※インク注釈以外の場所をクリックし、選択を解除しておきましょう。

POINT 《描画ツール》の《書式》タブと《インクツール》の《ペン》タブ

インク注釈が選択されているとき、リボンに《描画ツール》の《書式》タブと《インクツール》の《ペン》タブが表示され、インク注釈に関するコマンドが使用できる状態になります。
※《描画》タブが表示されている場合、《インクツール》の《ペン》タブは表示されません。インク注釈に関するコマンドは、《描画》タブから実行できます。

POINT インク注釈の削除

インク注釈を削除する方法は、次のとおりです。
◆標準表示モードでインク注釈を選択→Delete

Step4 発表者ツールを使用する

1 発表者ツール

「発表者ツール」を使うと、スライドショー実行中に発表者用の画面を表示して、ノートペインの補足説明やスライドショーの経過時間などを、聞き手には見せずに、発表者だけが確認できる状態になります。
この発表者ツールは、パソコンにプロジェクターを接続して、プレゼンテーションを実施するような場合に使用します。聞き手が見るプロジェクターには通常のスライドショーが表示され、発表者が見るパソコンのディスプレイには発表者用の画面が表示されるというしくみです。

2 発表者ツールの使用

発表者ツールを使うのは、パソコンにプロジェクターや外付けモニターなどを追加で接続して、プレゼンテーションを実施するような場合です。
ここでは、ノートパソコンにプロジェクターを接続して、ノートパソコンのディスプレイに発表者用の画面、プロジェクターにスライドショーを表示する方法を確認しましょう。

①パソコンにプロジェクターを接続します。

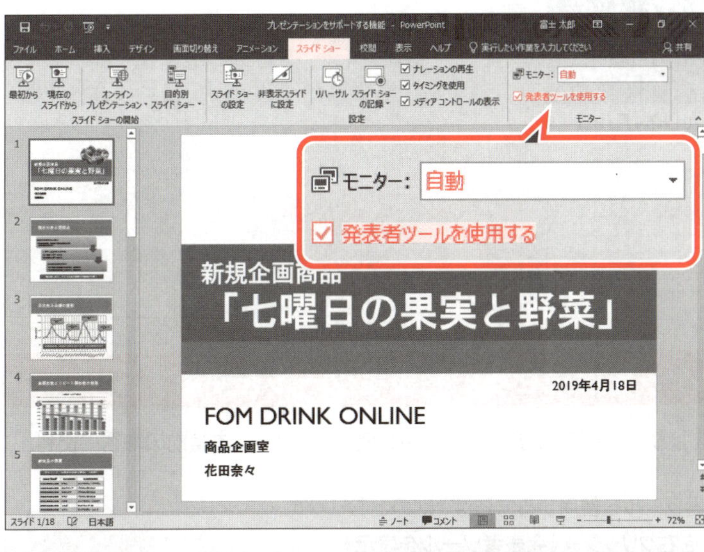

②**《スライドショー》**タブを選択します。

③**《モニター》**グループの**《モニター》**の 自動 （プレゼンテーションの表示先）が**《自動》**になっていることを確認します。

④**《モニター》**グループの**《発表者ツールを使用する》**を☑にします。

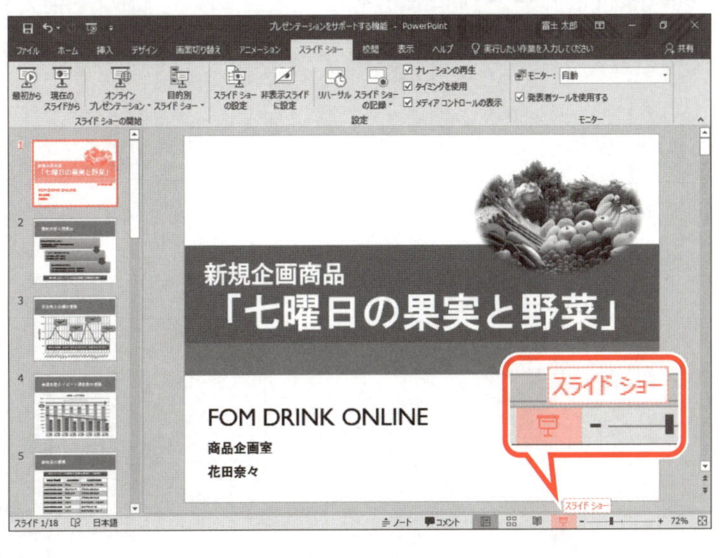

⑤スライド1を選択します。

⑥ステータスバーの （スライドショー）をクリックします。

パソコンのディスプレイには、発表者用の画面が表示されます。

プロジェクターには、スライドショーが表示されます。

POINT プロジェクターを接続せずに発表者ツールを使用する

プロジェクターや外付けモニターを接続しなくても、発表者ツールを使用できます。本番前の練習に便利です。

プロジェクターを接続せずに発表者ツールを使用する方法は、次のとおりです。

◆スライドショーを実行→スライドを右クリック→《発表者ツールを表示》

3 発表者用の画面の構成

発表者用の画面の構成を確認しましょう。

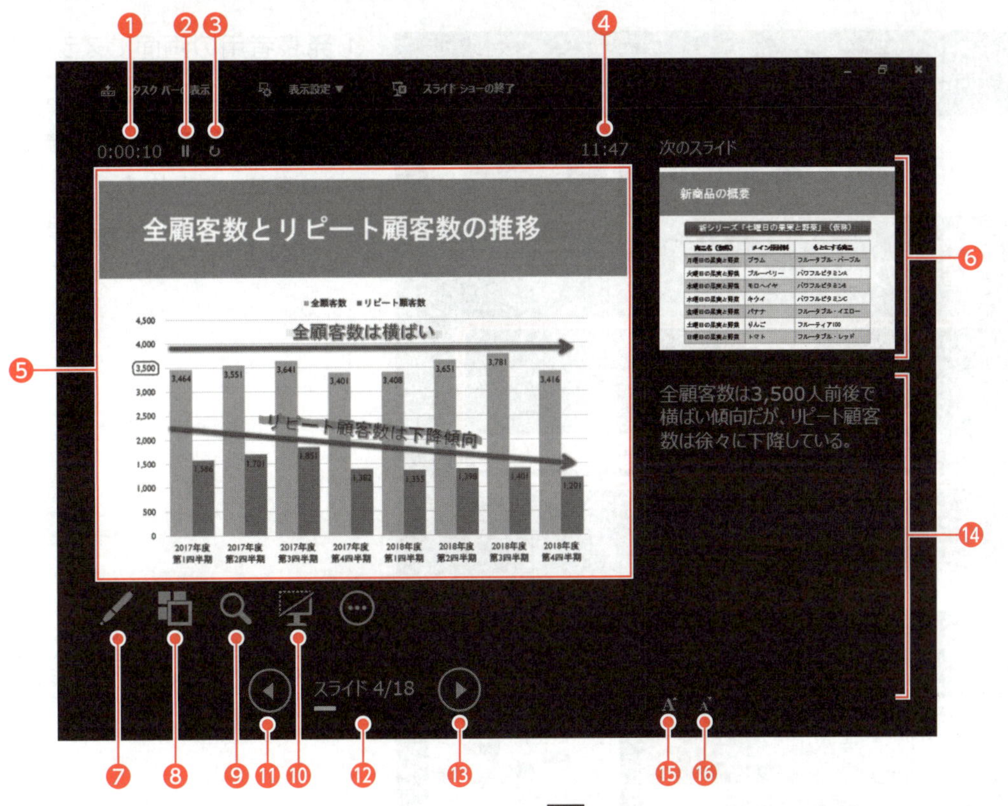

❶タイマー

スライドショーの経過時間が表示されます。

❷ (タイマーを停止します)

タイマーのカウントを一時的に停止します。

クリックすると、 (タイマーを再開します) に変わります。

※ (タイマーを再開します) をクリックすると、タイマーのカウントが再開します。

❸ (タイマーを再スタートします)

タイマーをリセットして、「0:00:00」に戻します。

❹現在の時刻

現在の時刻が表示されます。

❺現在のスライド

プロジェクターに表示されているスライドです。

❻次のスライド

次に表示されるスライドです。

❼ (ペンとレーザーポインターツール)

ペンや蛍光ペンを使って、スライドに書き込みできます。

※ペンや蛍光ペンを解除するには、Escを押します。

❽ (すべてのスライドを表示します)

すべてのスライドを一覧で表示します。

※一覧からもとの画面に戻るには、Escを押します。

❾ (スライドを拡大します)

プロジェクターにスライドの一部を拡大して表示します。

※拡大した画面からもとの画面に戻るには、Escを押します。

❿ (スライドショーをカットアウト/カットイン(ブラック)します)

画面を黒くして、表示中のスライドを一時的に非表示にします。

※黒い画面からもとの画面に戻るには、Escを押します。

⓫ (前のアニメーションまたはスライドに戻る)

前のアニメーションやスライドを表示します。

⓬スライド番号/全スライド枚数

表示中のスライドのスライド番号とすべてのスライドの枚数です。

クリックすると、すべてのスライドが一覧で表示されます。

※一覧からもとの画面に戻るには、Escを押します。

⓭ (次のアニメーションまたはスライドに進む)

次のアニメーションやスライドを表示します。

⓮ノート

ノートペインに入力したスライドの補足説明が表示されます。

⓯ (テキストを拡大します)

ノートの文字を拡大して表示します。

⓰ (テキストを縮小します)

ノートの文字を縮小して表示します。

4 スライドショーの実行

発表者ツールを使って、スライドショーを実行しましょう。

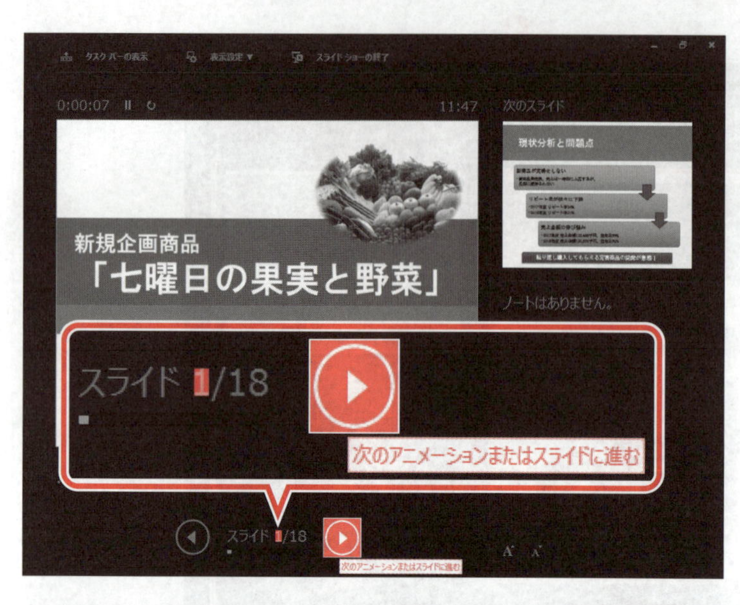

①発表者用の画面にスライド1が表示されていることを確認します。

② (次のアニメーションまたはスライドに進む)をクリックします。

※スライド上をクリックするか、または、Enter を押してもかまいません。

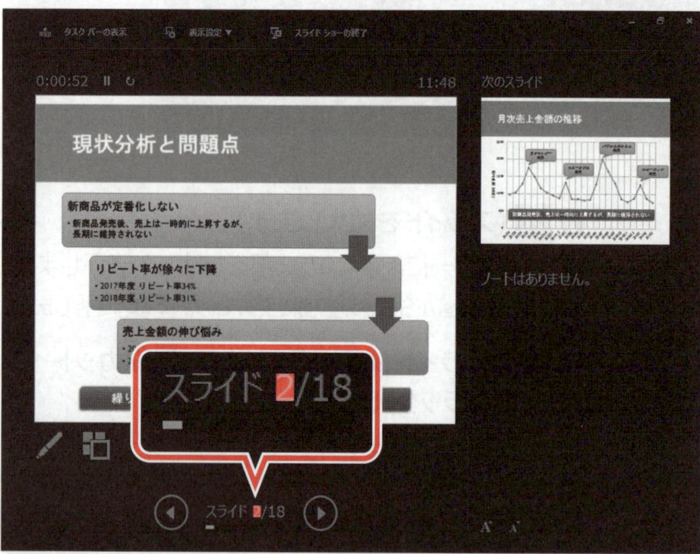

スライド2が表示されます。

③同様に、最後のスライドまで表示します。

スライドショーが終了すると、**「スライドショーの最後です。クリックすると終了します。」**というメッセージが表示されます。

④ (次のアニメーションまたはスライドに進む)をクリックします。

※スライド上をクリックするか、または、Enter を押してもかまいません。

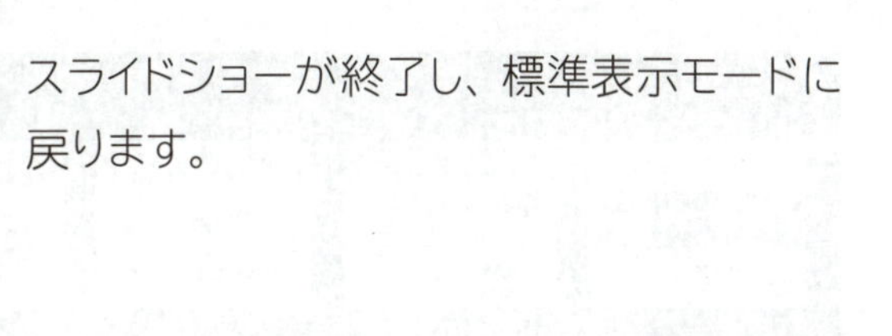

スライドショーが終了し、標準表示モードに戻ります。

5 目的のスライドへジャンプ

発表者ツールの（すべてのスライドを表示します）を使うと、スライドの一覧から目的のスライドを選択してジャンプできます。プロジェクターにはスライドの一覧は表示されず、表示中のスライドから目的のスライドに一気にジャンプしたように見えます。
発表者ツールを使って、スライド7にジャンプしましょう。

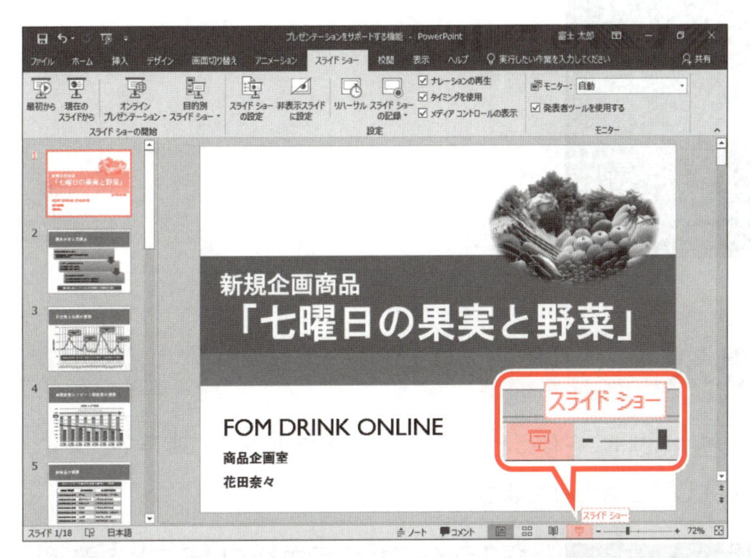

①スライド1を選択します。
②ステータスバーの（スライドショー）をクリックします。

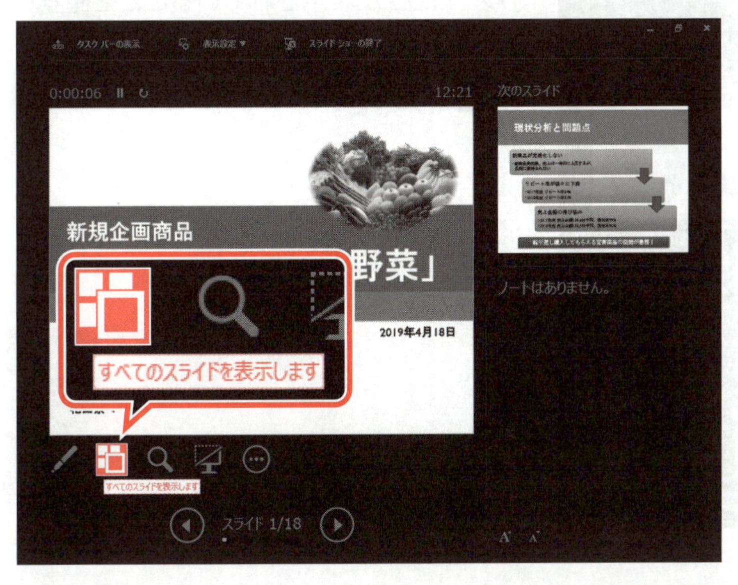

パソコンのディスプレイに発表者用の画面、プロジェクターにスライドショーが表示されます。
③（すべてのスライドを表示します）をクリックします。

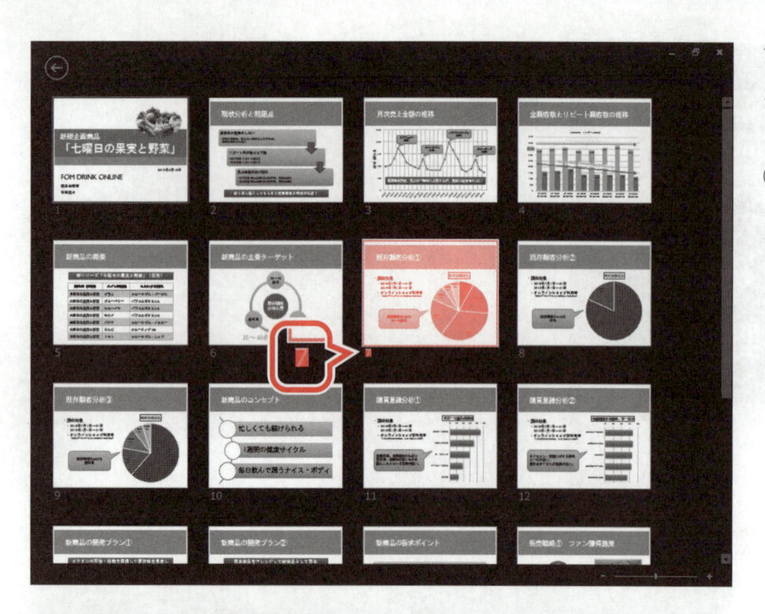

すべてのスライドが一覧で表示されます。
※プロジェクターには一覧は表示されず、直前のスライドが表示されたままの状態になります。

④スライド7を選択します。

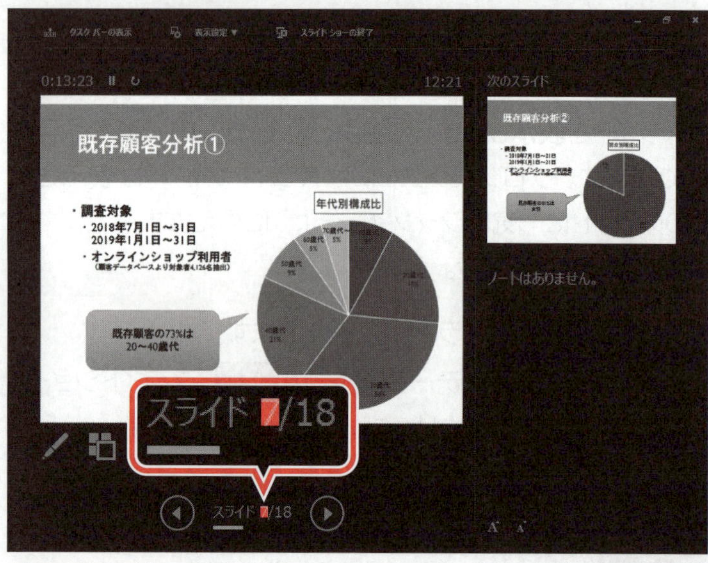

発表者用の画面にスライド7が表示されます。
※プロジェクターのスライドショーにもスライド7が表示されます。

6 スライドの拡大表示

発表者ツールの (スライドを拡大します)を使うと、スライドの一部を拡大して表示できます。
スライド7にある円グラフを拡大して表示しましょう。

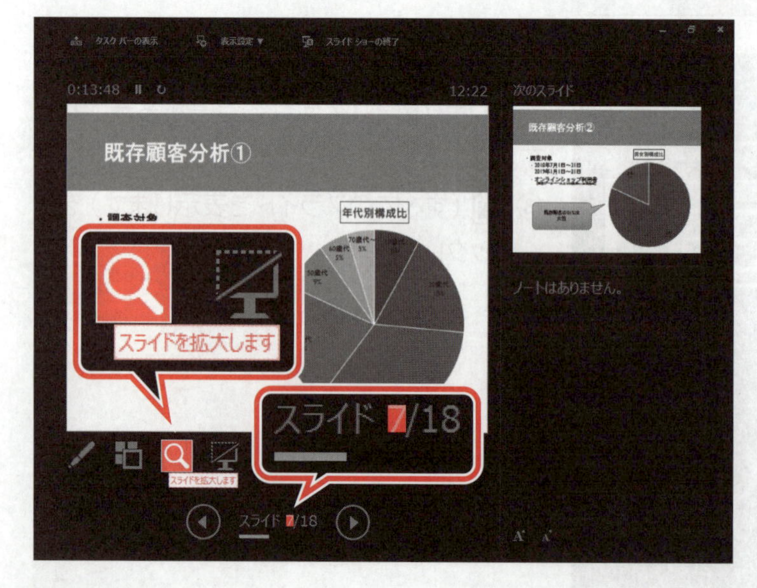

①スライド7が表示されていることを確認します。

② (スライドを拡大します)をクリックします。

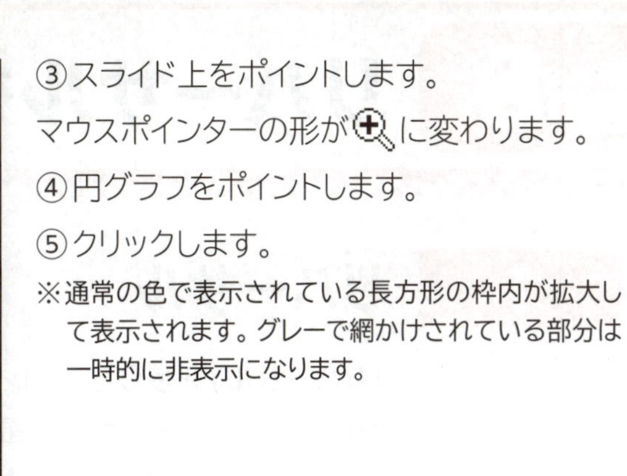

③スライド上をポイントします。

マウスポインターの形が🔍に変わります。

④円グラフをポイントします。

⑤クリックします。

※通常の色で表示されている長方形の枠内が拡大して表示されます。グレーで網かけされている部分は一時的に非表示になります。

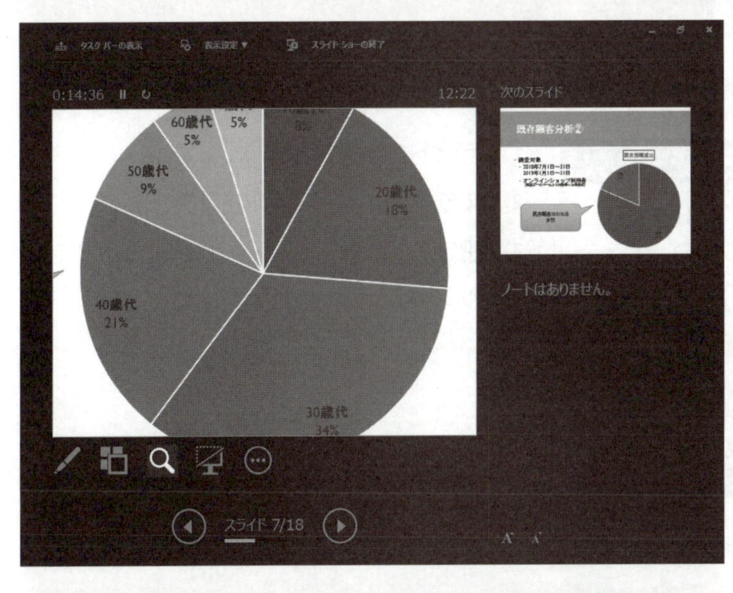

スライドの一部が拡大して表示されます。

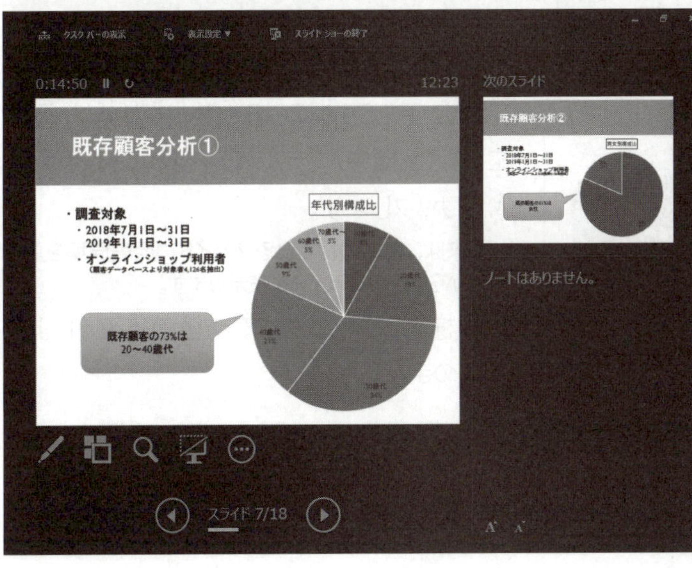

⑥ Esc を押します。

もとの表示に戻ります。

※発表者用の画面の ✕ (閉じる)をクリックし、標準表示モードに戻しておきましょう。

※パソコンからプロジェクターを取り外しておきましょう。

Step5 リハーサルを実行する

1 リハーサル

「リハーサル」を使うと、プレゼンテーションの内容に合わせて、スライドショー全体の所要時間や各スライドの表示時間を記録することができます。発表者は、原稿を準備して本番と同じようにプレゼンテーションを行い、必要な時間を確認できます。
また、リハーサルを実行すると、スライドを切り替えるタイミングを保存することもできます。リハーサルは、発表内容を決めたり、時間配分を調整したりするのに役立ちます。

2 リハーサルの実行

リハーサルを実行し、スライドショーのタイミングを記録しましょう。

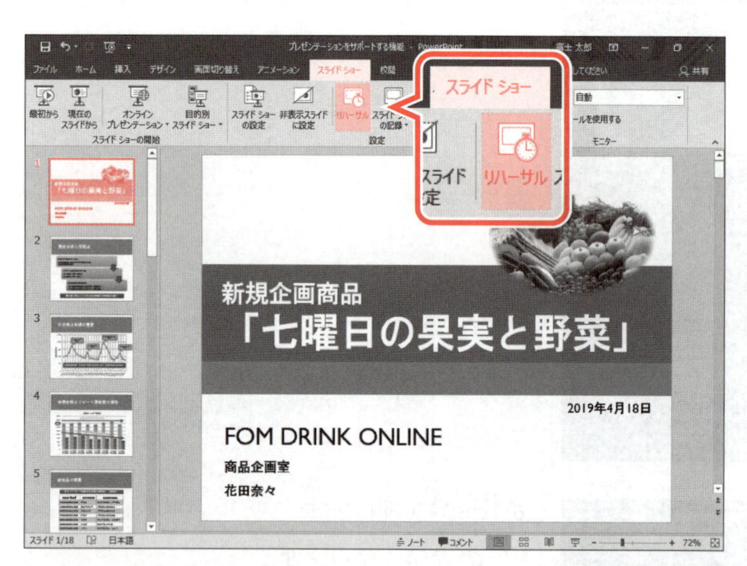

①スライド1を選択します。
②**《スライドショー》**タブを選択します。
③**《設定》**グループの（リハーサル）をクリックします。

プレゼンテーションのリハーサルが始まり、画面左上に**《記録中》**ツールバーが表示されます。
④クリックします。
※本来は、表示されているスライドの発表原稿を読んでから、次のスライドを表示します。
⑤同様に、クリックして最後のスライドまで進めます。

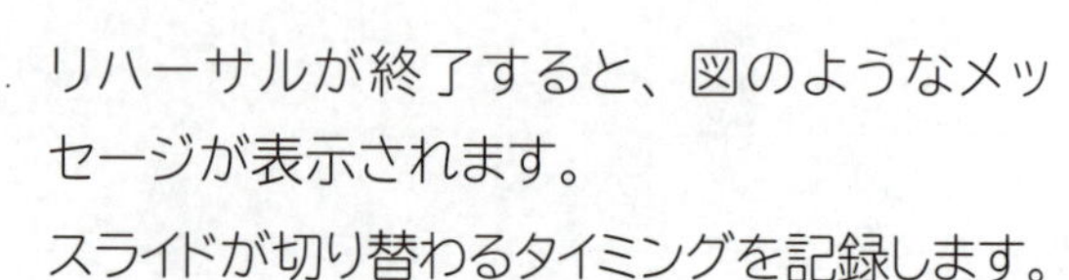

リハーサルが終了すると、図のようなメッセージが表示されます。
スライドが切り替わるタイミングを記録します。
⑥**《はい》**をクリックします。

リハーサルが終了し、標準表示モードに戻ります。

記録されたタイミングを確認します。

⑦ステータスバーの［スライド一覧のボタン］（スライド一覧）をクリックします。

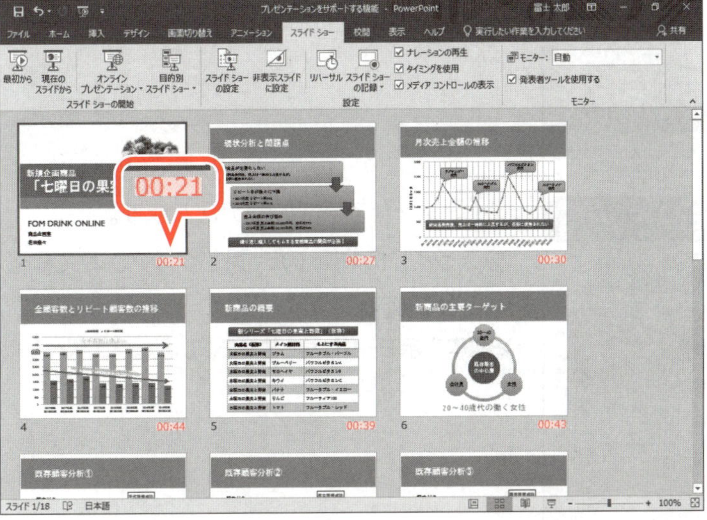

⑧各スライドの右下に記録した時間が表示されていることを確認します。

※スライドショーを実行し、記録した時間で自動的にスライドが切り替わることを確認しておきましょう。確認できたら、Escを押して、スライドショーを終了しておきましょう。

POINT 《記録中》ツールバー

リハーサル中に表示される《記録中》ツールバーの各部の名称と役割は、次のとおりです。

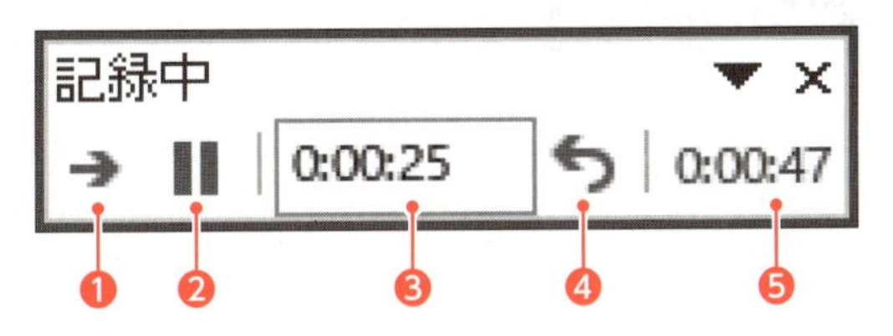

❶次へ

次のスライドを表示します。

❷記録の一時停止

リハーサル中に一時的に表示時間のカウントを停止します。

❸スライド表示時間

現在のスライドの表示時間をカウントします。

❹繰り返し

現在のスライドの表示時間をリセットし、再度カウントしなおします。

❺所要時間

リハーサル全体の所要時間が表示されます。

3 スライドのタイミングのクリア

記録したスライドが切り替わるタイミングをすべてクリアしましょう。

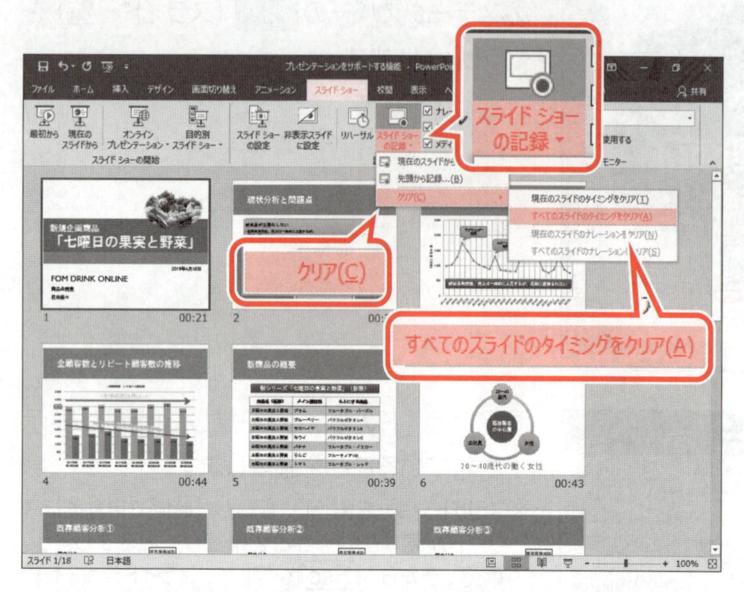

①《**スライドショー**》タブを選択します。

②《**設定**》グループの（現在のスライドから記録）の スライド ショーの記録 をクリックします。

③《**クリア**》をポイントします。

④《**すべてのスライドのタイミングをクリア**》をクリックします。

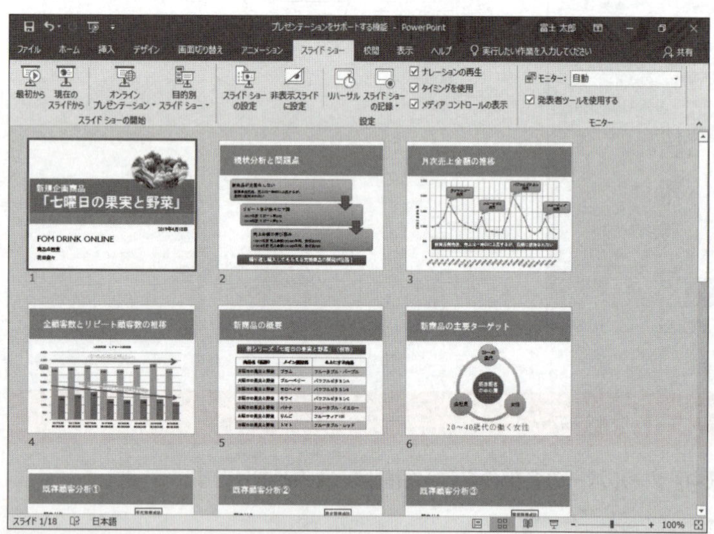

タイミングがすべてクリアされます。

⑤スライドの右下の時間がクリアされていることを確認します。

※標準表示モードに戻しておきましょう。

Step6 目的別スライドショーを作成する

1 目的別スライドショー

「目的別スライドショー」とは、既存のプレゼンテーションをもとに、目的に合わせて必要なスライドだけを選択したり、表示順序を入れ替えたりして独自のスライドショーを実行する機能です。
発表時間や出席者などに合わせて、スライドショーのパターンをいくつか用意する場合などに便利です。新しいパターンのスライドショーには、それぞれの名前を付けて登録します。

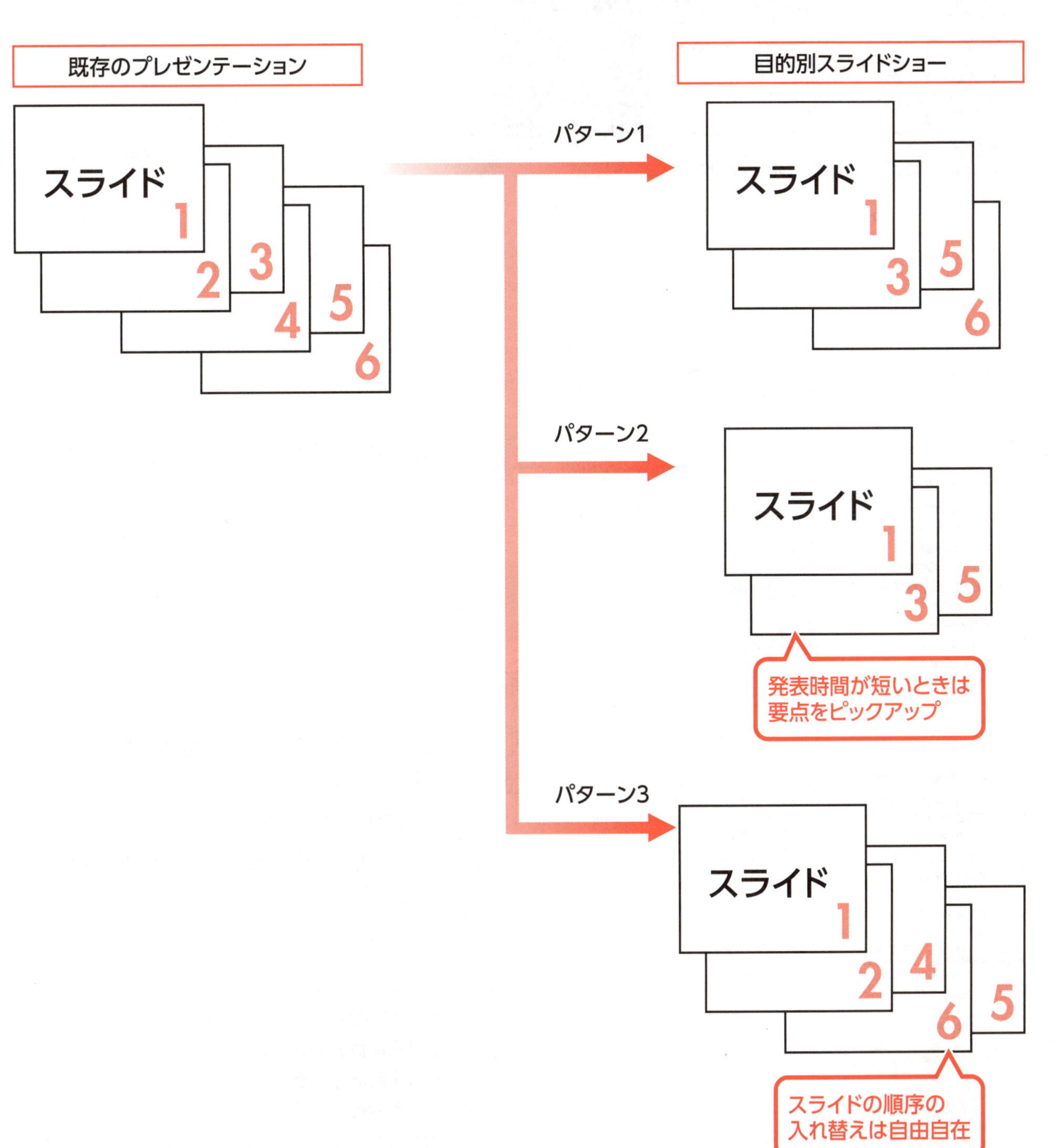

2 目的別スライドショーの作成

既存のプレゼンテーションを使って、次のような目的別スライドショーを作成しましょう。

スライドショーの名前　：短縮版 追加するスライド番号：1、5、6、10、15、18

①《スライドショー》タブを選択します。

②《スライドショーの開始》グループの（目的別スライドショー）をクリックします。

③《目的別スライドショー》をクリックします。

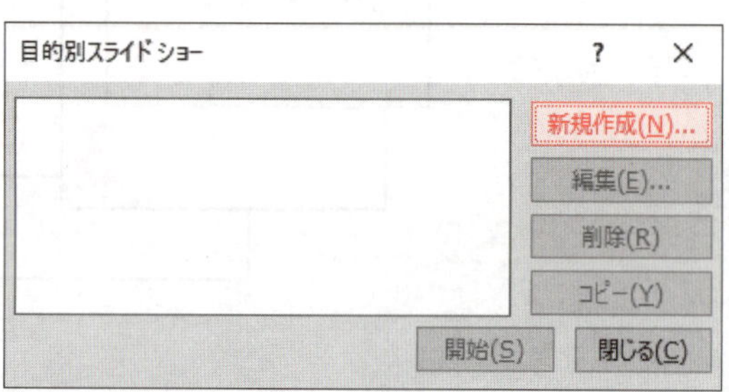

《目的別スライドショー》ダイアログボックスが表示されます。

④《新規作成》をクリックします。

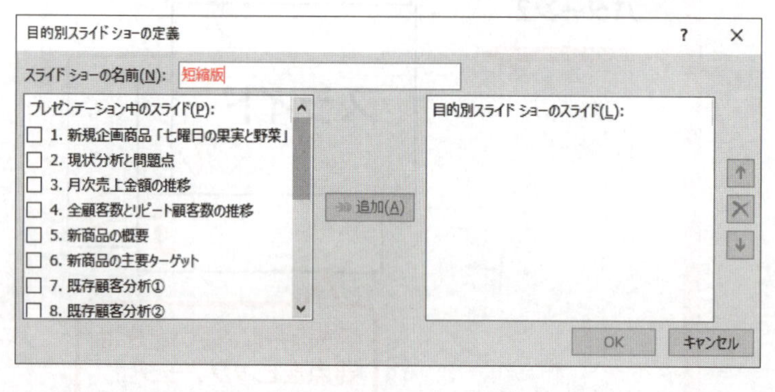

《目的別スライドショーの定義》ダイアログボックスが表示されます。

⑤《スライドショーの名前》に「短縮版」と入力します。

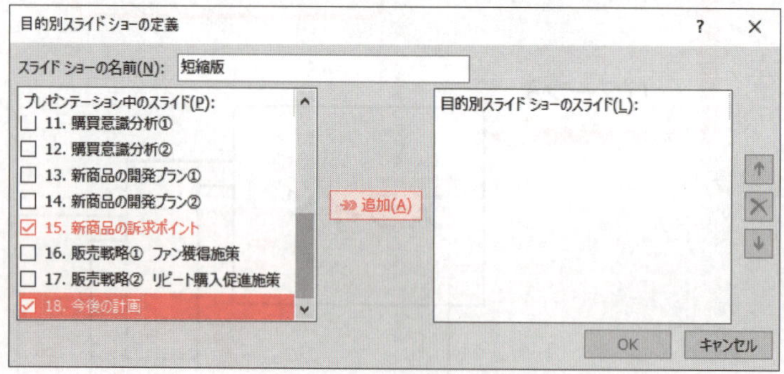

目的別スライドショーに追加するスライドを選択します。

⑥《プレゼンテーション中のスライド》の一覧の「1. 新規企画商品「七曜日の果実と野菜」」を☑にします。

⑦同様に、次のスライドを☑にします。

5.新商品の概要 6.新商品の主要ターゲット 10.新商品のコンセプト 15.新商品の訴求ポイント 18.今後の計画

※一覧に表示されていない場合は、スクロールして調整します。

⑧《追加》をクリックします。

《目的別スライドショーのスライド》に選択したスライドが追加されます。

※目的別スライドショーのスライド番号は自動的に振りなおされます。

⑨《OK》をクリックします。

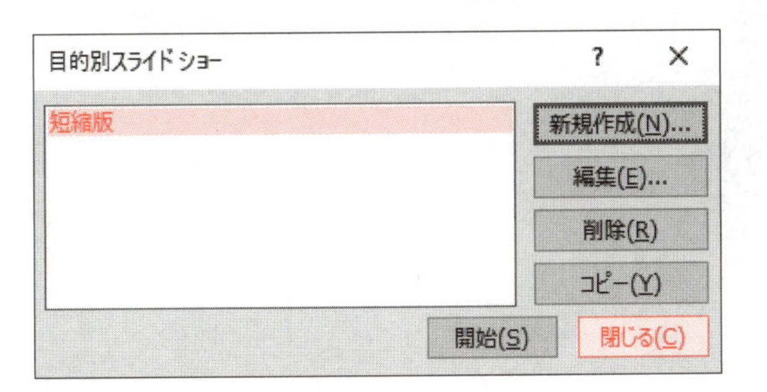

《目的別スライドショー》ダイアログボックスに戻ります。

⑩「短縮版」が登録されていることを確認します。

⑪《閉じる》をクリックします。

STEP UP 《目的別スライドショーの定義》ダイアログボックス

《目的別スライドショーの定義》ダイアログボックスの各部の名称と役割は、次のとおりです。

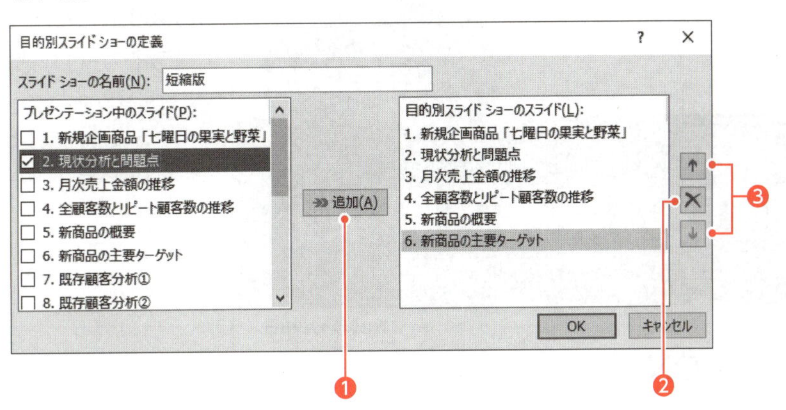

❶追加

目的別スライドショーにスライドを追加します。

❷ [×] (削除)

目的別スライドショーからスライドを削除します。

❸ [↑] (上へ) / [↓] (下)

目的別スライドショーのスライドの順番を入れ替えます。

3 目的別スライドショーの実行

作成した目的別スライドショー「**短縮版**」を実行しましょう。

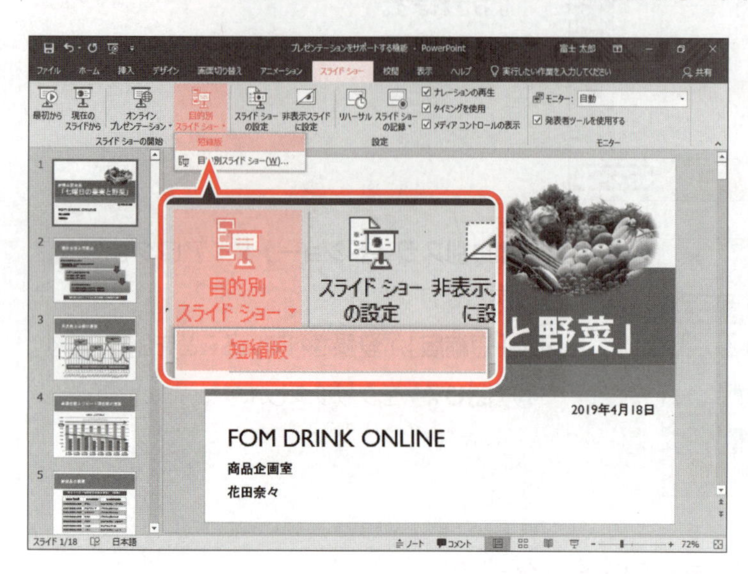

①《**スライドショー**》タブを選択します。

②《**スライドショーの開始**》グループの（目的別スライドショー）をクリックします。

③「**短縮版**」をクリックします。

目的別スライドショーが実行されます。

④スライドショーを最後まで実行し、追加したスライドだけが表示されることを確認します。

※プレゼンテーションに「プレゼンテーションをサポートする機能完成」と名前を付けて、フォルダー「第8章」に保存し、閉じておきましょう。

POINT 目的別スライドショーの削除

目的別スライドショーを削除する方法は、次のとおりです。

◆《スライドショー》タブ→《スライドショーの開始》グループの（目的別スライドショー）→《目的別スライドショー》→一覧から削除するスライドショーを選択→《削除》

練習問題

解答 ▶ 別冊P.7

フォルダー「第8章」のプレゼンテーション「第8章練習問題」を開いておきましょう。

次のようにスライドを編集しましょう。

●完成図

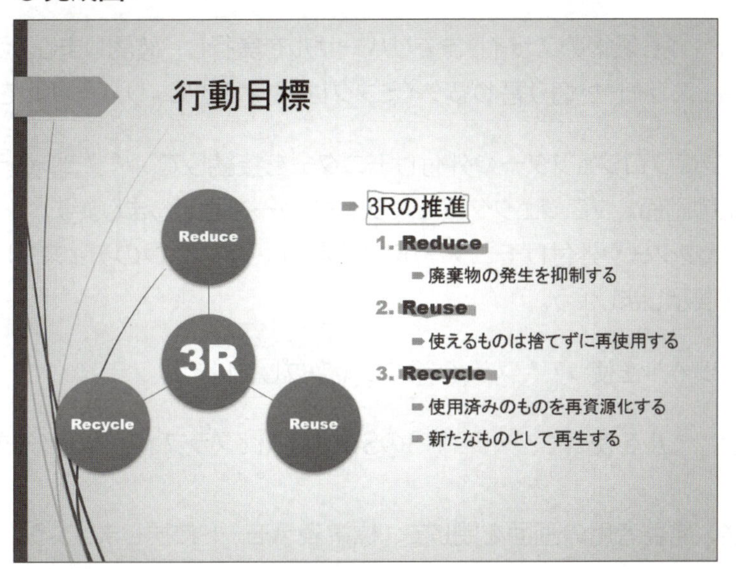

2019/3/1

1 **オフィスにおける**
環境活動
FOM Group
環境活動ワーキング

2 **環境方針**
- CO₂排出量の削減
  - 年間で約30%の削減を目指す
  - 現状800万トン→目標560万トン
- 資源再利用率の向上
  - 年間で約80%の再利用を目指す
  - 現状4,120/6,380万トン→目標5,104/6,380万トン
-

3 **行動目標**
- 3Rの推進
  1.Reduce
    - 廃棄物の発生を抑制する
  2.Reuse
    - 使えるものは捨てずに再使用する
  3.Recycle
    - 使用済みのものを再資源化する
    - 新たなものとして再生する

4 **具体的施策（1）**
- 用紙の使用量削減
  ✓社内資料・FAX受信紙の裏紙利用
  ✓印刷結果のプレビュー確認
  ✓両面・縮小印刷の励行

5 **具体的施策（2）**
- 省エネの推進
  ✓離席時におけるディスプレイの電源オフ
  ✓昼休み・残業時間における不要照明の消灯

1

2019/3/1

  ✓最終退出時の完全消灯
  ✓クールビズ・ウォームビズの導入

6 **具体的施策（3）**
- 資源の再利用
  ✓空容器（ペットボトル・カン・ビン）の分別
  ✓ペットボトルキャップの回収
  ✓使用済みトナーのリサイクル
  ✓グリーン製品の使用

7 **環境活動ワーキングメンバー**
□総務部
  - 田中課長（内線715-631）
□企画部
  - 山田課長（内線716-832）
□営業部
  - 富永課長（内線717-463）
□情報システム部
  - 森田課長（内線718-241）
-

2

1 2 3 4 5 6 7 8 総合問題 付録 索引

① スライドショーを実行し、スライド1からスライド3にジャンプしましょう。

② スライドショー実行中のスライド3で、箇条書きテキスト**「3Rの推進」**をオレンジのペンで四角に囲み、箇条書きテキスト**「Reduce」「Reuse」「Recycle」**を黄色の蛍光ペンで強調しましょう。操作後、ペンを解除しましょう。

③ ペンや蛍光ペンの内容を保持して、スライドショーを終了しましょう。

④ プレゼンテーションをアウトラインの形式で印刷しましょう。

⑤ スライド1から最後のスライドまでリハーサルを実行し、確認しましょう。
操作後、スライドが切り替わるタイミングは保持せずに、リハーサルを終了しましょう。

⑥ パソコンにプロジェクターや外付けモニターを接続して、パソコンのディスプレイに発表者用の画面、プロジェクターにスライドショーを表示しましょう。
プロジェクターや外付けモニターがない場合は、パソコンのディスプレイに発表者用の画面を表示しましょう。

⑦ 発表者ツールを使って、スライド3にジャンプしましょう。

⑧ 発表者ツールを使って、スライド3のSmartArtグラフィックの部分を拡大して表示しましょう。
操作後、発表者用の画面を閉じて、標準表示モードに戻しましょう。

⑨ 次のような目的別スライドショーを作成しましょう。

スライドショーの名前　：社内掲示用
追加するスライド番号　：1、4、5、6

⑩ 作成した目的別スライドショー**「社内掲示用」**を実行しましょう。

※プレゼンテーションに「第8章練習問題完成」と名前を付けて、フォルダー「第8章」に保存し、閉じておきましょう。

総合問題

Exercise

総合問題1

解答 ▶ 別冊P.9

PowerPointを起動し、新しいプレゼンテーションを開いておきましょう。

次のようなプレゼンテーションを作成しましょう。

※設定する項目名が一覧にない場合は、任意の項目を選択してください。

●完成図

1枚目

2枚目

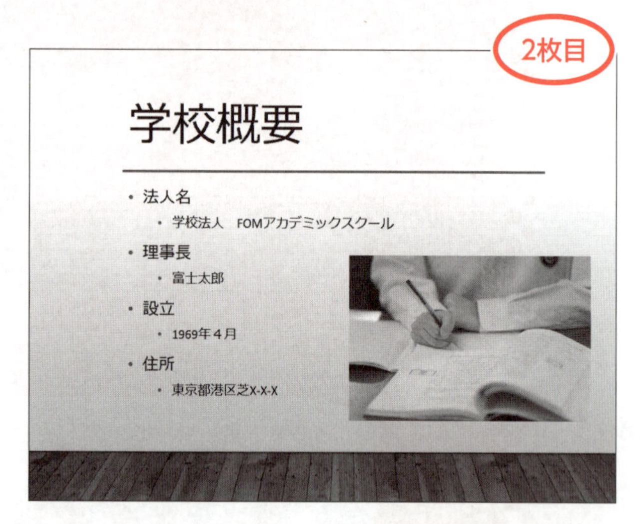

3枚目

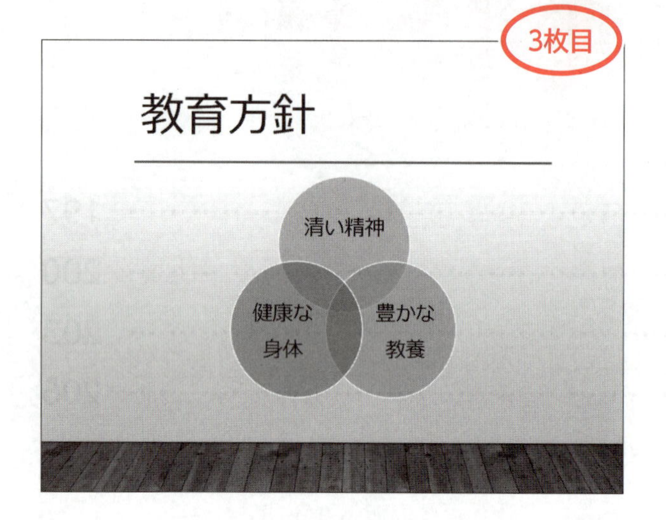

4枚目

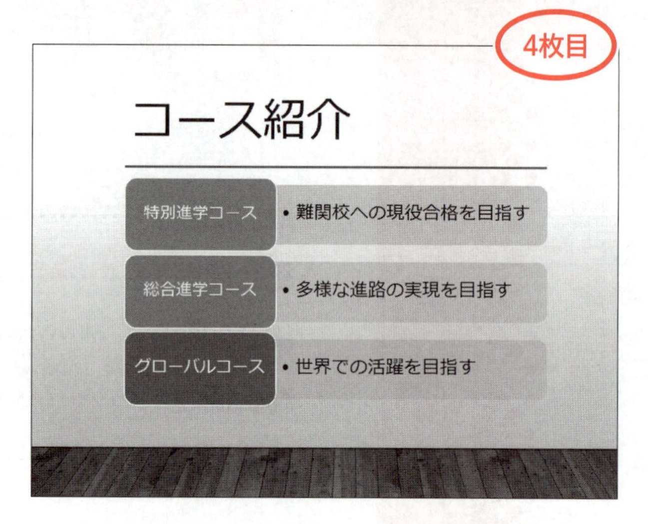

①スライドのサイズを**「標準(4:3)」**に変更しましょう。

②プレゼンテーションにテーマ**「ギャラリー」**を適用し、テーマの配色を**「マーキー」**に変更しましょう。

③テーマのフォントを**「Calibli メイリオ メイリオ」**に変更しましょう。

④テーマの背景のスタイルを**「スタイル1」**に変更しましょう。

⑤スライド1に次のタイトルとサブタイトルを入力しましょう。

タイトル

入学説明会

サブタイトル

FOMアカデミックスクール

※英字は半角で入力します。

⑥タイトル**「入学説明会」**のフォントサイズを80ポイント、サブタイトル**「FOMアカデミックスクール」**のフォントサイズを32ポイントにそれぞれ設定しましょう。

⑦スライド1の後ろに新しいスライドを挿入しましょう。
スライドのレイアウトは**「タイトルとコンテンツ」**にします。

⑧スライド2に次のタイトルと箇条書きテキストを入力しましょう。

タイトル

学校概要

箇条書きテキスト

法人名 Enter
学校法人□FOMアカデミックスクール Enter
理事長 Enter
富士太郎 Enter
設立 Enter
1969年4月 Enter
住所 Enter
東京都港区芝X-X-X

※□は全角空白を表します。
※英数字・記号は半角で入力します。

⑨タイトル**「学校概要」**のフォントサイズを54ポイントに設定しましょう。

⑩箇条書きテキスト**「学校法人　FOMアカデミックスクール」「富士太郎」「1969年4月」「東京都港区芝X-X-X」**のレベルを1段階下げましょう。

⑪スライド2にフォルダー**「総合問題」**の画像**「学校」**を挿入しましょう。

⑫ 完成図を参考に、画像の位置とサイズを調整しましょう。

⑬ スライド2の後ろに新しいスライドを挿入しましょう。
スライドのレイアウトは**「タイトルとコンテンツ」**にします。

⑭ スライド3にタイトル**「教育方針」**を入力し、フォントサイズを54ポイントに設定しましょう。

⑮ スライド3にSmartArtグラフィック**「基本ベン図」**を作成しましょう。

Hint! ・コンテンツのプレースホルダーの (SmartArtグラフィックの挿入)から操作します。
・《基本ベン図》は、《集合関係》に分類されます。

⑯ テキストウィンドウを使って、SmartArtグラフィックに次の項目を入力しましょう。

・清い精神
・豊かな教養
・健康な身体

⑰ SmartArtグラフィックに色**「カラフル-全アクセント」**とスタイル**「白枠」**を適用しましょう。

⑱ スライド3の後ろに新しいスライドを挿入しましょう。
スライドのレイアウトは**「タイトルとコンテンツ」**にします。

⑲ スライド4にタイトル**「コース紹介」**を入力し、フォントサイズを54ポイントに設定しましょう。

⑳ スライド4にSmartArtグラフィック**「縦方向ボックスリスト」**を作成しましょう。

Hint! 《縦方向ボックスリスト》は、《リスト》に分類されます。

㉑ テキストウィンドウを使って、SmartArtグラフィックに次の項目を入力しましょう。

・特別進学コース
　・難関校への現役合格を目指す
・総合進学コース
　・多様な進路の実現を目指す
・グローバルコース
　・世界での活躍を目指す

Hint! 入力しない行は削除します。

㉒ SmartArtグラフィックに色**「カラフル-全アクセント」**を適用しましょう。

㉓ スライド1からスライドショーを実行しましょう。

※プレゼンテーションに「総合問題1完成」と名前を付けて、フォルダー「総合問題」に保存し、閉じておきましょう。

総合問題2

解答 ▶ 別冊P.11

フォルダー「総合問題」のプレゼンテーション「総合問題2」を開いておきましょう。

次のようにプレゼンテーションを編集しましょう。

※設定する項目名が一覧にない場合は、任意の項目を選択してください。

●完成図

1枚目

富士山里旅館のご案内

2019年度

2枚目

当館の魅力

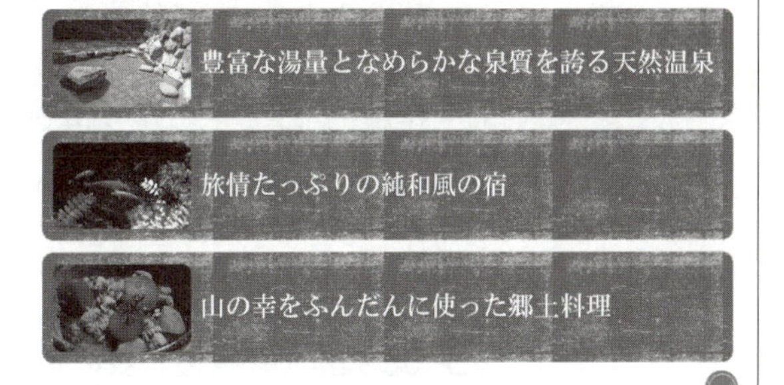

豊富な湯量となめらかな泉質を誇る天然温泉
旅情たっぷりの純和風の宿
山の幸をふんだんに使った郷土料理

3枚目

一般客室のご案内

- 「茜」「藤」「若竹」「瑠璃」「漆黒」の全5室をご用意しています。
- 和の伝統的な色彩で統一されたお部屋は、すべて異なるしつらいになっております。
- いずれのお部屋にも、庭園を望める内風呂とマッサージ機を備えた湯上り処がございます。

お一人様料金	平日	休前日
2名様利用時	16,000円	18,000円
3名様利用時	14,000円	16,000円
4名様利用時	12,000円	14,000円

4枚目

露天風呂付き離れのご案内

- 1日1組様限定の独立した離れのお部屋です。
- 露天風呂、湯上り処、居室、寝室、縁側、坪庭を備えた、ゆったりとした間取りです。
- 専用の露天風呂では、山の緑、川のせせらぎ、澄んだ空気をご堪能いただけます。

お一人様料金	平日	休前日
2名様利用時	22,000円	25,000円
3名様利用時	20,000円	23,000円
4名様利用時	18,000円	21,000円

5枚目

お風呂のご案内

お風呂はすべて源泉掛流し！！

効能	神経痛、筋肉痛、関節痛、五十肩、運動麻痺、うちみ、くじき、冷え性、疲労回復、健康増進、慢性皮膚病
泉質	ナトリウム、マグネシウム、塩化物、硫酸塩、炭酸水素塩温泉
泉温	42.6度

6枚目

交通のご案内

- お車でお越しのお客様
  - 関越自動車道→渋川伊香保IC →R353経由→JR万座鹿沢口方面
- 電車でお越しのお客様
  - JR万座鹿沢口より路線バスで10分 →富士山里旅館前下車

富士山里旅館
〒377-XXXX　群馬県吾妻郡嬬恋村XX-XX
Tel ：0279-97-XXXX
Mail：fujiyamazato@XX.XX

① テーマの配色を「**黄**」に変更しましょう。

② スライド2のSmartArtグラフィックのレイアウトを「**縦方向画像リスト**」に変更しましょう。

③ ②のSmartArtグラフィックに、次のようにフォルダー「**総合問題**」の画像を挿入しましょう。

上　：温泉
中央：宿
下　：料理

Hint! SmartArtグラフィック内の をクリックして、挿入する画像を指定します。

④ スライド3に3列4行の表を作成し、次の文字を入力しましょう。

お一人様料金	平日	休前日
2名様利用時	16,000円	18,000円
3名様利用時	14,000円	16,000円
4名様利用時	12,000円	14,000円

※数字・記号は半角で入力します。

⑤ 完成図を参考に、表の位置とサイズを調整しましょう。

⑥ 表にスタイル「**中間スタイル2-アクセント6**」を適用しましょう。

⑦ 完成図を参考に、表内の文字の配置を調整しましょう。

Hint! 水平方向、垂直方向の配置をそれぞれ調整します。

⑧ スライド3を複製して、スライド4を新しく作成しましょう。

⑨ スライド4のタイトルと箇条書きテキストを次のように修正しましょう。

タイトル

露天風呂付き離れのご案内

箇条書きテキスト

・1日1組様限定の独立した離れのお部屋です。
・露天風呂、湯上り処、居室、寝室、縁側、坪庭を備えた、ゆったりとした間取りです。
・専用の露天風呂では、山の緑、川のせせらぎ、澄んだ空気をご堪能いただけます。

⑩ スライド4の表内の文字を次のように修正しましょう。

お一人様料金	平日	休前日
2名様利用時	22,000円	25,000円
3名様利用時	20,000円	23,000円
4名様利用時	18,000円	21,000円

※数字・記号は半角で入力します。

⑪ 次のように、スライド5の吹き出しの図形に書式を設定しましょう。

塗りつぶしの色 ：オレンジ、アクセント3、白+基本色60%
枠線 ：なし

Hint! 《書式》タブ→《図形のスタイル》グループを使います。

⑫ スライド5の地蔵の画像に「**強調**」の「**シーソー**」のアニメーション、吹き出しの図形に「**開始**」の「**ワイプ**」のアニメーションをそれぞれ設定しましょう。

⑬ 吹き出しの図形に設定したアニメーションが「**右から**」表示されるように変更しましょう。

⑭ 地蔵の画像のアニメーションと吹き出しの図形のアニメーションが動くタイミングを「**直前の動作と同時**」に変更しましょう。

Hint! 《アニメーション》タブ→《タイミング》グループを使います。

⑮ スライド6にフォルダー「**総合問題**」の画像「**地図**」を挿入しましょう。

⑯ 完成図を参考に、画像の位置とサイズを調整しましょう。

⑰ すべてのスライドに「**風**」の画面切り替え効果を設定しましょう。

⑱ すべてのスライドに設定した画面切り替え効果「**風**」の向きを「**左**」に変更しましょう。

⑲ スライド1からスライドショーを実行しましょう。

※プレゼンテーションに「総合問題2完成」と名前を付けて、フォルダー「総合問題」に保存し、閉じておきましょう。

総合問題3

解答 ▶ 別冊P.13

フォルダー「総合問題」のプレゼンテーション「総合問題3」を開いておきましょう。

次のようにプレゼンテーションを編集しましょう。

※設定する項目名が一覧にない場合は、任意の項目を選択してください。

●完成図

1枚目

バイオメトリクス認証について
FOMセキュリティ株式会社
情報セキュリティマネジメント部

2枚目

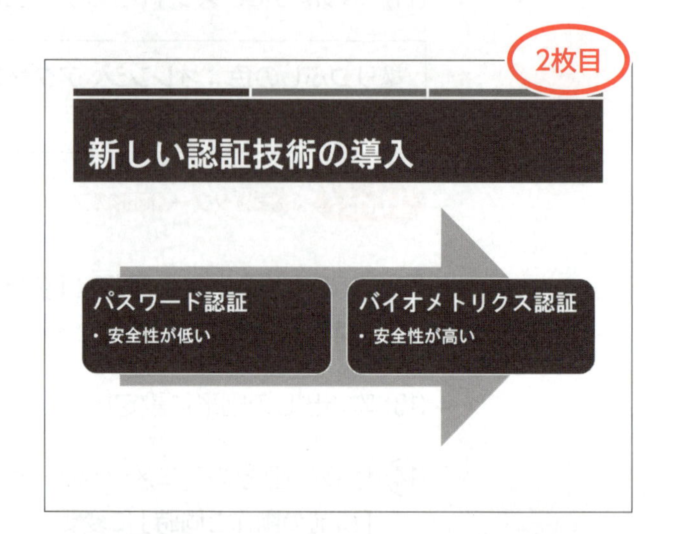

3枚目

現状のパスワード認証

◆生年月日や氏名を使う人が多い。
◆長期間同じパスワードを使用している。
◆忘れないようにメモをする人が多い。

パスワード忘却やなりすまし被害の可能性

4枚目

バイオメトリクス認証とは

◆固有の「身体的特徴」によって個人を識別する。
◆なりすましが難しく、安全性が高い。
◆「生体認証」とも呼ばれる。

5枚目

バイオメトリクス認証の主な種類

分類	詳細
指紋	指先にある細い隆起線を分析し、分岐点などを利用して認証する。
声紋	声を周波数や強度によってディジタル化し、音声データを利用して認証する。
虹彩	瞳にある虹彩を分析し、模様などを利用して認証する。

6枚目

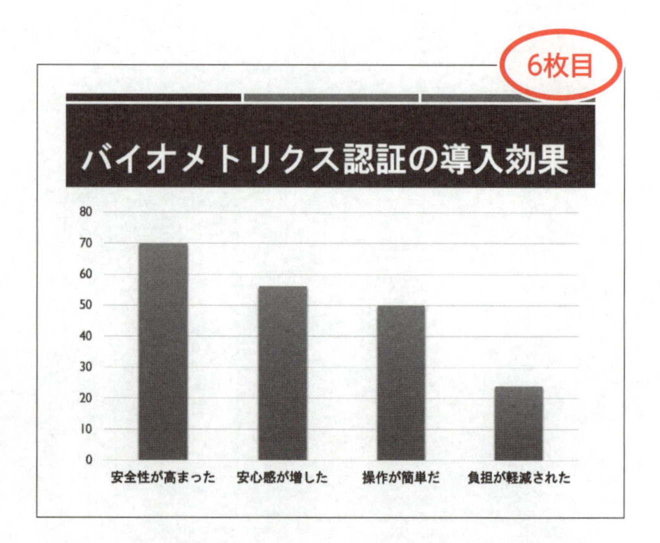

7枚目

お申し込み・ご相談窓口

◆お電話
- 03-XXXX-XXXX（代表）

◆メール
- secure@fom.xx.xx

◆インターネット
- http://fom.xx.xx/

①スライド2の箇条書きテキストをSmartArtグラフィック「**矢印と長方形のプロセス**」に変換しましょう。

②完成図を参考に、スライド3に「**矢印：下**」の図形を作成しましょう。

③スライド3にワードアート「**パスワード忘却やなりすまし被害の可能性**」を挿入しましょう。
ワードアートのスタイルは「**塗りつぶし（パターン）：ゴールド、アクセントカラー3、細い横線；影（内側）**」にします。

④次のように、ワードアートに書式を設定しましょう。

フォント	：MSPゴシック
フォントサイズ	：36ポイント

⑤完成図を参考に、ワードアートの位置を調整しましょう。

⑥スライド4にフォルダー「**総合問題**」の画像「**指紋**」を挿入しましょう。

⑦完成図を参考に、画像の位置とサイズを調整しましょう。

⑧スライド5の表から2列目を削除しましょう。
次に、4行目を挿入し、次の文字を入力しましょう。

虹彩	瞳にある虹彩を分析し、模様などを利用して認証する。

⑨完成図を参考に、表のサイズを調整しましょう。

⑩表にスタイル「**淡色スタイル3-アクセント1**」を適用しましょう。

⑪表全体のフォントサイズを24ポイントに設定しましょう。

⑫完成図を参考に、表内の文字の配置を調整しましょう。

Hint! 水平方向、垂直方向の配置をそれぞれ調整します。

⑬ スライド6にバイオメトリクス認証の導入効果を表す集合縦棒グラフを作成しましょう。
次のデータをもとに作成します。

	バイオメトリクス認証の導入効果
安全性が高まった	70
安心感が増した	56
操作が簡単だ	50
負担が軽減された	24

⑭ グラフに色**「カラフルなパレット3」**とスタイル**「スタイル6」**を適用しましょう。

⑮ グラフ全体のフォントサイズを16ポイントに設定しましょう。

⑯ グラフのタイトルと凡例を非表示にしましょう。

Hint! 《グラフツール》の《デザイン》タブ→《グラフのレイアウト》グループの（グラフ要素を追加）を使います。

⑰ 完成図を参考に、グラフの位置とサイズを調整しましょう。

※プレゼンテーションに「総合問題3完成」と名前を付けて、フォルダー「総合問題」に保存し、閉じておきましょう。

総合問題4

解答 ► 別冊P.15

File OPEN　フォルダー「総合問題」のプレゼンテーション「総合問題4」を開いておきましょう。

次のようにプレゼンテーションを編集しましょう。

※設定する項目名が一覧にない場合は、任意の項目を選択してください。

●完成図

1枚目

2枚目

3枚目

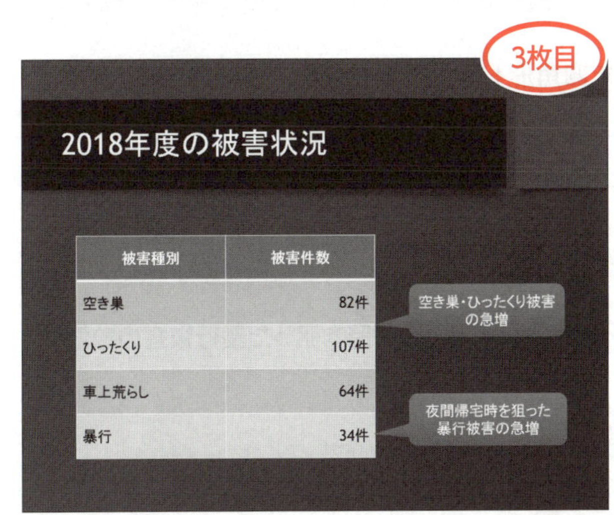

4枚目

5枚目

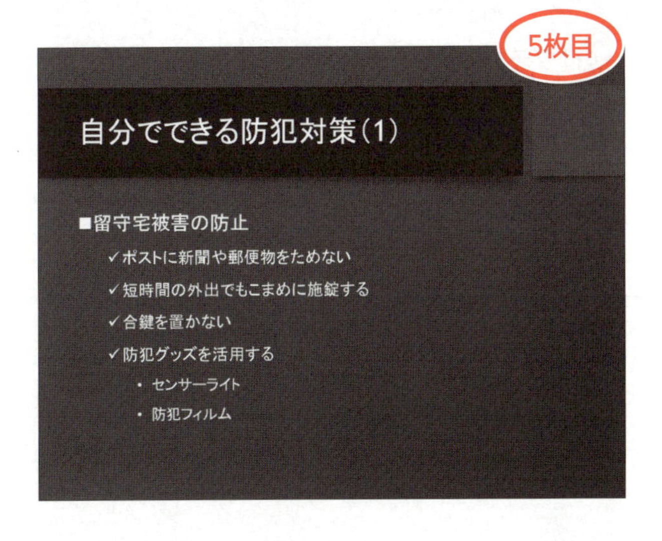

6枚目

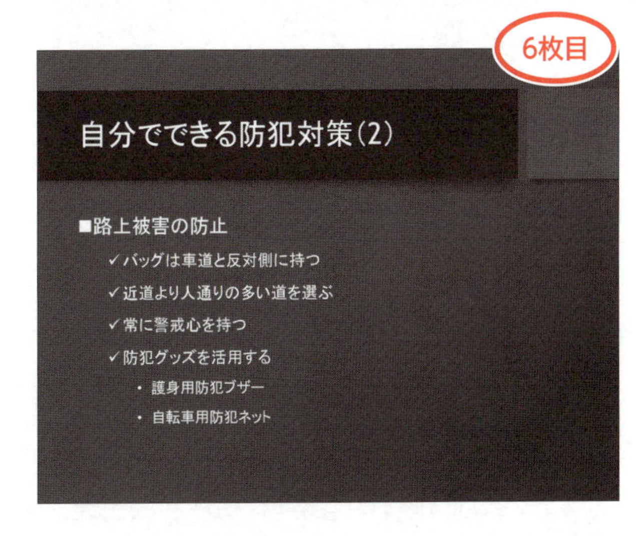

総合問題

①スライド2にフォルダー「**総合問題**」の画像「**防犯**」を挿入しましょう。

②画像の色を「**ゴールド、アクセント4(淡)**」に変更しましょう。

Hint! 《書式》タブ→《調整》グループを使います。

③完成図を参考に、画像の位置とサイズを調整しましょう。

④スライド3に2列5行の表を作成し、次の文字を入力しましょう。

被害種別	被害件数
空き巣	82件
ひったくり	107件
車上荒らし	64件
暴行	34件

※数字は半角で入力します。

⑤完成図を参考に、表の位置とサイズを調整しましょう。

⑥表にスタイル「**中間スタイル2-アクセント2**」を適用しましょう。

⑦完成図を参考に、表内の文字の配置を調整しましょう。

Hint! 水平方向、垂直方向の配置をそれぞれ調整します。

⑧スライド3に「**吹き出し:角を丸めた四角形**」の図形を作成し、図形の中に「**空き巣・ひったくり被害の急増**」と入力しましょう。

⑨図形にスタイル「**グラデーション-オレンジ、アクセント2**」を適用しましょう。

⑩完成図を参考に、図形の位置とサイズを調整しましょう。

⑪⑧の図形をコピーし、コピーした図形の中に「**夜間帰宅時を狙った暴行被害の急増**」と入力しましょう。

⑫スライド4にSmartArtグラフィック「**中心付き循環**」を作成しましょう。

Hint! 《中心付き循環》は、《循環》に分類されます。

⑬テキストウィンドウを使って、SmartArtグラフィックに次の項目を入力しましょう。

- 3S
  - Start
  - Self-defense
  - Security goods

※半角で入力します。

Hint! 入力しない行は削除します。

⑭ SmartArtグラフィックに色「**塗りつぶし-アクセント6**」とスタイル「**グラデーション**」を適用しましょう。

⑮ 完成図を参考に、SmartArtグラフィックの位置とサイズを調整しましょう。

⑯ スライド5の箇条書きテキストを次のように変更しましょう。

箇条書きテキスト	行頭文字
留守宅被害の防止	■ （塗りつぶし四角の行頭文字）
ポストに新聞や郵便物をためない	✔ （チェックマークの行頭文字）
短時間の外出でもこまめに施錠する	✔ （チェックマークの行頭文字）
合鍵を置かない	✔ （チェックマークの行頭文字）
防犯グッズを活用する	✔ （チェックマークの行頭文字）

⑰ 箇条書きテキストの行間を標準の1.5倍に設定しましょう。

⑱ スライド5を複製して、スライド6を新しく作成しましょう。

⑲ スライド6のタイトルと箇条書きテキストを次のように修正しましょう。

タイトル

自分でできる防犯対策（2）

箇条書きテキスト

■路上被害の防止
✔バッグは車道と反対側に持つ
✔近道より人通りの多い道を選ぶ
✔常に警戒心を持つ
✔防犯グッズを活用する
・護身用防犯ブザー
・自転車用防犯ネット

※プレゼンテーションに「総合問題4完成」と名前を付けて、フォルダー「総合問題」に保存し、閉じておきましょう。

総合問題5

解答 ▶ 別冊P.17

フォルダー「総合問題」のプレゼンテーション「総合問題5」を開いておきましょう。

次のようにプレゼンテーションを編集しましょう。

※設定する項目名が一覧にない場合は、任意の項目を選択してください。

●完成図

1枚目

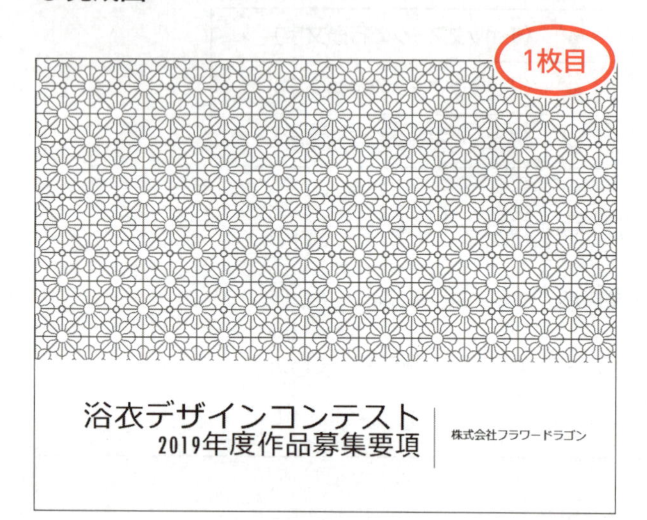

2枚目

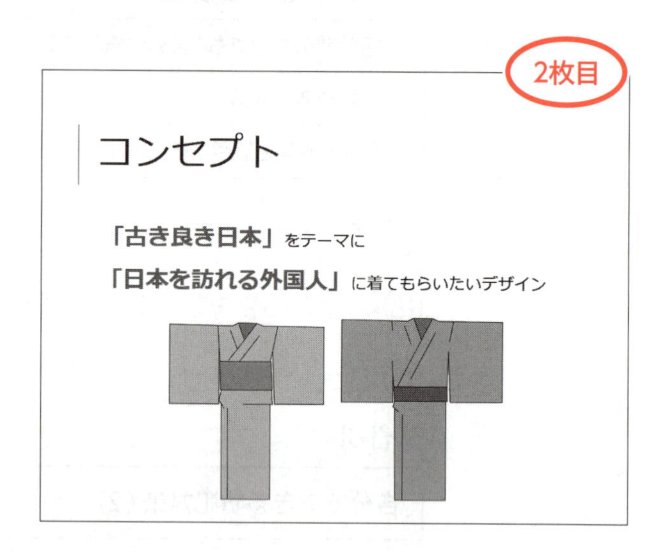

3枚目

4枚目

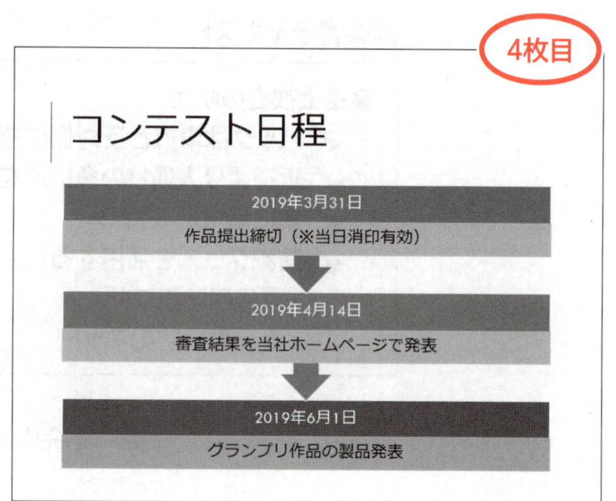

5枚目

応募方法

◆当社ホームページより次の①②をダウンロードして、必要なデータをご用意ください。

① 着物図案フォーマット

② 応募用紙フォーマット

◆日本在住の方であれば、誰でも応募していただけます。

◆応募作品はご返却できません。

◆応募作品の二次使用権は、株式会社フラワードラゴンに帰属します。

6枚目

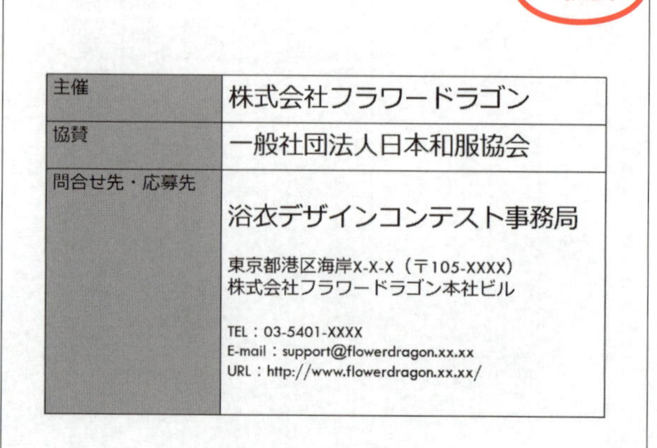

①テーマの配色を**「赤」**に変更しましょう。

②次のように、スライド2の文字**「「古き良き日本」」**に書式を設定しましょう。

フォントサイズ ：28ポイント
フォントの色 ：オレンジ、アクセント2
太字

③文字**「「古き良き日本」」**に設定した書式を文字**「「日本を訪れる外国人」」**にコピーしましょう。

Hint! 《ホーム》タブ→《クリップボード》グループを使います。

④スライド3のSmartArtグラフィックに次の項目を追加しましょう。

・フラワードラゴン賞（5名）
・賞金1万円
・新作着物1点

※数字は半角で入力します。

⑤スライド3の長方形の図形を**「スクロール：横」**に変更しましょう。

Hint! 《書式》タブ→《図形の挿入》グループを使います。

⑥**「スクロール：横」**の図形にスタイル**「光沢-オレンジ、アクセント2」**を適用しましょう。

⑦スライド3のSmartArtグラフィックに**「開始」**の**「ワイプ」**のアニメーション、**「スクロール：横」**の図形に**「開始」**の**「ランダムストライプ」**のアニメーションをそれぞれ設定しましょう。

⑧SmartArtグラフィックに設定したアニメーションが**「左から」**表示されるように変更しましょう。

⑨スライド4の箇条書きテキストをSmartArtグラフィック**「分割ステップ」**に変換しましょう。

Hint!
・《ホーム》タブ→《段落》グループの（SmartArtグラフィックに変換）→《その他のSmartArtグラフィック》を使います
・《分割ステップ》は、《リスト》に分類されます。

⑩SmartArtグラフィックの色を**「カラフル-全アクセント」**に変更しましょう。

⑪SmartArtグラフィック全体のフォントサイズを20ポイントに設定しましょう。

⑫SmartArtグラフィックに**「開始」**の**「フロートイン」**のアニメーションを設定しましょう。

⑬ SmartArtグラフィックに設定したアニメーションが**「個別」**に表示されるように変更しましょう。
また、アニメーションが直前の動作の後に自動的に再生されるように設定しましょう。

⑭ スライド5の箇条書きテキスト**「着物図案フォーマット」「応募用紙フォーマット」**の行頭文字を「① ② ③」の段落番号に変更しましょう。

Hint! 《ホーム》タブ→《段落》グループを使います。

⑮ スライド6の表の1行目と2行目の間に行を挿入し、次の文字を入力しましょう。

協賛	一般社団法人日本和服協会

⑯ すべてのスライドに画面切り替え効果**「ギャラリー」**を設定しましょう。

⑰ 7秒経過すると、自動的に次のスライドに切り替わるように、すべてのスライドを設定しましょう。

⑱ スライド1からスライドショーを実行しましょう。

⑲ プレゼンテーションを配布資料の6スライド（横）の形式で印刷しましょう。

※プレゼンテーションに「総合問題5完成」と名前を付けて、フォルダー「総合問題」に保存し、閉じておきましょう。

付 録

PowerPoint 2019 の新機能

Step 1 新しい画面切り替え効果を設定する

1 変形の画面切り替え効果

PowerPoint2019では、**「変形」**の画面切り替え効果が追加されました。変形の画面切り替え効果を設定すると、スライドショーでスライドが切り替わるときに、前後のスライドの違いを認識し、図形や画像、単語、文字などを動かして、アニメーションのような動きを付けることができます。
スライド全体に動きを付けたり、コンセプトや情報をより強調したいときに使うと効果的です。

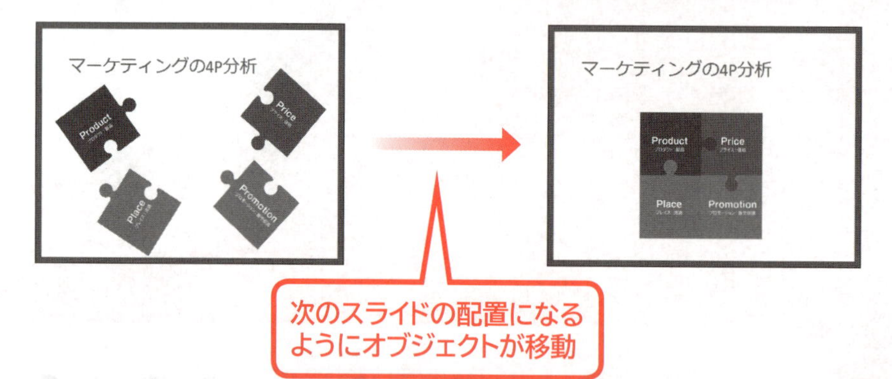

2 変形の画面切り替え効果の設定

すべてのスライドに画面切り替え効果**「変形」**を設定しましょう。

1 スライドの複製

前後のスライドの違いを認識させるには、スライドを複製して編集すると効率的です。直前のスライドに配置してあるオブジェクトを次のスライドで別の位置に移動すると、直前のスライドの位置から次のスライドの位置までアニメーションで移動させることができます。
スライド1を複製して、スライド2を作成しましょう。次に、スライド1の図形を移動しましょう。

フォルダー「付録」のプレゼンテーション「PowerPoint2019の新機能-1」を開いておきましょう。

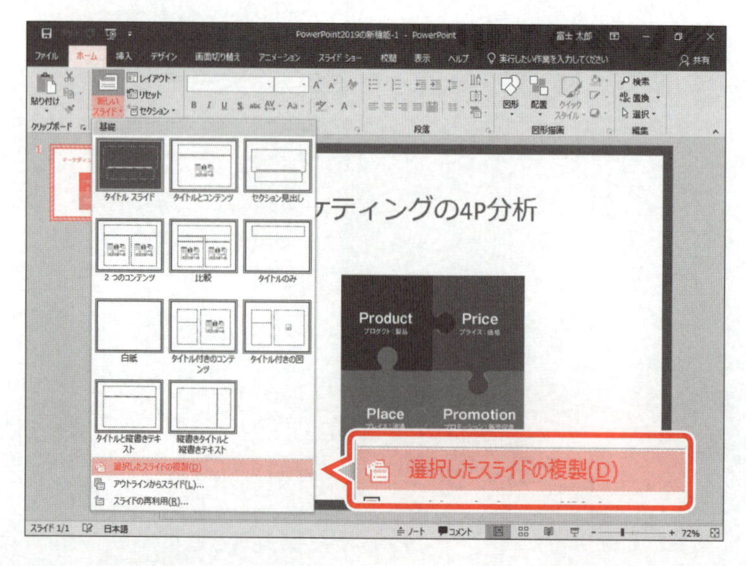

①スライド1を選択します。
②**《ホーム》**タブを選択します。
③**《スライド》**グループの（新しいスライド）のをクリックします。
④**《選択したスライドの複製》**をクリックします。

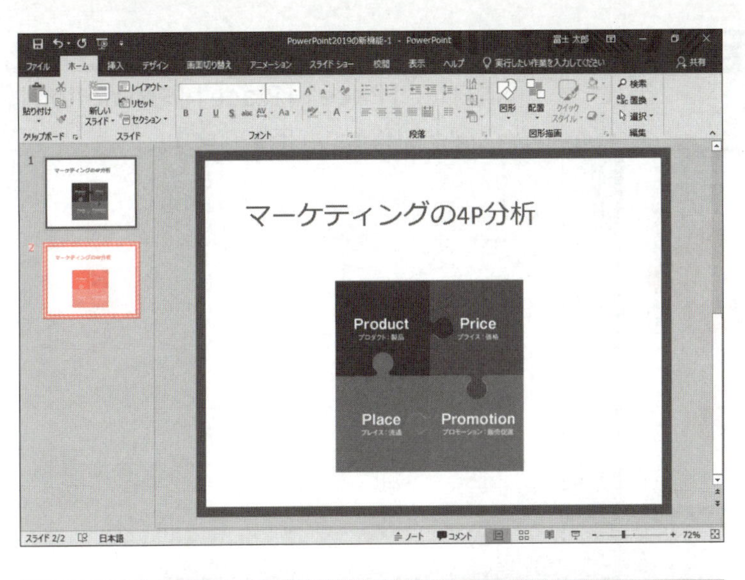

スライドが複製され、スライド2が作成されます。

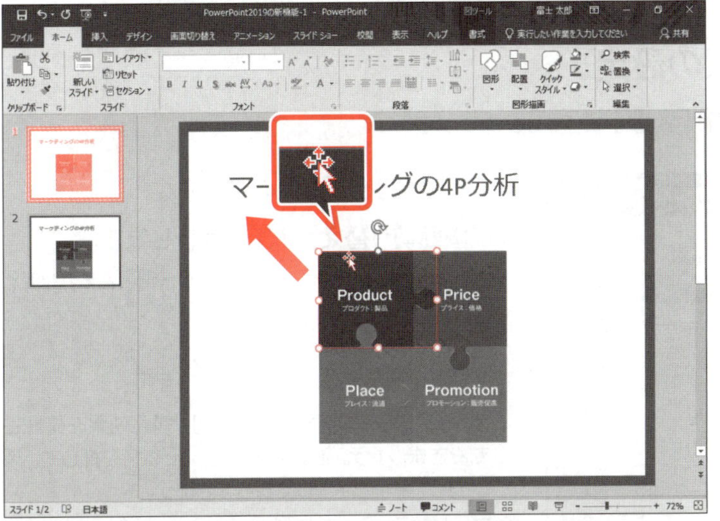

⑤スライド1を選択します。

⑥「Product」の図形を選択します。

⑦図形をポイントします。

マウスポインターの形が に変わります。

⑧図のようにドラッグします。

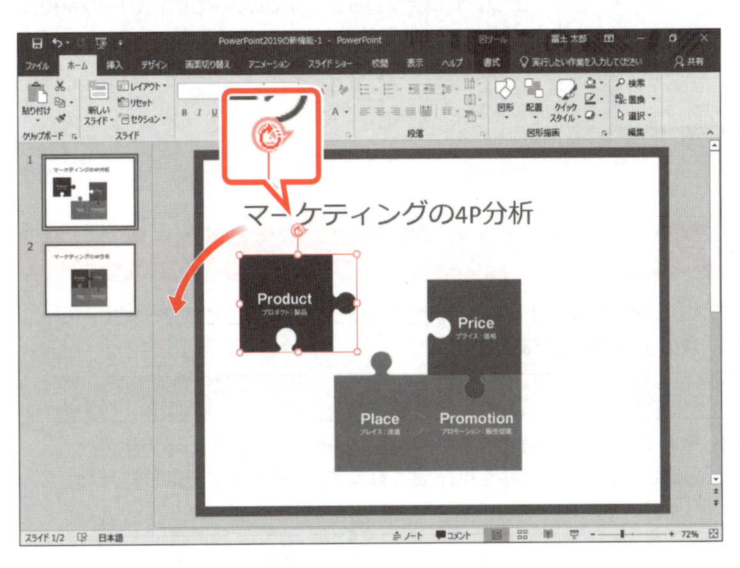

図形が移動します。

⑨図形の上の をポイントします。

マウスポインターの形が に変わります。

⑩図のようにドラッグします。

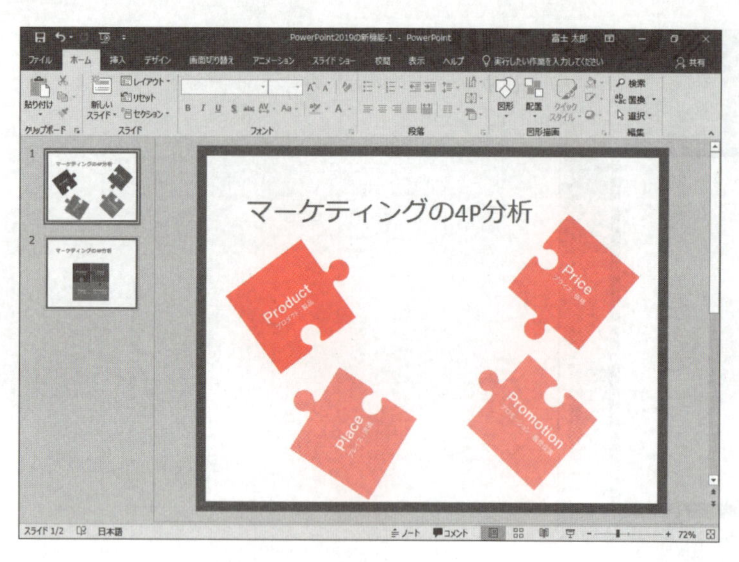

図形が回転します。

⑪同様に、「Price」「Place」「Promotion」の図形を移動し、回転します。

2 画面切り替え効果の設定

スライド2に画面切り替え効果**「変形」**を適用しましょう。

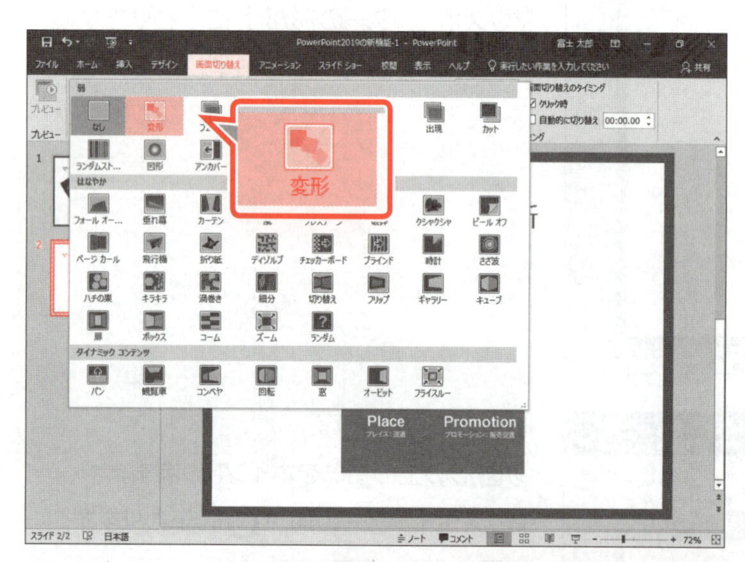

①スライド2を選択します。

②**《画面切り替え》**タブを選択します。

③**《画面切り替え》**グループの (その他)をクリックします。

④**《弱》**の**《変形》**をクリックします。

※スライドショーを実行し、画面切り替え効果を確認しておきましょう。確認できたら、Escを押して、スライドショーを終了しておきましょう。

※プレゼンテーションに「PowerPoint2019の新機能-1完成」と名前を付けて、フォルダー「付録」に保存し、閉じておきましょう。

POINT 効果のオプションの設定

変形の画面切り替え効果に効果のオプションを設定することで、動きをアレンジすることができます。
設定できる効果のオプションには、次のようなものがあります。

種類	内容
オブジェクト	スライドが切り替わるときに、前後のスライドにある図形やSmartArtグラフィック、グラフなどの違いを認識して、動きが作成されます。初期の設定では「オブジェクト」が設定されています。
単語	スライドが切り替わるときに、オブジェクト以外に、前後のスライドの両方にある単語を使って、動きが作成されます。
文字	スライドが切り替わるときに、オブジェクト以外に、前後のスライドの両方にある文字を使って、動きが作成されます。

Step 2 新しいグラフを作成する

1 マップグラフの作成

「マップグラフ」は、地図を塗り分けて、データを視覚的に比較するグラフです。国別や都道府県別の人口データの値や地域別の売上数など、値の大小を色の濃淡で表現します。

フォルダー「付録」のプレゼンテーション「PowerPoint2019の新機能-2」を開いておきましょう。

1 グラフの作成

スライド3に関西地方の都道府県別の訪問者数を比較するマップグラフを作成しましょう。

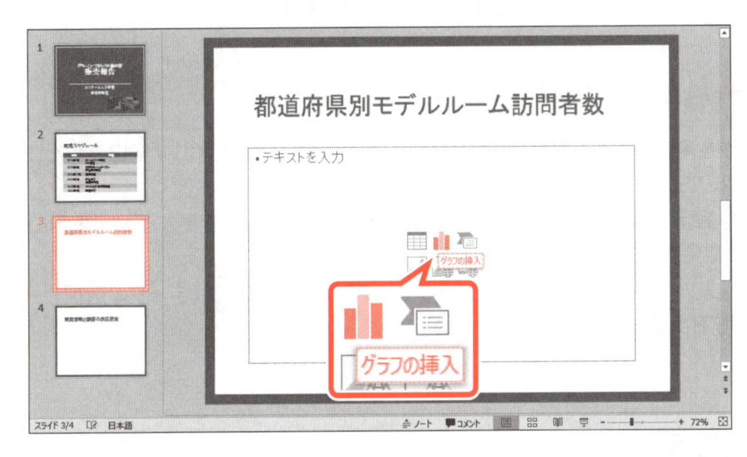

①スライド3を選択します。

②コンテンツプレースホルダーの（グラフの挿入）をクリックします。

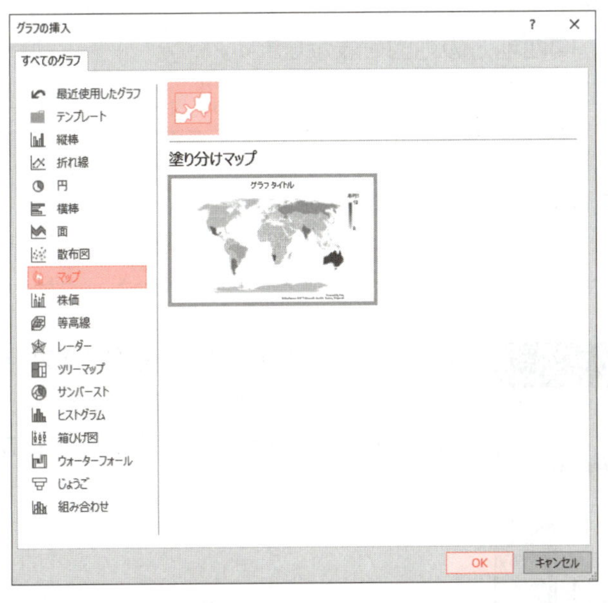

《グラフの挿入》ダイアログボックスが表示されます。

③左側の一覧から《マップ》を選択します。

④右側の一覧から（塗り分けマップ）が選択されていることを確認します。

⑤《OK》をクリックします。

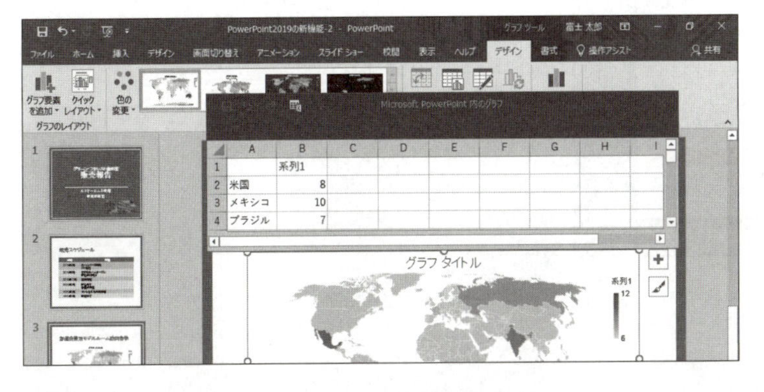

ワークシートが表示され、仮データでグラフが作成されます。

※「マップグラフを作成するために必要なデータがBingに送信されます。」が表示された場合は、《同意します》をクリックしておきましょう。

※作成された直後は世界地図が表示されます。

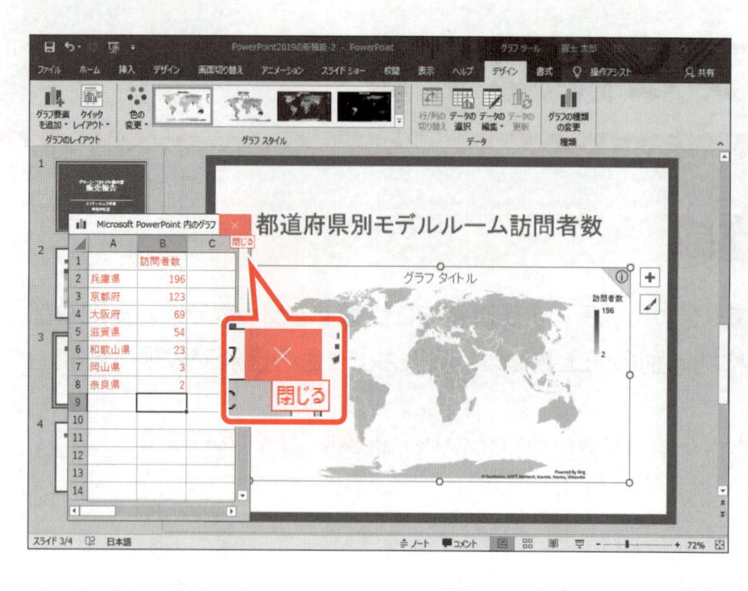

⑥次のデータを入力します。

	訪問者数
兵庫県	196
京都府	123
大阪府	69
滋賀県	54
和歌山県	23
岡山県	3
奈良県	2

※あらかじめ入力されている文字は上書きします。
※セル【A9】からセル【B13】は、セル範囲を選択し Delete を押して、データを削除します。

⑦ワークシートのウィンドウの × （閉じる）をクリックします。

STEP UP マップに表示されるデータ範囲

仮データの不要なデータを削除しても、グラフのもとになるデータ範囲は変更されず空白セルとして認識されるためグラフの右上に ⓘ が表示されます。
ⓘ はスライドショーでは表示されませんが、空白セルを除いてデータ範囲を変更すると非表示にできます。データ範囲を変更する方法は、次のとおりです。

◆グラフを選択→《グラフツール》の《デザイン》タブ→《データ》グループの （データの選択）→《グラフデータの範囲》を変更

2 データ系列の書式設定

マップの投影方法や領域を設定し、関西地方の地図を表示します。
次のように、データ系列の書式を設定しましょう。

マップ投影　：メルカトル
マップ領域　：データが含まれる地域のみ
マップラベル：すべて表示

①マップグラフの地域上を右クリックします。
※どの地域でもかまいません。
②**《データ系列の書式設定》**をクリックします。

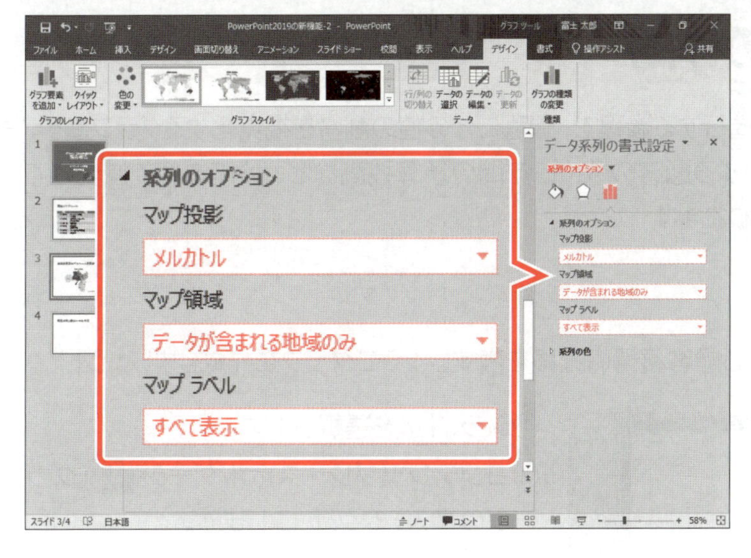

《データ系列の書式設定》作業ウィンドウが表示されます。

③《**系列のオプション**》の （系列のオプション）をクリックします。

④《**マップ投影**》の をクリックし、一覧から《**メルカトル**》を選択します。

⑤《**マップ領域**》の をクリックし、一覧から《**データが含まれる地域のみ**》を選択します。

⑥《**マップラベル**》の をクリックして、一覧から《**すべて表示**》を選択します。

※《データ系列の書式設定》作業ウィンドウを閉じておきましょう。

関西地方のマップグラフに変更されます。

訪問者が多い地域の色が濃く、訪問者数が少なくなるほど、色が薄く表示されます。

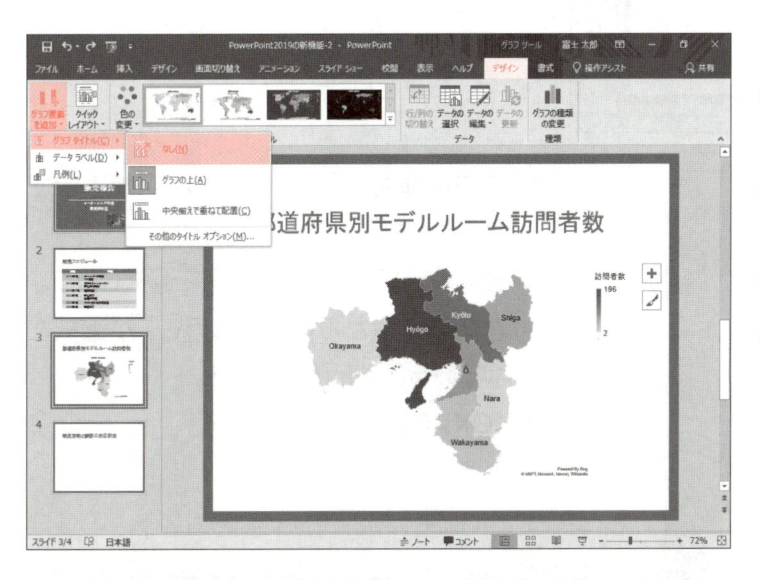

グラフタイトルを削除します。

⑦《**グラフツール**》の《**デザイン**》タブを選択します。

⑧《**グラフのレイアウト**》グループの （グラフ要素を追加）をクリックします。

⑨《**グラフタイトル**》をポイントします。

⑩《**なし**》をクリックします。

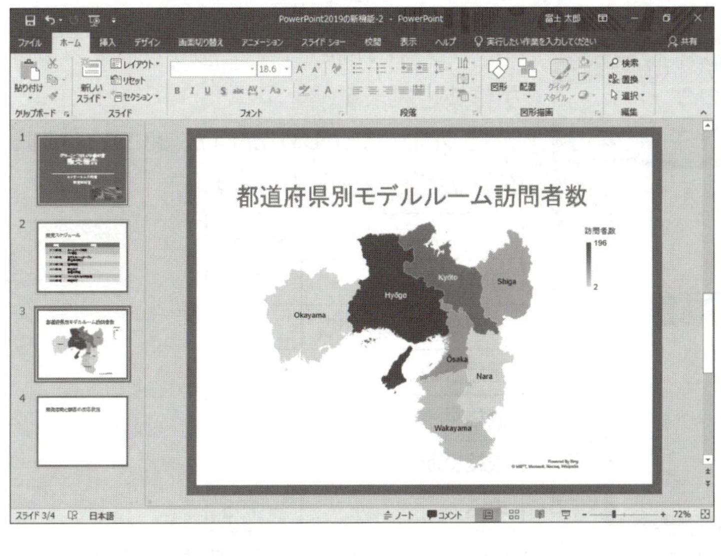

グラフタイトルが削除されます。

※グラフの位置とサイズを調整しておきましょう。

2 じょうごグラフの作成

「じょうごグラフ」は、物事が進行する過程で、過程ごとの値の割合を視覚化するグラフです。販売工程が進むにつれ減少する顧客の数や、年間の予算残高など、段階を経て減少していく値を表現する場合に使われます。

1 グラフの作成

スライド4に販促活動における顧客獲得の推移を表すじょうごグラフを作成しましょう。

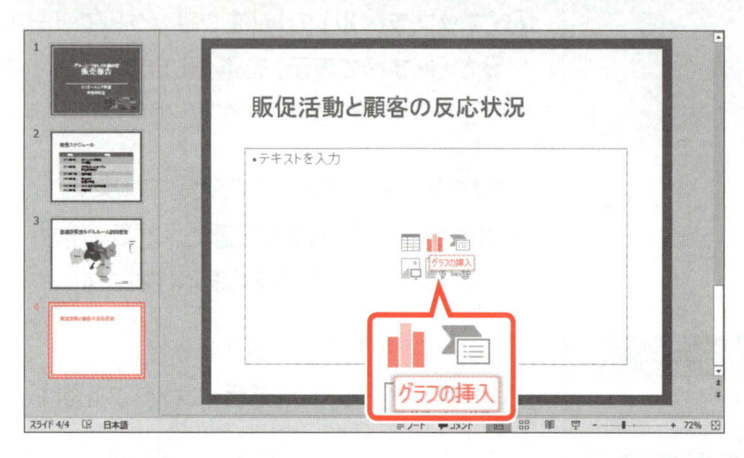

①スライド4を選択します。

②コンテンツプレースホルダーの （グラフの挿入）をクリックします。

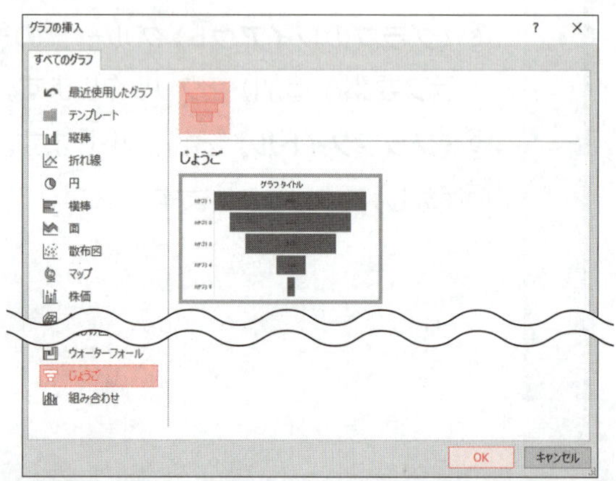

《グラフの挿入》ダイアログボックスが表示されます。

③左側の一覧から**《じょうご》**を選択します。

④右側の一覧から （じょうご）が選択されていることを確認します。

⑤**《OK》**をクリックします。

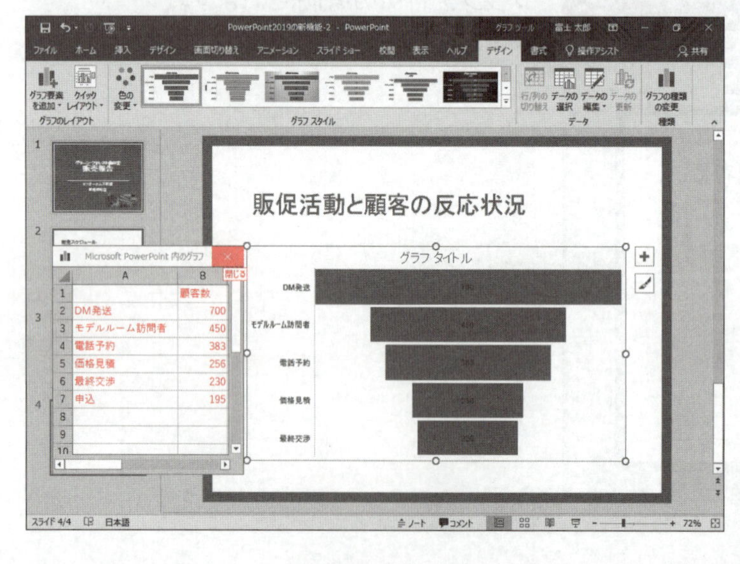

ワークシートが表示され、仮データでグラフが作成されます。

※グラフには、あらかじめスタイルが適用されています。

⑥次のデータを入力します。

	顧客数
DM発送	700
モデルルーム訪問者	450
電話予約	383
価格見積	256
最終交渉	230
申込	195

※あらかじめ入力されている文字は、上書きします。

※列幅を調整しておきましょう。

⑦ワークシートのウィンドウの （閉じる）をクリックします。

2 データ範囲の調整

グラフに「**申込**」が表示されるようにデータ範囲を調整しましょう。

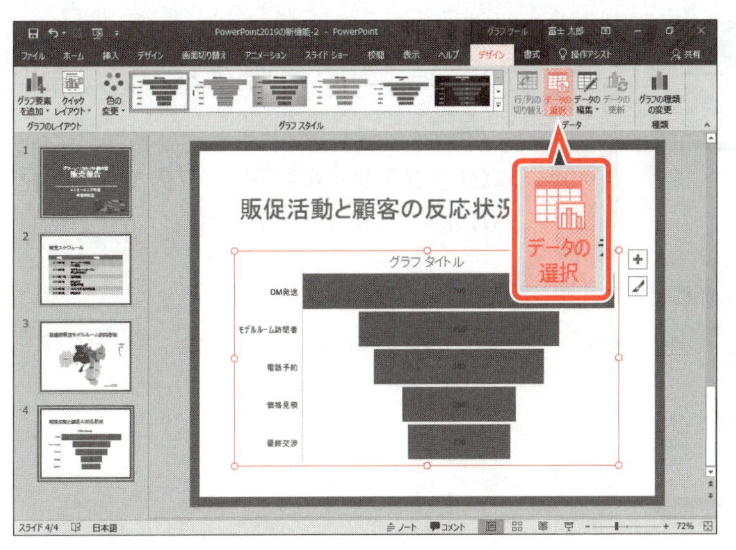

①グラフを選択します。

②**《グラフツール》**の**《デザイン》**タブを選択します。

③**《データ》**グループの（データの選択）をクリックします。

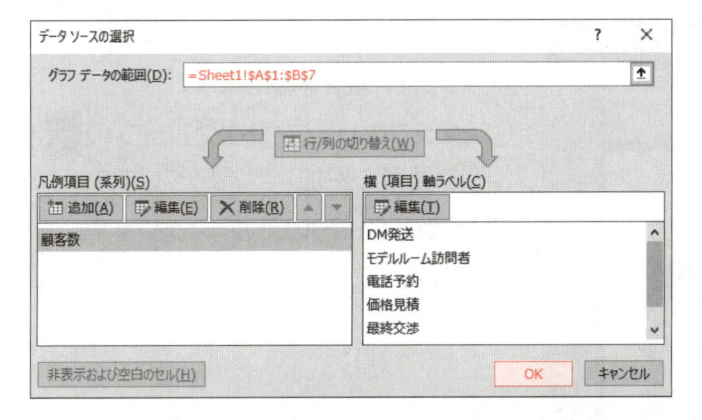

④**《データソースの選択》**ダイアログボックスが表示されます。

⑤**《グラフデータの範囲》**の「**=Sheet1!$A$1:$B$6**」が反転表示されていることを確認し、ワークシートのウィンドウのセル**【A1】**からセル**【B7】**をドラッグします。

⑥**《OK》**をクリックします。

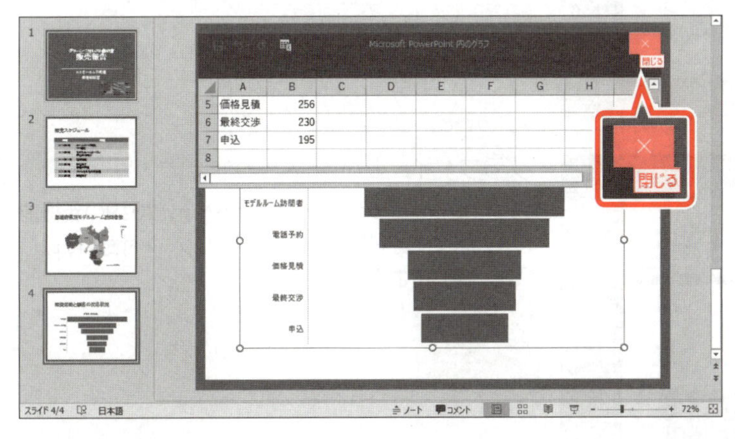

⑦ワークシートのウィンドウの（閉じる）をクリックします。

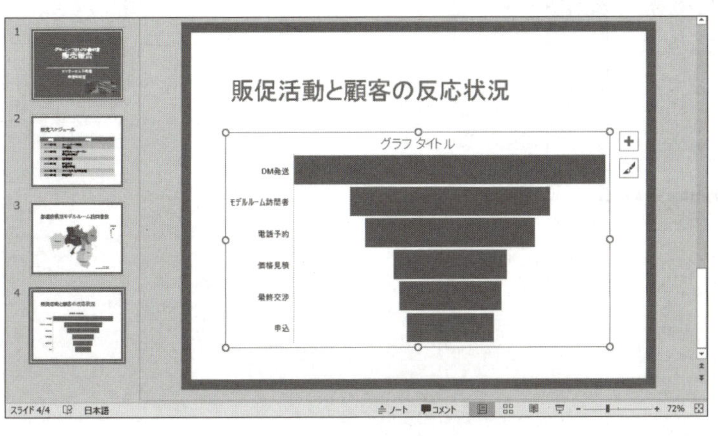

じょうごグラフのデータ範囲が変更されます。

1
2
3
4
5
6
7
8
総合問題
付録
索引

3 スタイルの適用

グラフにスタイルを適用しましょう。

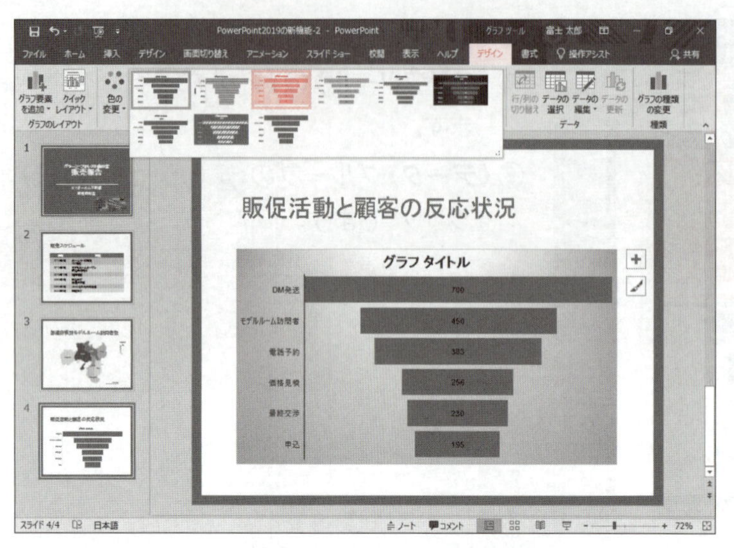

①グラフを選択します。

②**《グラフツール》**の**《デザイン》**タブを選択します。

③**《グラフスタイル》**グループの一覧から図のスタイルをクリックします。

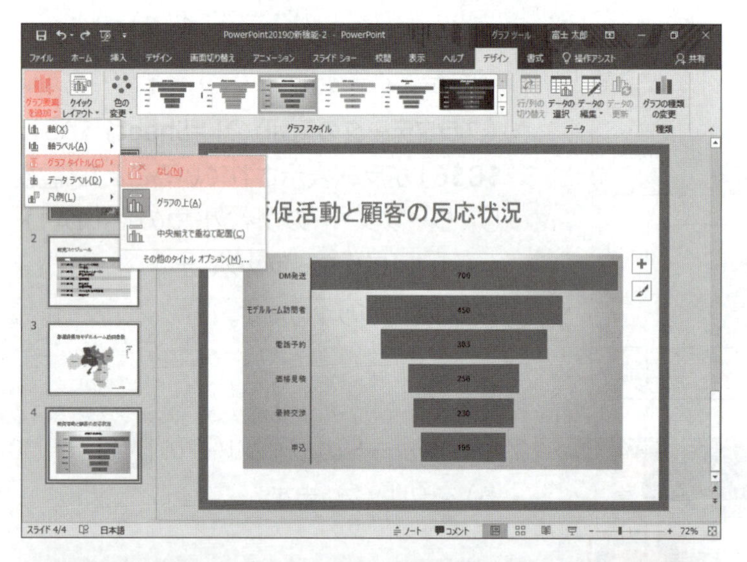

グラフにスタイルが設定されます。

グラフタイトルを削除します。

④**《グラフのレイアウト》**グループの（グラフ要素を追加）をクリックします。

⑤**《グラフタイトル》**をポイントします。

⑥**《なし》**をクリックします。

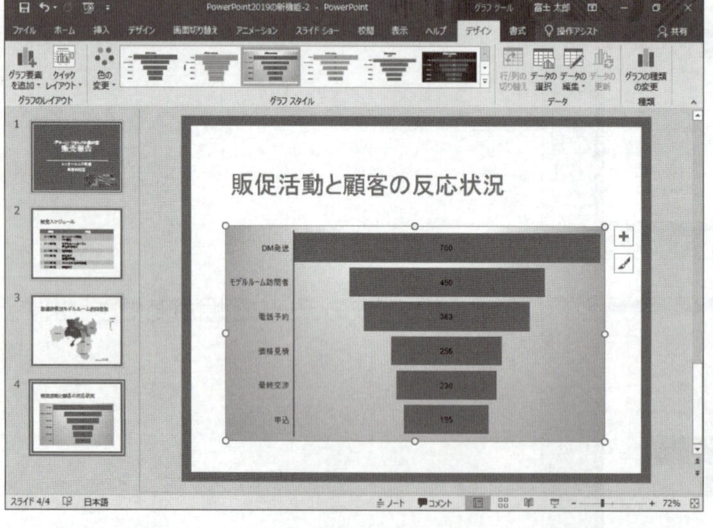

グラフタイトルが削除されます。

※プレゼンテーションに「PowerPoint2019の新機能-2完成」と名前を付けて、フォルダー「付録」に保存し、閉じておきましょう。

Step3 アイコンを挿入する

1 アイコン

PowerPoint 2019には、プレゼンテーションの視覚効果を高めることができる**「アイコン」**が用意されています。アイコンは、**「人物」**や**「ビジネス」**、**「顔」**、**「動物」**などに分類されており、豊富な種類から選択できます。
挿入したアイコンは、色を変更したり効果を適用したりして、目的に合わせて自由に編集できるので、プレゼンテーションにアクセントを付けることができます。
アイコンは、WordやExcelと共通の機能です。

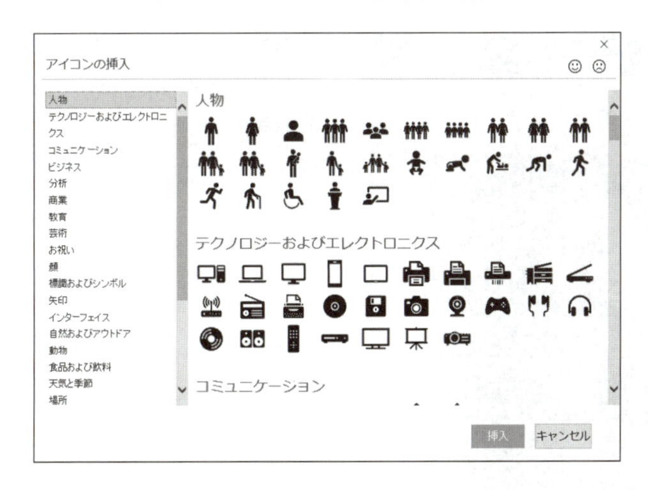

2 アイコンの挿入

タイトルスライドの右上にアイコンを挿入しましょう。

フォルダー「付録」のプレゼンテーション「PowerPoint2019の新機能-3」を開いておきましょう。

1 アイコンの挿入

スライド1にワッペンの形のアイコンを挿入しましょう。

①スライド1を選択します。
②《**挿入**》タブを選択します。
③《**図**》グループの（アイコンの挿入）をクリックします。

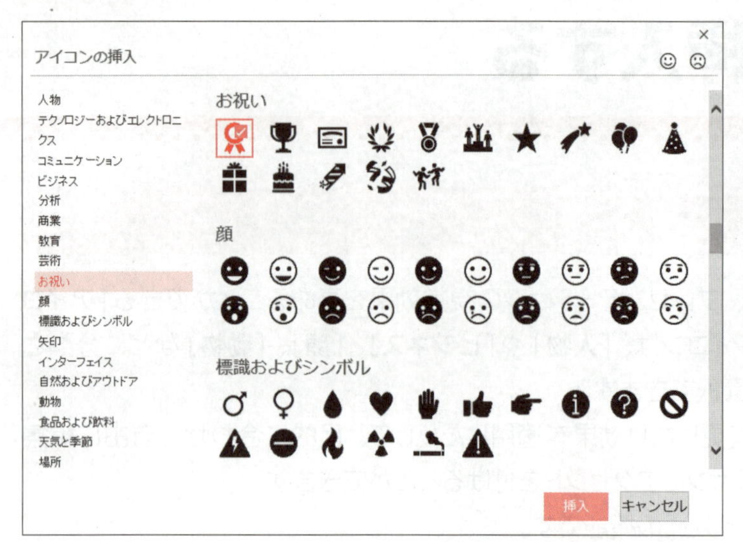

《アイコンの挿入》ダイアログボックスが表示されます。

④左側の一覧から**《お祝い》**を選択します。

《お祝い》のアイコンが表示されます。

⑤図のアイコンをクリックします。

アイコンをクリックすると、アイコンに☑が表示されます。

※再度クリックすると、選択が解除されます。

⑥**《挿入》**をクリックします。

アイコンが挿入されます。

※リボンに《グラフィックツール》の《書式》タブが表示されます。

POINT 《グラフィックツール》の《書式》タブ

アイコンが選択されているとき、リボンに《グラフィックツール》の《書式》タブが表示され、アイコンの書式に関するコマンドが使用できる状態になります。

POINT アイコンの削除

アイコンを削除する方法は、次のとおりです。

◆アイコンを選択→Delete

STEP UP 複数のアイコンの挿入

複数のアイコンを一度に挿入するには、《アイコンの挿入》ダイアログボックスで挿入するアイコンを続けてクリックします。挿入するアイコンすべてに☑が表示されたことを確認してから《挿入》をクリックします。

2 アイコンの移動とサイズ変更

アイコンは画像や図形と同様に、位置やサイズを変更できます。
アイコンをスライドの右上に移動し、拡大しましょう。

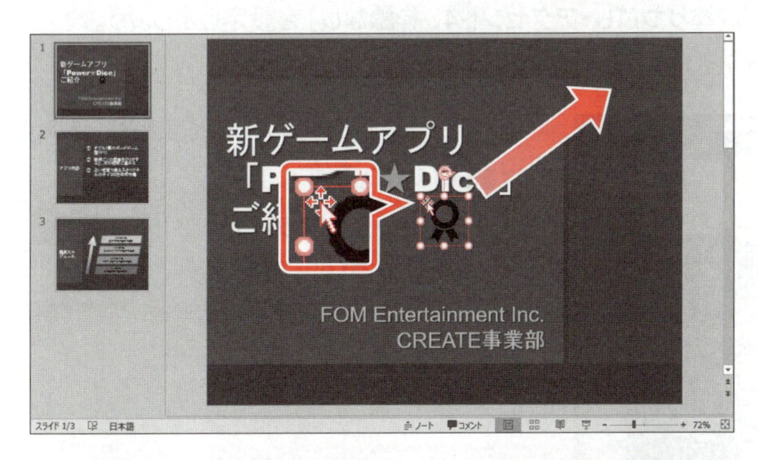

アイコンを移動します。

①アイコンが選択されていることを確認します。

②アイコンの枠線をポイントします。

マウスポインターの形が✥に変わります。

③図のように、移動先までドラッグします。

アイコンが移動されます。

アイコンのサイズを変更します。

④アイコンの左下の○（ハンドル）をポイントします。

マウスポインターの形が⤢に変わります。

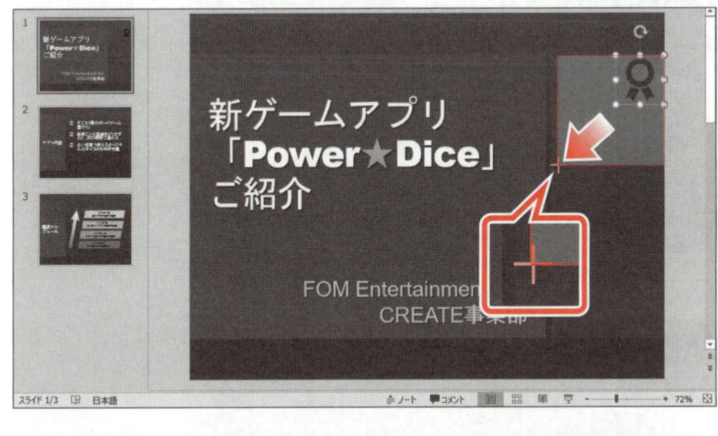

⑤図のように、左下にドラッグします。

ドラッグ中、マウスポインターの形が＋に変わります。

アイコンのサイズが変更されます。

STEP UP アイコンのファイル形式

アイコンのファイル形式は、「SVG形式（拡張子「.svg」）」です。画像ファイルによく使われるJPEG形式やPNG形式のファイルは、拡大や縮小を行うと画像の輪郭が粗くなりますが、SVG形式のファイルは、拡大や縮小、回転などを行っても画像の輪郭が粗くならないという特徴があります。

3 アイコンの書式設定

アイコンは図形と同様に、色を変更したり、効果を設定したりできます。
挿入したアイコンに、スタイル**「塗りつぶし-アクセント4、枠線なし」**を設定しましょう。
※設定する項目名が一覧にない場合は、任意の項目を選択してください。

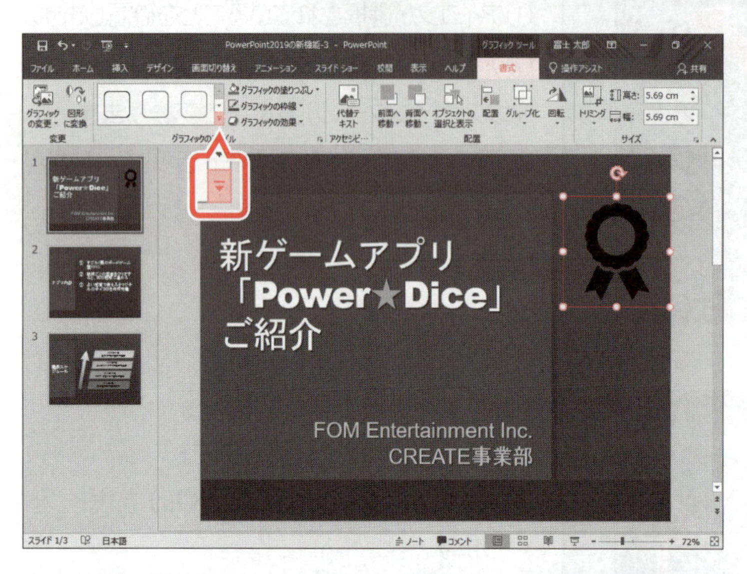

①アイコンが選択されていることを確認します。
②**《書式》**タブを選択します。
③**《グラフィックのスタイル》**グループの (その他)をクリックします。

④**《標準スタイル》**の**《塗りつぶし-アクセント4、枠線なし》**をクリックします。

アイコンにスタイルが適用されます。

4 アイコンを図形に変換

アイコンの中には、複数の図形を組み合わせて構成されているものがあります。そのようなアイコンは、図形に変換すると、ひとつひとつの図形に異なる書式や効果を設定できるようになります。

1 アイコンを図形に変換

挿入したアイコンを図形に変換しましょう。

①アイコンが選択されていることを確認します。

②《**書式**》タブを選択します。

③《**変更**》グループの（図形に変換）をクリックします。

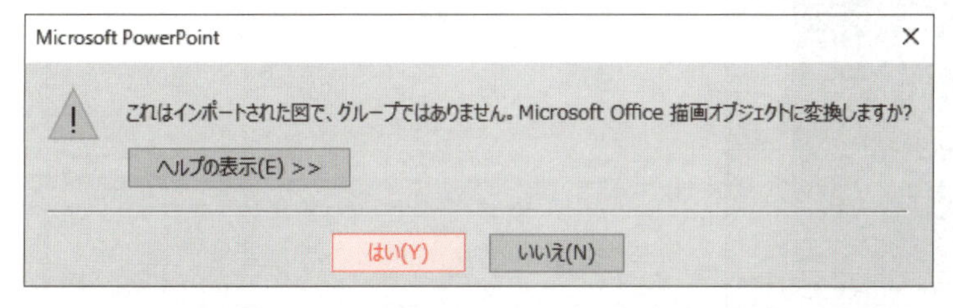

図のようなメッセージが表示されます。

④《**はい**》をクリックします。

アイコンが図形に変換されます。

※アイコンを図形に変換すると、《グラフィックツール》の《書式》タブが《描画ツール》の《書式》タブに変更されます。

2 図形の色の設定

左下のリボンの色を薄い緑、右下のリボンを薄い青に変更しましょう。

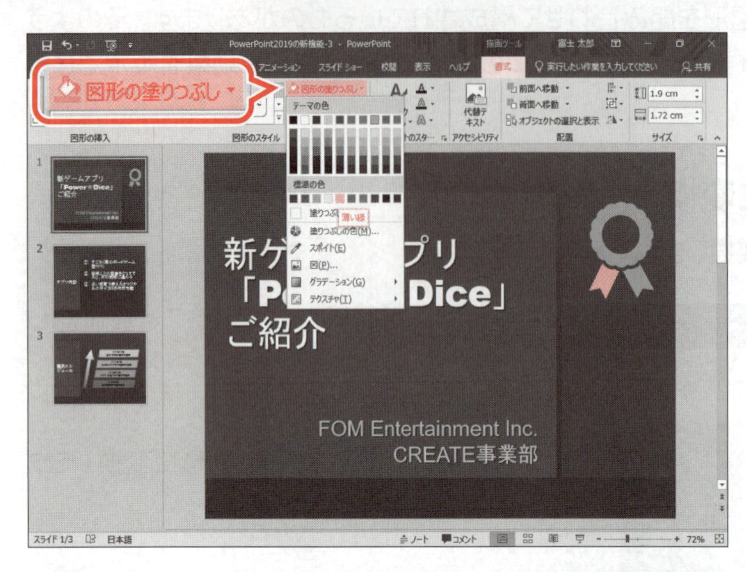

①左下のリボンの図形をクリックします。
図形の周囲に○（ハンドル）が表示されます。
②《書式》タブを選択します。
③《図形のスタイル》グループの 図形の塗りつぶし （図形の塗りつぶし）をクリックします。
④《標準の色》の《薄い緑》をクリックします。

左下のリボンの図形の色が設定されます。
⑤同様に、右下のリボンに薄い青の塗りつぶしを設定します。
※選択を解除しておきましょう。

複数の図形に変換できないアイコン

ひとつの図形で構成されているアイコンや、図形同士がつながっているアイコンは複数の図形に変換できません。

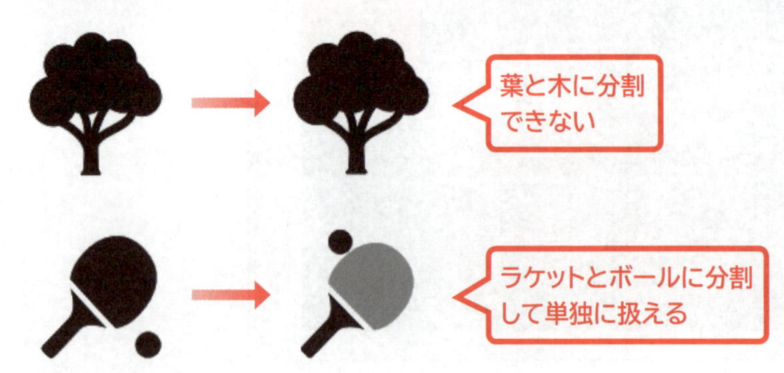

Step4 3Dモデルを挿入する

1 3Dモデル

PowerPoint2019では、**「3Dモデル」**を挿入する機能が追加されました。3Dモデルとは、360度回転させて、様々な角度から表示することができる立体的な画像のことです。3Dモデルは、Windows10に標準で搭載されている**「ペイント3D」**などを使って作成できます。
3Dモデルを挿入すると、平面の画像では表示できない部分を表示させることができるので、より訴求力のあるプレゼンテーションを作成できます。
3Dモデルは、WordやExcelと共通の機能です。

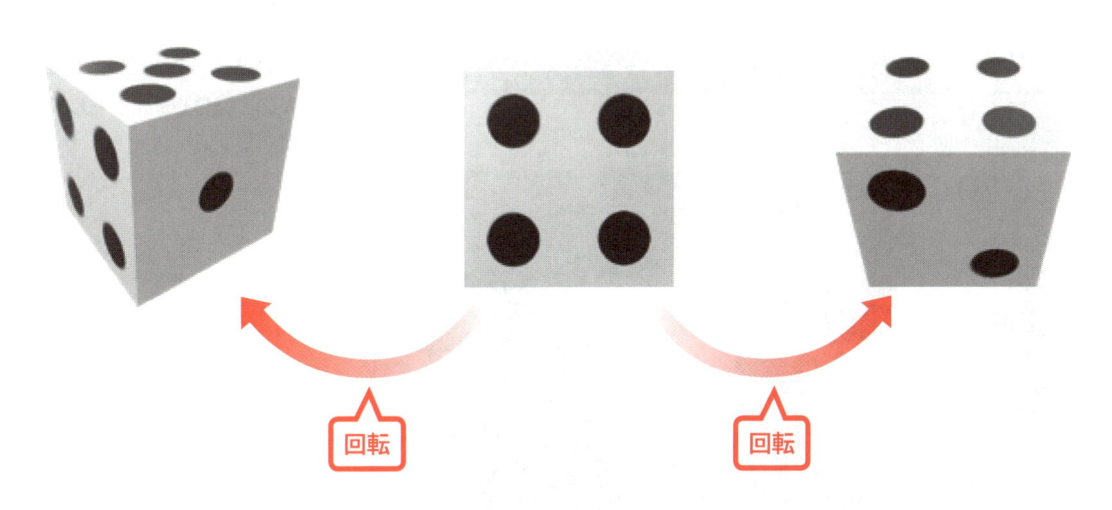

2 3Dモデルの挿入

PowerPoint2019では、3Dモデルを無料で公開しているオンラインカタログ**「リミックス3D」**から挿入したり、すでに作成された3Dモデルを挿入したりできます。
スライド2にフォルダー**「付録」**の3Dモデル**「サイコロ」**を挿入しましょう。

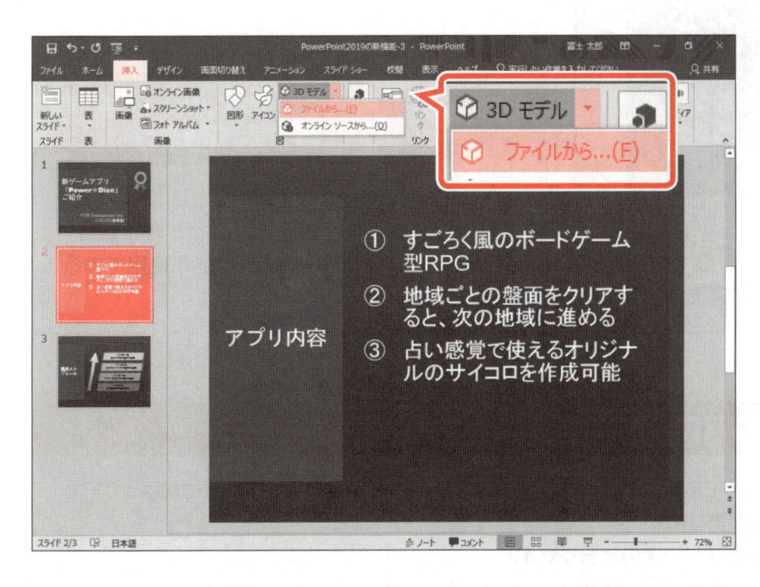

①スライド2を選択します。
②**《挿入》**タブを選択します。
③**《図》**グループの 3D モデル (3Dモデル)の をクリックします。
④**《ファイルから》**をクリックします。

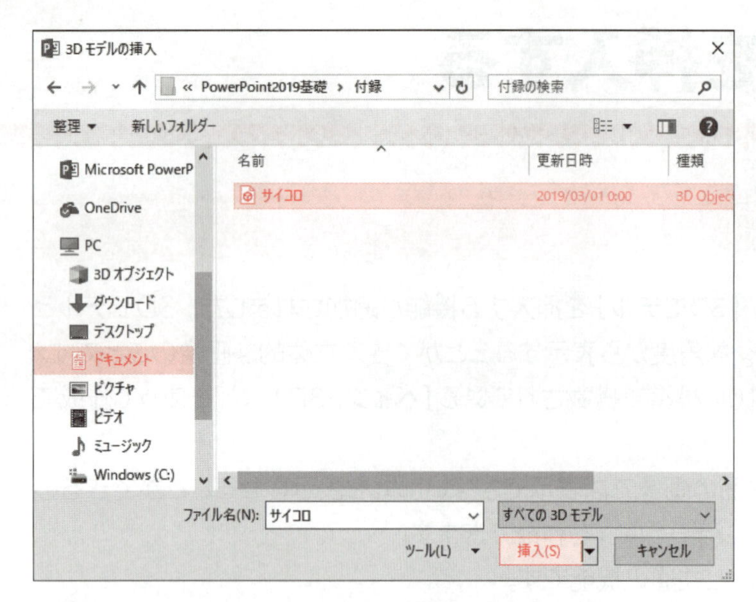

《3Dモデルの挿入》ダイアログボックスが表示されます。

3Dモデルが保存されている場所を選択します。

⑤左側の一覧から**《ドキュメント》**を選択します。

※《ドキュメント》が開かれていない場合は、《PC》→《ドキュメント》をクリックします。

⑥右側の一覧から「**PowerPoint2019基礎**」を選択します。

⑦**《開く》**をクリックします。

⑧一覧から「**付録**」を選択します。

⑨**《開く》**をクリックします。

⑩一覧から「**サイコロ**」を選択します。

⑪**《挿入》**をクリックします。

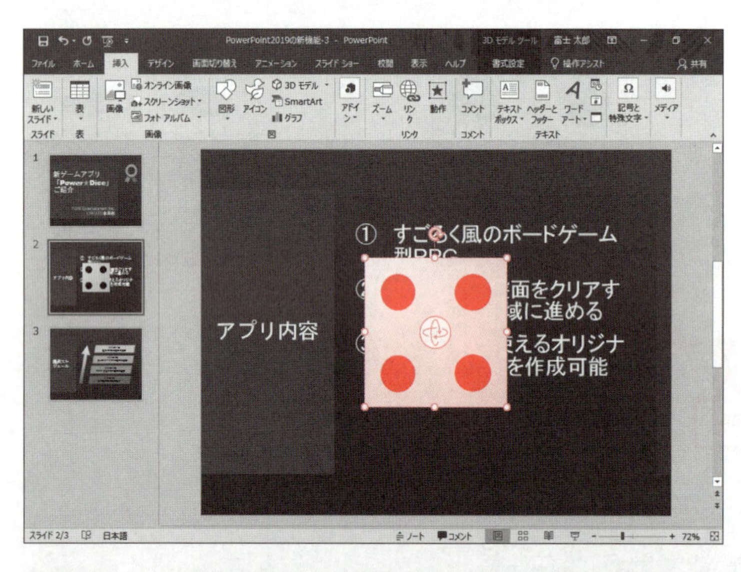

3Dモデルが挿入されます。

※リボンに《3Dモデルツール》の《書式設定》タブが表示されます。

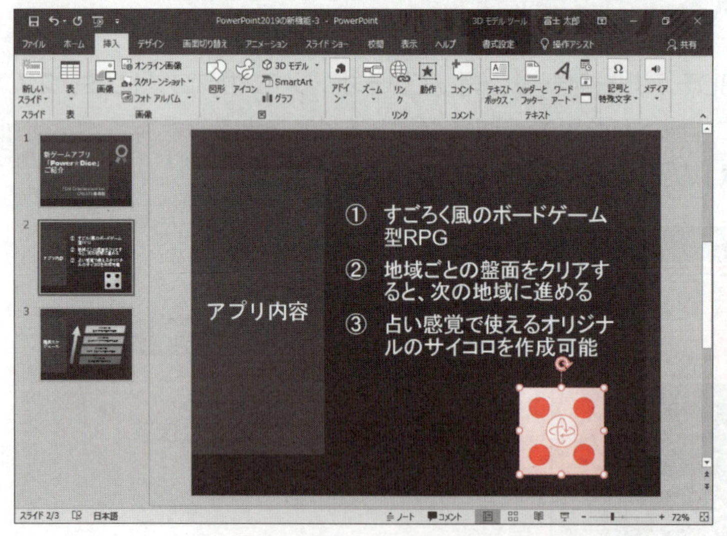

⑫図のように、3Dモデルの位置とサイズを調整します。

POINT 《3Dモデルツール》の《書式設定》タブ

3Dモデルが選択されているとき、リボンに《3Dモデルツール》の《書式設定》タブが表示され、3Dモデルの書式に関するコマンドが使用できる状態になります。

POINT オンライン3Dモデルの挿入

無料で公開しているオンラインカタログ「リミックス3D」から3Dモデルを挿入するには、Microsoftアカウントでサインインしている必要があります。

オンライン3Dモデルを挿入する方法は、次のとおりです。

◆《挿入》タブ→《図》グループの 3D モデル (3Dモデル)の ▼ →《オンラインソースから》

3 3Dモデルの回転

3Dモデルは、中央に表示されている をドラッグすると、360度自由に回転させることができます。
サイコロの4と5と1の面が見えるように回転しましょう。

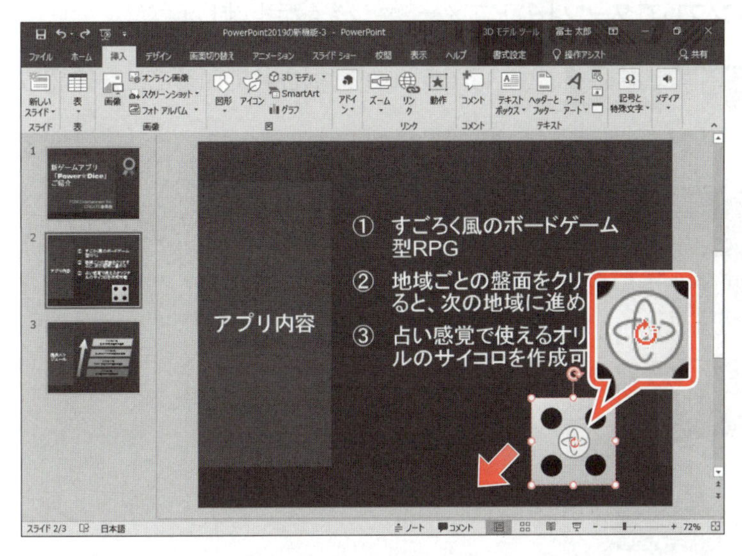

①3Dモデルが選択されていることを確認します。
② をポイントします。
マウスポインターの形が に変わります。
③図のように、左下にドラッグします。

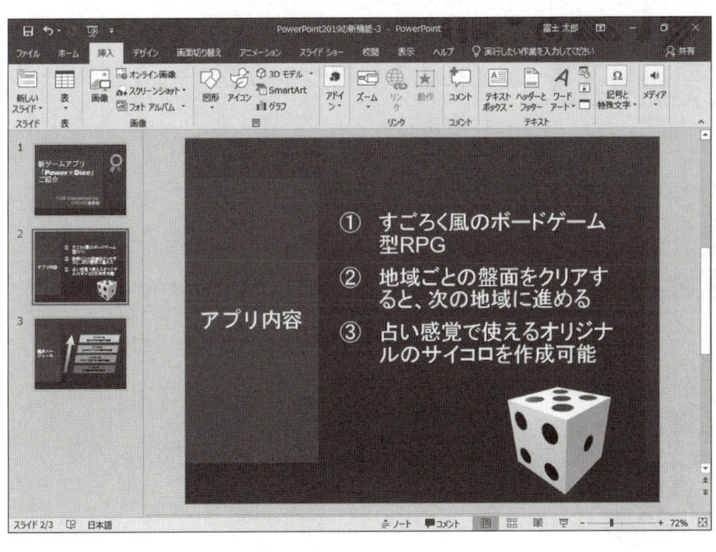

3Dモデルが回転します。
※選択を解除しておきましょう。

STEP UP 3Dモデルビュー

《書式設定》タブの《3Dモデルビュー》グループの (その他)をクリックすると、一覧から3Dモデルの回転を上、左、上背面、右上前面などから選択できます。

4 3Dモデルのアニメーションの設定

3Dモデルは文字や図形と同様に、アニメーションを設定して動きを付けることができます。3Dモデルを挿入すると、**《アニメーション》**グループに3Dのアニメーションが追加されます。

挿入した3Dモデルに、**「ジャンプしてターン」**のアニメーションを設定しましょう。

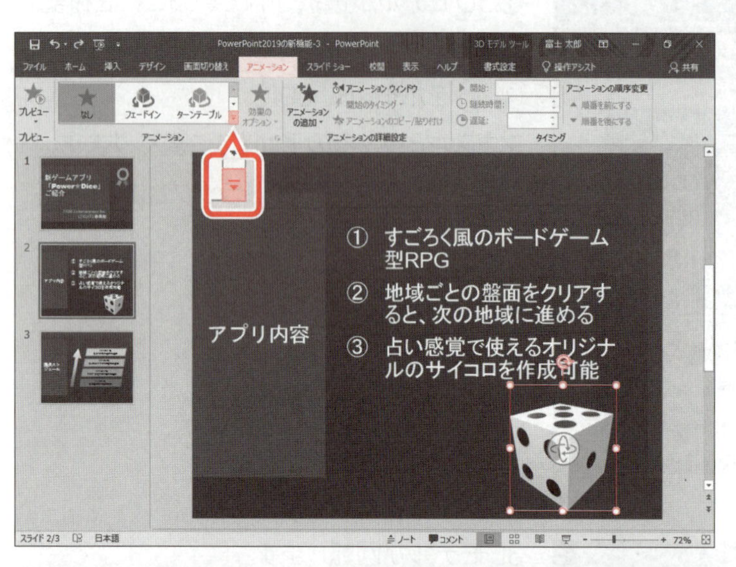

①3Dモデルが選択されていることを確認します。

②**《アニメーション》**タブを選択します。

③**《アニメーション》**グループの▼(その他)をクリックします。

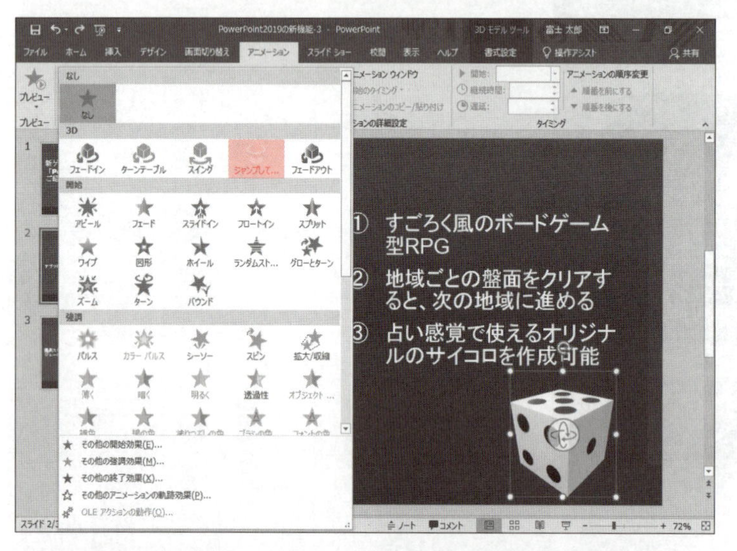

④**《3D》**の**《ジャンプしてターン》**をクリックします。

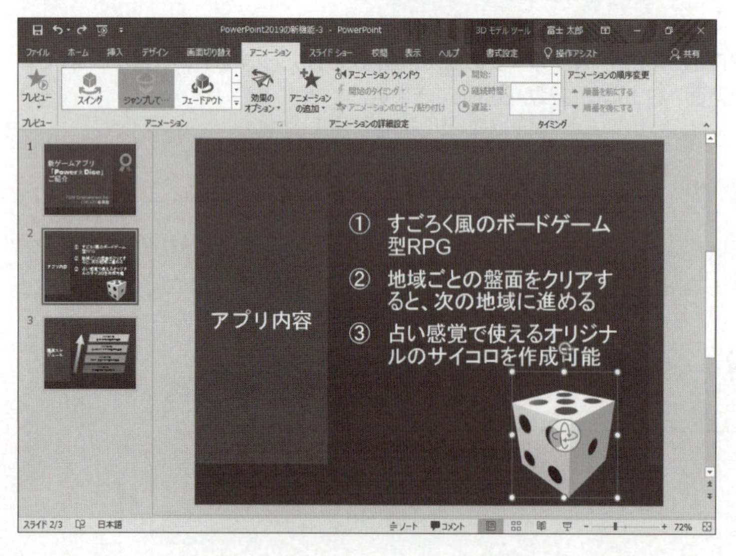

アニメーションが設定されます。

※スライドショーを実行し、アニメーションの動きを確認しておきましょう。確認できたら、Escを押して、スライドショーを終了しておきましょう。

※プレゼンテーションに「PowerPoint2019の新機能-3完成」と名前を付けて、フォルダー「付録」に保存し、閉じておきましょう。

索 引

Index

索引

英数字

あ

い

う

え

お

か

き

く

け

こ

さ

し

す

せ

ふ

へ

ほ

ま

も

り

れ

わ

よくわかる
Microsoft® PowerPoint® 2019 基礎
(FPT1817)

2019年 3 月 4 日　初版発行
2021年 5 月 3 日　第 2 版第 2 刷発行

著作／制作：富士通エフ・オー・エム株式会社

発行者：山下　秀二

発行所：FOM出版（富士通エフ・オー・エム株式会社）
〒108-0075 東京都港区港南2-13-34 NSS-Ⅱビル
株式会社富士通ラーニングメディア内
https://www.fom.fujitsu.com/goods/

印刷／製本：株式会社サンヨー

表紙デザインシステム：株式会社アイロン・ママ

緑色の用紙の内側に、別冊「練習問題・総合問題 解答」が添付されています。

別冊は必要に応じて取りはずせます。取りはずす場合は、この用紙を１枚めくっていただき、別冊の根元を持って、ゆっくりと引き抜いてください。

練習問題・総合問題
解答

Microsoft®
PowerPoint® 2019 基礎

練習問題解答

設定する項目名が一覧にない場合は、任意の項目を選択してください。

第2章　練習問題

①

①スライド2を選択
②《**ホーム**》タブを選択
③《**スライド**》グループの（新しいスライド）の新しいスライドをクリック
④《**タイトルとコンテンツ**》をクリック

②

省略

③

①「**Reduce**」の前にカーソルを移動
②Tabを押す
③「**廃棄物の発生を抑制する**」の前にカーソルを移動
④Tabを2回押す
⑤同様に、その他の箇条書きテキストのレベルを下げる

④

①「**Reduce**」を選択
②Ctrlを押しながら、「**Reuse**」と「**Recycle**」を選択
③《**ホーム**》タブを選択
④《**段落**》グループの（段落番号）のをクリック
⑤《**1.　2.　3.**》をクリック

⑤

①「**Reduce**」を選択
②Ctrlを押しながら、「**Reuse**」と「**Recycle**」を選択
③《**ホーム**》タブを選択
④《**フォント**》グループのArial 本文（フォント）のをクリックし、一覧から《**Arial Black**》を選択
⑤《**フォント**》グループの（フォントの色）のをクリック
⑥《**テーマの色**》の《**ライム、アクセント1、黒+基本色50%**》（左から5番目、上から6番目）をクリック

⑥

①箇条書きテキストのプレースホルダーを選択
②《**ホーム**》タブを選択
③《**フォント**》グループの（フォントサイズの拡大）を2回クリック

⑦

①スライド6を選択
②《**ホーム**》タブを選択
③《**スライド**》グループの（新しいスライド）の新しいスライドをクリック
④《**タイトルとコンテンツ**》をクリック

⑧

省略

⑨

①「**田中課長（内線715-631）**」の前にカーソルを移動
②Tabを押す

⑩

①「**総務部**」から「**田中課長（内線715-631）**」を選択
②《**ホーム**》タブを選択
③《**クリップボード**》グループの（コピー）をクリック
④箇条書きテキストの3行目にカーソルを移動
⑤《**クリップボード**》グループの（貼り付け）を3回クリック
⑥文字を修正

⑪

①「**総務部**」を選択
②Ctrlを押しながら、「**企画部**」「**営業部**」「**情報システム部**」を選択
③《**ホーム**》タブを選択
④《**段落**》グループの（箇条書き）のをクリック
⑤（四角の行頭文字）をクリック

⑫

①《**ファイル**》タブを選択

②《**名前を付けて保存**》をクリック

③《**参照**》をクリック

④プレゼンテーションを保存する場所を選択

※《PC》→《ドキュメント》→「PowerPoint2019基礎」→「第2章」を選択します。

⑤《**ファイル名**》に「**第2章練習問題完成**」と入力

⑥《**保存**》をクリック

第3章　練習問題

①

①スライド3を選択

②《**挿入**》タブを選択

③《**表**》グループの（表の追加）をクリック

④《**表の挿入**》をクリック

⑤《**列数**》を「**3**」に設定

⑥《**行数**》を「**8**」に設定

⑦《**OK**》をクリック

②

省略

③

①1列目と2列目の間の境界線を右方向にドラッグ

④

①表の周囲の枠線をドラッグして、移動

②表の周囲の○（ハンドル）をドラッグして、サイズ変更

⑤

①表内にカーソルを移動

②《**表ツール**》の《**デザイン**》タブを選択

③《**表のスタイル**》グループの（その他）をクリック

④《**淡色**》の《**淡色スタイル3-アクセント5**》（左から6番目、上から3番目）をクリック

⑥

①1行目を選択

②《**レイアウト**》タブを選択

③《**配置**》グループの（中央揃え）をクリック

④表全体を選択

⑤《**配置**》グループの（上下中央揃え）をクリック

第4章　練習問題

①

①スライド6を選択
②《**挿入**》タブを選択
③《**図**》グループの グラフ（グラフの追加）をクリック
④左側の一覧から《**横棒**》を選択
⑤右側の一覧から（集合横棒）を選択
⑥《**OK**》をクリック
⑦データを修正
⑧セル【**C1**】からセル【**D5**】を選択
⑨ Delete を押す
⑩セル【**D6**】の右下の■（ハンドル）を、セル【**B6**】までドラッグ
⑪ワークシートのウィンドウの ×（閉じる）をクリック

②

①グラフの周囲の枠線をドラッグして、移動
②グラフの周囲の○（ハンドル）をドラッグして、サイズ変更

③

①グラフを選択
②《**グラフツール**》の《**デザイン**》タブを選択
③《**グラフのレイアウト**》グループの（グラフ要素を追加）をクリック
④《**凡例**》をポイント
⑤《**なし**》をクリック

④

①グラフを選択
②《**グラフツール**》の《**デザイン**》タブを選択
③《**グラフスタイル**》グループの（グラフクイックカラー）をクリック
④《**モノクロ**》の《**モノクロパレット4**》をクリック
⑤《**グラフスタイル**》グループの（その他）をクリック
⑥《**スタイル13**》をクリック

⑤

①グラフタイトルを選択
②《**ホーム**》タブを選択
③《**フォント**》グループの 21.3（フォントサイズ）のをクリックし、一覧から《**18**》を選択
④《**書式**》タブを選択
⑤《**図形のスタイル**》グループの（図形の枠線）のをクリック
⑥《**テーマの色**》の《**黒、テキスト1**》（左から2番目、上から1番目）をクリック

⑥

①項目軸を選択
②《**書式**》タブを選択
③《**現在の選択範囲**》グループの 選択対象の書式設定（選択対象の書式設定）をクリック
④《**軸のオプション**》の（軸のオプション）を選択
⑤《**軸を反転する**》を ✔ にする
⑥作業ウィンドウの ×（閉じる）をクリック

⑦

①スライド6を選択
②グラフを選択
③《**ホーム**》タブを選択
④《**クリップボード**》グループの（コピー）をクリック
⑤スライド7を選択
⑥《**クリップボード**》グループの（貼り付け）をクリック

⑧

①スライド7を選択
②グラフを選択
③《**グラフツール**》の《**デザイン**》タブを選択
④《**データ**》グループの（データを編集します）をクリック
⑤データを修正
⑥ワークシートのウィンドウの ×（閉じる）をクリック

第5章　練習問題

①

①スライド9を選択

②**《挿入》**タブを選択

③**《図》**グループの SmartArt（SmartArtグラフィックの挿入）をクリック

④左側の一覧から**《リスト》**を選択

⑤中央の一覧から**《縦方向カーブリスト》**（左から3番目、上から8番目）を選択

⑥**《OK》**をクリック

②

①SmartArtグラフィックを選択

②テキストウィンドウの1行目に「**忙しくても続けられる**」と入力

③同様に、2～3行目に文字を入力

③

①SmartArtグラフィックを選択

②**《SmartArtツール》**の**《デザイン》**タブを選択

③**《SmartArtのスタイル》**グループの（色の変更）をクリック

④**《カラフル》**の**《カラフル-全アクセント》**（左から1番目）をクリック

⑤**《SmartArtのスタイル》**グループの（その他）をクリック

⑥**《ドキュメントに最適なスタイル》**の**《パステル》**（左から3番目、上から1番目）をクリック

④

①SmartArtグラフィックの周囲の枠線をドラッグして、移動

②SmartArtグラフィックの周囲の○（ハンドル）をドラッグして、サイズ変更

⑤

①スライド12を選択

②**《挿入》**タブを選択

③**《図》**グループの（図形）をクリック

④**《四角形》**の（四角形：角を丸くする）をクリック

⑤始点から終点までドラッグ

⑥文字を入力

⑥

①図形を選択

②**《ホーム》**タブを選択

③**《フォント》**グループの 18（フォントサイズ）のをクリックし、一覧から**《24》**を選択

④**《書式》**タブを選択

⑤**《図形のスタイル》**グループの（その他）をクリック

⑥**《テーマスタイル》**の**《グラデーション-赤、アクセント5》**（左から6番目、上から5番目）をクリック

⑦

①図形の輪郭をドラッグして、移動

②図形の周囲の○（ハンドル）をドラッグして、サイズ変更

⑧

①**《挿入》**タブを選択

②**《図》**グループの（図形）をクリック

③**《吹き出し》**の（吹き出し：角を丸めた四角形）をクリック

④始点から終点までドラッグ

⑤文字を入力

※「必要なビタミンを」の後ろで Enter を押して改行します。

⑨

①図形を選択

②**《書式》**タブを選択

③**《図形のスタイル》**グループの（その他）をクリック

④**《テーマスタイル》**の**《パステル-オレンジ、アクセント3》**（左から4番目、上から4番目）をクリック

⑩

①図形の輪郭をドラッグして、移動

②図形の周囲の○（ハンドル）をドラッグして、サイズ変更

③黄色の○（ハンドル）をドラッグして、吹き出しの先端を調整

⑪

① Ctrl を押しながら、図形の輪郭をドラッグ

②文字を修正

⑫

①スライド14を選択

②箇条書きテキストのプレースホルダーを選択

③**《ホーム》**タブを選択

④**《段落》**グループの（SmartArtグラフィックに変換）をクリック

⑤**《縦方向箇条書きリスト》**（左から1番目、上から1番目）をクリック

⑬

①SmartArtグラフィックを選択

②**《SmartArtツール》**の**《デザイン》**タブを選択

③**《SmartArtのスタイル》**グループの（色の変更）をクリック

④**《カラフル》**の**《カラフル-全アクセント》**（左から1番目）をクリック

⑤**《SmartArtのスタイル》**グループの（その他）をクリック

⑥**《ドキュメントに最適なスタイル》**の**《パステル》**（左から3番目、上から1番目）をクリック

第6章　練習問題

①

①スライド1を選択

②**《挿入》**タブを選択

③**《画像》**グループの（図）をクリック

④画像が保存されている場所を選択

※《ドキュメント》→「PowerPoint2019基礎」→「第6章」を選択します。

⑤一覧から**「野菜」**を選択

⑥**《挿入》**をクリック

②

①画像の周囲の○（ハンドル）をドラッグして、サイズ変更

②画像をドラッグして、移動

③

①画像が選択されていることを確認

②**《書式》**タブを選択

③**《図のスタイル》**グループの（その他）をクリック

④**《楕円、ぼかし》**をクリック

④

①画像が選択されていることを確認

②**《書式》**タブを選択

③**《調整》**グループの（修整）をクリック

④**《明るさ/コントラスト》**の**《明るさ：+20% コントラスト：0%（標準）》**（左から4番目、上から3番目）をクリック

⑤

①スライド4を選択

②**《挿入》**タブを選択

③**《テキスト》**グループの（ワードアートの挿入）をクリック

④**《塗りつぶし：赤、アクセントカラー5；輪郭：白、背景色1；影（ぼかしなし）：赤、アクセントカラー5》**（左から3番目、上から3番目）をクリック

⑤**「全顧客数は横ばい」**と入力

⑥ワードアート以外の場所をクリック

⑥

①ワードアートを選択

②**《ホーム》**タブを選択

③《**フォント**》グループの 54 (フォントサイズ)の をクリックし、一覧から《**24**》を選択

⑦

①ワードアートを選択

②ワードアートの周囲の枠線をドラッグして、移動

⑧

①ワードアートを選択

②Ctrl を押しながら、ワードアートの周囲の枠線をドラッグ

③ワードアートの文字を修正

④ワードアート以外の場所をクリック

⑨

①ワードアートを選択

②ワードアートの上の をドラッグして、回転

⑩

①ワードアートを選択

②ワードアートの周囲の枠線をドラッグして、移動

⑪

①スライド6を選択

②《**挿入**》タブを選択

③《**テキスト**》グループの (ワードアートの挿入)をクリック

④《**塗りつぶし:赤、アクセントカラー5;輪郭:白、背景色1;影(ぼかしなし):赤、アクセントカラー5**》(左から3番目、上から3番目)をクリック

⑤「**20～40歳代の働く女性**」と入力

⑥ワードアート以外の場所をクリック

⑫

①ワードアートを選択

②《**ホーム**》タブを選択

③《**フォント**》グループの 54 (フォントサイズ)の をクリックし、一覧から《**36**》を選択

⑬

①ワードアートを選択

②ワードアートの周囲の枠線をドラッグして、移動

第7章　練習問題

①

①スライド3を選択

②SmartArtグラフィックを選択

③《**アニメーション**》タブを選択

④《**アニメーション**》グループの (その他)をクリック

⑤《**開始**》の《**ホイール**》をクリック

②

①SmartArtグラフィックを選択

②《**アニメーション**》タブを選択

③《**アニメーション**》グループの (効果のオプション)をクリック

④《**連続**》の《**個別**》または《**レベル(個別)**》をクリック

③

①スライド4を選択

②箇条書きテキストのプレースホルダーを選択

③《**アニメーション**》タブを選択

④《**アニメーション**》グループの (その他)をクリック

⑤《**開始**》の《**ワイプ**》をクリック

④

①箇条書きテキストのプレースホルダーを選択

②《**アニメーション**》タブを選択

③《**アニメーション**》グループの (効果のオプション)をクリック

④《**方向**》の《**左から**》をクリック

⑤

①スライド4を選択

②箇条書きテキストのプレースホルダーを選択

③《**アニメーション**》タブを選択

④《**アニメーションの詳細設定**》グループの アニメーションのコピー/貼り付け (アニメーションのコピー/貼り付け)をクリック

⑤スライド5を選択

⑥箇条書きテキストのプレースホルダーをクリック

⑦同様に、スライド6の箇条書きテキストにアニメーションをコピー

⑥

①スライド1を選択

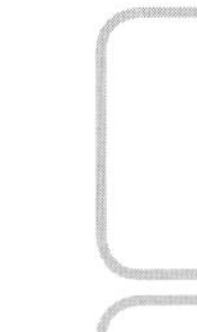

②《**画面切り替え**》タブを選択
③《**画面切り替え**》グループの (その他)をクリック
④《**はなやか**》の《**ピールオフ**》をクリック
⑤《**タイミング**》グループの すべてに適用 (すべてに適用)をクリック

⑦

①《**画面切り替え**》タブを選択
②《**タイミング**》グループの《**画面切り替えのタイミング**》の《**自動的に切り替え**》を☑にする
③《**自動的に切り替え**》を「**00:02.00**」に設定
④《**タイミング**》グループの すべてに適用 (すべてに適用)をクリック

⑧

①ステータスバーの (スライドショー)をクリック
②スライドショーを最後まで確認

第8章　練習問題

①

①スライド1を選択
②ステータスバーの (スライドショー)をクリック
③スライドを右クリック
④《**すべてのスライドを表示**》をクリック
⑤スライド3をクリック

②

①スライドを右クリック
②《**ポインターオプション**》をポイント
③《**ペン**》をクリック
④スライドを右クリック
⑤《**ポインターオプション**》をポイント
⑥《**インクの色**》をポイント
⑦《**オレンジ**》をクリック
⑧「**3Rの推進**」の周囲を四角にドラッグ
⑨スライドを右クリック
⑩《**ポインターオプション**》をポイント
⑪《**蛍光ペン**》をクリック
⑫「**Reduce**」「**Reuse**」「**Recycle**」の文字上をドラッグ
⑬ Esc を押す

③

① Esc を押す
②《**保持**》をクリック

④

①《**ファイル**》タブを選択
②《**印刷**》をクリック
③《**設定**》の《**フルページサイズのスライド**》をクリック
④《**印刷レイアウト**》の《**アウトライン**》をクリック
⑤《**印刷**》をクリック

⑤

①スライド1を選択
②《**スライドショー**》タブを選択
③《**設定**》グループの (リハーサル)をクリック
④スライドショーを最後まで確認
⑤《**いいえ**》をクリック

⑥

プロジェクターや外付けモニターを接続する場合

①**《スライドショー》**タブを選択

②**《モニター》**グループの**《モニター》**の（プレゼンテーションの表示先）が**《自動》**になっていることを確認

③**《モニター》**グループの**《発表者ツールを使用する》**を☑にする

④ステータスバーの（スライドショー）をクリック

プロジェクターや外付けモニターを接続しない場合

①ステータスバーの（スライドショー）をクリック

②スライドを右クリック

③**《発表者ツールを表示》**をクリック

⑦

①（すべてのスライドを表示します）をクリック

②スライド3を選択

⑧

①（スライドを拡大します）をクリック

②SmartArtグラフィックをクリック

③（閉じる）をクリック

⑨

①**《スライドショー》**タブを選択

②**《スライドショーの開始》**グループの（目的別スライドショー）をクリック

③**《目的別スライドショー》**をクリック

④**《新規作成》**をクリック

⑤**《スライドショーの名前》**に**「社内掲示用」**と入力

⑥**《プレゼンテーション中のスライド》**の一覧のスライド1、4、5、6を☑にする

⑦**《追加》**をクリック

⑧**《OK》**をクリック

⑨**《閉じる》**をクリック

⑩

①**《スライドショー》**タブを選択

②**《スライドショーの開始》**グループの（目的別スライドショー）をクリック

③**「社内掲示用」**をクリック

④スライドショーを最後まで確認

総合問題解答

設定する項目名が一覧にない場合は、任意の項目を選択してください。

総合問題1

①

①《デザイン》タブを選択
②《ユーザー設定》グループの（スライドのサイズ）をクリック
③《標準（4：3）》をクリック

②

①《デザイン》タブを選択
②《テーマ》グループの（その他）をクリック
③《Office》の《ギャラリー》（左から3番目、上から2番目）をクリック
④《バリエーション》グループの（その他）をクリック
⑤《配色》をポイント
⑥《マーキー》をクリック

③

①《デザイン》タブを選択
②《バリエーション》グループの（その他）をクリック
③《フォント》をポイント
④《Calibli メイリオ メイリオ》をクリック

④

①《デザイン》タブを選択
②《バリエーション》グループの（その他）をクリック
③《背景のスタイル》をポイント
④《スタイル1》をクリック

⑤

省略

⑥

①タイトルのプレースホルダーを選択
②《ホーム》タブを選択
③《フォント》グループの 54 （フォントサイズ）の をクリックし、一覧から《80》を選択
④同様に、サブタイトルのプレースホルダーのフォントサイズを32ポイントに設定

⑦

①《ホーム》タブを選択
②《スライド》グループの（新しいスライド）の 新しいスライド をクリック
③《タイトルとコンテンツ》をクリック

⑧

省略

⑨

①タイトルのプレースホルダーを選択
②《ホーム》タブを選択
③《フォント》グループの 32 （フォントサイズ）の をクリックし、一覧から《54》を選択

⑩

①「学校法人　FOMアカデミックスクール」の前にカーソルを移動
② Tab を押す
③同様に、箇条書きテキスト「富士太郎」「1969年4月」「東京都港区芝X-X-X」のレベルを1段階下げる

⑪

①《挿入》タブを選択
②《画像》グループの（図）をクリック
③画像が保存されている場所を選択
※《ドキュメント》→「PowerPoint2019基礎」→「総合問題」を選択します。
④一覧から「学校」を選択
⑤《挿入》をクリック

⑫

①画像の周囲の○（ハンドル）をドラッグして、サイズ変更

②画像をドラッグして、移動

⑬

①スライド2を選択

②《ホーム》タブを選択

③《スライド》グループの（新しいスライド）のをクリック

④《タイトルとコンテンツ》をクリック

⑭

①タイトルのプレースホルダー内をクリック

②文字を入力

③タイトルのプレースホルダーを選択

④《ホーム》タブを選択

⑤《フォント》グループの 32 （フォントサイズ）のをクリックし、一覧から《54》を選択

⑮

①コンテンツのプレースホルダーの（SmartArtグラフィックの挿入）をクリック

②左側の一覧から《集合関係》を選択

③中央の一覧から《基本ベン図》（左から2番目、上から9番目）を選択

④《OK》をクリック

⑯

①SmartArtグラフィックを選択

②テキストウィンドウに文字を入力

⑰

①SmartArtグラフィックを選択

②《SmartArtツール》の《デザイン》タブを選択

③《SmartArtのスタイル》グループの（色の変更）をクリック

④《カラフル》の《カラフル-全アクセント》（左から1番目）をクリック

⑤《SmartArtのスタイル》グループの（その他）をクリック

⑥《ドキュメントに最適なスタイル》の《白枠》（左から2番目、上から1番目）をクリック

⑱

①スライド3を選択

②《ホーム》タブを選択

③《スライド》グループの（新しいスライド）のをクリック

④《タイトルとコンテンツ》をクリック

⑲

①タイトルのプレースホルダー内をクリック

②文字を入力

③タイトルのプレースホルダーを選択

④《ホーム》タブを選択

⑤《フォント》グループの 32 （フォントサイズ）のをクリックし、一覧から《54》を選択

⑳

①コンテンツのプレースホルダーの（SmartArtグラフィックの挿入）をクリック

②左側の一覧から《リスト》を選択

③中央の一覧から《縦方向ボックスリスト》（左から3番目、上から6番目）を選択

④《OK》をクリック

㉑

①SmartArtグラフィックを選択

②テキストウィンドウに文字を入力

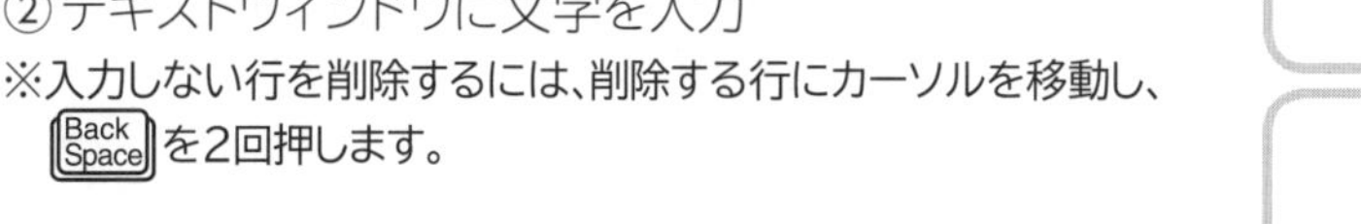

※入力しない行を削除するには、削除する行にカーソルを移動し、Back Spaceを2回押します。

㉒

①SmartArtグラフィックを選択

②《SmartArtツール》の《デザイン》タブを選択

③《SmartArtのスタイル》グループの（色の変更）をクリック

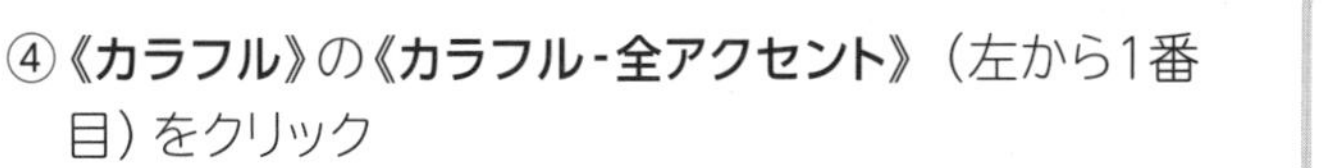

④《カラフル》の《カラフル-全アクセント》（左から1番目）をクリック

㉓

①スライド1を選択

②ステータスバーの（スライドショー）をクリック

③クリックして、スライドショーを最後まで確認

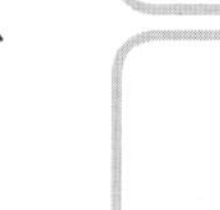

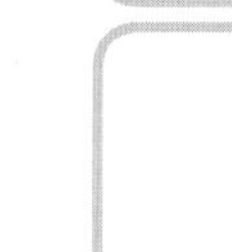

総合問題2

①

①《デザイン》タブを選択
②《バリエーション》グループの（その他）をクリック
③《配色》をポイント
④《黄》をクリック

②

①スライド2を選択
②SmartArtグラフィックを選択
③《SmartArtツール》の《デザイン》タブを選択
④《レイアウト》グループの（その他）をクリック
⑤《縦方向画像リスト》（左から1番目、上から4番目）をクリック

③

①SmartArtグラフィック内の一番上のをクリック
②《ファイルから》をクリック
③画像が保存されている場所を選択
※《ドキュメント》→「PowerPoint2019基礎」→「総合問題」を選択します。
④一覧から「温泉」を選択
⑤《挿入》をクリック
⑥同様に、中央のをクリックして、「宿」を挿入
⑦同様に、一番下のをクリックして、「料理」を挿入

④

①スライド3を選択
②《挿入》タブを選択
③《表》グループの（表の追加）をクリック
④《表の挿入》をクリック
⑤《列数》を「3」に設定
⑥《行数》を「4」に設定
⑦《OK》をクリック
⑧表に文字を入力

⑤

①表の周囲の枠線をドラッグして、移動
②表の周囲の○（ハンドル）をドラッグして、サイズ変更

⑥

①表を選択
②《表ツール》の《デザイン》タブを選択
③《表のスタイル》グループの（その他）をクリック
④《中間》の《中間スタイル2-アクセント6》（左から7番目、上から2番目）をクリック

⑦

①表を選択
②《レイアウト》タブを選択
③《配置》グループの（中央揃え）をクリック
④《配置》グループの（上下中央揃え）をクリック

⑧

①スライド3を選択
②《ホーム》タブを選択
③《スライド》グループの（新しいスライド）の 新しいスライド をクリック
④《選択したスライドの複製》をクリック

⑨

省略

⑩

省略

⑪

①スライド5を選択
②図形を選択
③《書式》タブを選択
④《図形のスタイル》グループの 図形の塗りつぶし （図形の塗りつぶし）をクリック
⑤《テーマの色》の《オレンジ、アクセント3、白+基本色60%》（左から7番目、上から3番目）をクリック
⑥《図形のスタイル》グループの 図形の枠線 （図形の枠線）をクリック
⑦《枠線なし》をクリック

⑫

①画像を選択
②**《アニメーション》**タブを選択
③**《アニメーション》**グループの (その他) をクリック
④**《強調》**の**《シーソー》**をクリック
⑤図形を選択
⑥**《アニメーション》**グループの (その他) をクリック
⑦**《開始》**の**《ワイプ》**をクリック

⑬

①図形を選択
②**《アニメーション》**タブを選択
③**《アニメーション》**グループの (効果のオプション) をクリック
④**《方向》**の**《右から》**をクリック

⑭

①画像を選択
②**《アニメーション》**タブを選択
③**《タイミング》**グループの**《開始》**の クリック時 (アニメーションのタイミング) をクリックし、一覧から**《直前の動作と同時》**を選択
④同様に、図形のタイミングを設定

⑮

①スライド6を選択
②**《挿入》**タブを選択
③**《画像》**グループの (図) をクリック
④画像が保存されている場所を選択
※《ドキュメント》→「PowerPoint2019基礎」→「総合問題」を選択します。
⑤一覧から**「地図」**を選択
⑥**《挿入》**をクリック

⑯

①画像を選択
②画像の周囲の○ (ハンドル) をドラッグして、サイズ変更
③画像をドラッグして、移動

⑰

①**《画面切り替え》**タブを選択
②**《画面切り替え》**グループの (その他) をクリック
③**《はなやか》**の**《風》** (左から4番目、上から1番目) をクリック
④**《タイミング》**グループの すべてに適用 (すべてに適用) をクリック

⑱

①**《画面切り替え》**タブを選択
②**《画面切り替え》**グループの (効果のオプション) をクリック
③**《左》**をクリック
④**《タイミング》**グループの すべてに適用 (すべてに適用) をクリック

⑲

①スライド1を選択
②ステータスバーの (スライドショー) をクリック
③クリックして、スライドショーを最後まで確認

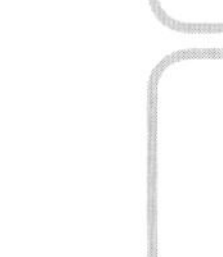

総合問題3

①

①スライド2を選択
②箇条書きテキストのプレースホルダーを選択
③《ホーム》タブを選択
④《段落》グループの（SmartArtグラフィックに変換）をクリック
⑤《**矢印と長方形のプロセス**》（左から3番目、上から3番目）をクリック

②

①スライド3を選択
②《**挿入**》タブを選択
③《**図**》グループの（図形）をクリック
④《**ブロック矢印**》の（矢印：下）をクリック
⑤始点から終点までドラッグ

③

①《**挿入**》タブを選択
②《**テキスト**》グループの（ワードアートの挿入）をクリック
③《**塗りつぶし（パターン）：ゴールド、アクセントカラー3、細い横線；影（内側）**》（左から2番目、上から4番目）をクリック
④文字を入力
⑤ワードアート以外の場所をクリック

④

①ワードアートを選択
②《**ホーム**》タブを選択
③《**フォント**》グループの HGゴシックE 本文（フォント）の▼をクリックし、一覧から《**MSPゴシック**》を選択
④《**フォント**》グループの 54（フォントサイズ）の▼をクリックし、一覧から《**36**》を選択

⑤

①ワードアートを選択
②ワードアートの周囲の枠線をドラッグして、移動

⑥

①スライド4を選択
②《**挿入**》タブを選択
③《**画像**》グループの（図）をクリック
④画像が保存されている場所を選択
※《ドキュメント》→「PowerPoint2019基礎」→「総合問題」を選択します。
⑤一覧から「**指紋**」を選択
⑥《**挿入**》をクリック

⑦

①画像を選択
②画像の周囲の○（ハンドル）をドラッグして、サイズ変更
③画像をドラッグして、移動

⑧

①スライド5を選択
②2列目にカーソルを移動
③《**レイアウト**》タブを選択
④《**行と列**》グループの（表の削除）をクリック
⑤《**列の削除**》をクリック
⑥3行目にカーソルを移動
⑦《**行と列**》グループの 下に行を挿入（下に行を挿入）をクリック
⑧挿入した行に文字を入力

⑨

①表の周囲の○（ハンドル）をドラッグして、サイズ変更

⑩

①表を選択
②《**表ツール**》の《**デザイン**》タブを選択
③《**表のスタイル**》グループの（その他）をクリック
④《**淡色**》の《**淡色スタイル3-アクセント1**》（左から2番目、上から3番目）をクリック

⑪

①表を選択
②《**ホーム**》タブを選択
③《**フォント**》グループの 20（フォントサイズ）の▼をクリックし、一覧から《**24**》を選択

⑫

①表を選択
②《**レイアウト**》タブを選択
③《**配置**》グループの（上下中央揃え）をクリック
④1行目を選択
⑤《**配置**》グループの（中央揃え）をクリック

⑬

①スライド6を選択
②《**挿入**》タブを選択
③《**図**》グループの グラフ（グラフの追加）をクリック
④左側の一覧から《**縦棒**》を選択
⑤右側の一覧から（集合縦棒）を選択
⑥《**OK**》をクリック
⑦ワークシートにデータを入力
※列幅を広げるには、ワークシートの列番号と列番号の間の境界線をドラッグします。
⑧セル【**C1**】からセル【**D5**】を選択
⑨ Delete を押す
⑩セル【**D5**】の右下の■（ハンドル）を、セル【**B5**】までドラッグ
⑪ワークシートのウィンドウの ×（閉じる）をクリック

⑭

①グラフを選択
②《**グラフツール**》の《**デザイン**》タブを選択
③《**グラフスタイル**》グループの（グラフクイックカラー）をクリック
④《**カラフル**》の《**カラフルなパレット3**》をクリック
⑤《**グラフスタイル**》グループの（その他）をクリック
⑥《**スタイル6**》をクリック

⑮

①グラフを選択
②《**ホーム**》タブを選択
③《**フォント**》グループの 12（フォントサイズ）の をクリックし、一覧から《**16**》を選択

⑯

①グラフを選択
②《**グラフツール**》の《**デザイン**》タブを選択
③《**グラフのレイアウト**》グループの（グラフ要素を追加）をクリック
④《**グラフタイトル**》をポイント
⑤《**なし**》をクリック
⑥《**グラフのレイアウト**》グループの（グラフ要素を追加）をクリック
⑦《**凡例**》をポイント
⑧《**なし**》をクリック

⑰

①グラフの周囲の枠線をドラッグして、移動
②グラフの周囲の○（ハンドル）をドラッグして、サイズ変更

総合問題4

①

①スライド2を選択
②**《挿入》**タブを選択
③**《画像》**グループの（図）をクリック
④画像が保存されている場所を選択
※《ドキュメント》→「PowerPoint2019基礎」→「総合問題」を選択します。
⑤一覧から**「防犯」**を選択
⑥**《挿入》**をクリック

②

①画像を選択
②**《書式》**タブを選択
③**《調整》**グループの 色▾（色）をクリック
④**《色の変更》**の**《ゴールド、アクセント4（淡）》**（左から5番目、上から3番目）をクリック

③

①画像の周囲の○（ハンドル）をドラッグして、サイズ変更
②画像をドラッグして、移動

④

①スライド3を選択
②**《挿入》**タブを選択
③**《表》**グループの（表の追加）をクリック
④**《表の挿入》**をクリック
⑤**《列数》**を**「2」**に設定
⑥**《行数》**を**「5」**に設定
⑦**《OK》**をクリック
⑧表に文字を入力

⑤

①表の周囲の枠線をドラッグして、移動
②表の周囲の○（ハンドル）をドラッグして、サイズ変更

⑥

①表を選択
②**《表ツール》**の**《デザイン》**タブを選択
③**《表のスタイル》**グループの（その他）をクリック
④**《中間》**の**《中間スタイル2-アクセント2》**（左から3番目、上から2番目）をクリック

①表を選択
②**《レイアウト》**タブを選択
③**《配置》**グループの（上下中央揃え）をクリック
④1行目を選択
⑤**《配置》**グループの（中央揃え）をクリック
⑥**「82件」**から**「34件」**のセルを選択
⑦**《配置》**グループの（右揃え）をクリック

⑧

①**《挿入》**タブを選択
②**《図》**グループの（図形）をクリック
③**《吹き出し》**の（吹き出し:角を丸めた四角形）をクリック
④始点から終点までドラッグ
⑤文字を入力

⑨

①図形を選択
②**《書式》**タブを選択
③**《図形のスタイル》**グループの（その他）をクリック
④**《テーマスタイル》**の**《グラデーション-オレンジ、アクセント2》**（左から3番目、上から5番目）をクリック

⑩

①図形の輪郭をドラッグして、移動
②図形の周囲の○（ハンドル）をドラッグして、サイズ変更
③黄色の○（ハンドル）をドラッグして、吹き出しの先端を調整

⑪

①［Ctrl］と［Shift］を押しながら、図形の輪郭をドラッグ

※［Ctrl］と［Shift］を押しながらドラッグすると、図形を水平方向または垂直方向にコピーできます。

②文字を修正

⑫

①スライド4を選択

②**《挿入》**タブを選択

③**《図》**グループの［SmartArt］（SmartArtグラフィックの挿入）をクリック

④左側の一覧から**《循環》**を選択

⑤中央の一覧から**《中心付き循環》**（左から1番目、上から3番目）を選択

⑥**《OK》**をクリック

⑬

①SmartArtグラフィックを選択

②テキストウィンドウに文字を入力

※入力しない行を削除するには、削除する行にカーソルを移動し、［Back Space］を2回押します。

⑭

①SmartArtグラフィックを選択

②**《SmartArtツール》**の**《デザイン》**タブを選択

③**《SmartArtのスタイル》**グループの［色の変更］（色の変更）をクリック

④**《アクセント6》**の**《塗りつぶし-アクセント6》**（左から2番目）をクリック

⑤**《SmartArtのスタイル》**グループの［▼］（その他）をクリック

⑥**《ドキュメントに最適なスタイル》**の**《グラデーション》**をクリック

⑮

①SmartArtグラフィックの周囲の○（ハンドル）をドラッグして、サイズ変更

②SmartArtグラフィックの周囲の枠線をドラッグして、移動

⑯

①スライド5を選択

②**「留守宅被害の防止」**の行にカーソルを移動

③**《ホーム》**タブを選択

④**《段落》**グループの［☰］（箇条書き）の［▼］をクリック

⑤■（塗りつぶし四角の行頭文字）をクリック

⑥**「ポストに新聞や郵便物を溜めない」**から**「防犯グッズを活用する」**を選択

⑦**《段落》**グループの［☰］（箇条書き）の［▼］をクリック

⑧✔（チェックマークの行頭文字）をクリック

⑰

①箇条書きテキストのプレースホルダーを選択

②**《ホーム》**タブを選択

③**《段落》**グループの［行間］（行間）をクリック

④**《1.5》**をクリック

⑱

①スライド5を選択

②**《ホーム》**タブを選択

③**《スライド》**グループの［新しいスライド］（新しいスライド）の［新しいスライド▼］をクリック

④**《選択したスライドの複製》**をクリック

⑲

省略

総合問題5

①

①**《デザイン》**タブを選択
②**《バリエーション》**グループの（その他）をクリック
③**《配色》**をポイント
④**《赤》**をクリック

②

①スライド2を選択
②**「「古き良き日本」」**を選択
③**《ホーム》**タブを選択
④**《フォント》**グループの 20（フォントサイズ）の をクリックし、一覧から**《28》**を選択
⑤**《フォント》**グループの（フォントの色）の をクリック
⑥**《テーマの色》**の**《オレンジ、アクセント2》**（左から6番目、上から1番目）をクリック
⑦**《フォント》**グループの B（太字）をクリック

③

①**「「古き良き日本」」**を選択
②**《ホーム》**タブを選択
③**《クリップボード》**グループの（書式のコピー/貼り付け）をクリック
④**「「日本を訪れる外国人」」**をドラッグ

④

①スライド3を選択
②SmartArtグラフィックを選択
③テキストウィンドウの**「新作着物1点」**の後ろにカーソルを移動
④ Enter を押す
⑤ Shift + Tab を押す
⑥**「フラワードラゴン賞(5名)」**と入力
⑦ Enter を押す
⑧ Tab を押す
⑨**「賞金1万円」**と入力
⑩ Enter を押す
⑪**「新作着物1点」**と入力

⑤

①長方形の図形を選択
②**《書式》**タブを選択
③**《図形の挿入》**グループの（図形の編集）をクリック
④**《図形の変更》**をポイント
⑤**《星とリボン》**の（スクロール：横）をクリック

⑥

①**「スクロール：横」**の図形を選択
②**《書式》**タブを選択
③**《図形のスタイル》**グループの（その他）をクリック
④**《テーマスタイル》**の**《光沢-オレンジ、アクセント2》**（左から3番目、上から6番目）をクリック

⑦

①SmartArtグラフィックを選択
②**《アニメーション》**タブを選択
③**《アニメーション》**グループの（その他）をクリック
④**《開始》**の**《ワイプ》**をクリック
⑤**「スクロール：横」**の図形を選択
⑥**《アニメーション》**グループの（その他）をクリック
⑦**《開始》**の**《ランダムストライプ》**をクリック

⑧

①SmartArtグラフィックを選択
②**《アニメーション》**タブを選択
③**《アニメーション》**グループの（効果のオプション）をクリック
④**《方向》**の**《左から》**をクリック

⑨

①スライド4を選択
②箇条書きテキストのプレースホルダーを選択
③**《ホーム》**タブを選択
④**《段落》**グループの（SmartArtグラフィックに変換）をクリック
⑤**《その他のSmartArtグラフィック》**をクリック
⑥左側の一覧から**《リスト》**を選択
⑦中央の一覧から**《分割ステップ》**（左から2番目、上から8番目）を選択
⑧**《OK》**をクリック

⑩

①SmartArtグラフィックを選択

②**《SmartArtツール》**の**《デザイン》**タブを選択

③**《SmartArtのスタイル》**グループの(色の変更)をクリック

④**《カラフル》**の**《カラフル-全アクセント》**(左から1番目)をクリック

⑪

①SmartArtグラフィックを選択

②**《ホーム》**タブを選択

③**《フォント》**グループの 15 (フォントサイズ)の ▾ をクリックし、一覧から**《20》**を選択

⑫

①SmartArtグラフィックを選択

②**《アニメーション》**タブを選択

③**《アニメーション》**グループの ▾ (その他)をクリック

④**《開始》**の**《フロートイン》**をクリック

⑬

①SmartArtグラフィックを選択

②**《アニメーション》**タブを選択

③**《アニメーション》**グループの (効果のオプション)をクリック

④**《連続》**の**《個別》**をクリック

⑤**《タイミング》**グループの**《開始》**の クリック時 (アニメーションのタイミング)をクリックし、一覧から**《直前の動作の後》**を選択

⑭

①スライド5を選択

②「**着物図案フォーマット**」から「**応募用紙フォーマット**」を選択

③**《ホーム》**タブを選択

④**《段落》**グループの (段落番号)の ▾ をクリック

⑤**《① ② ③》**をクリック

⑮

①スライド6を選択

②1行目にカーソルを移動

③**《レイアウト》**タブを選択

④**《行と列》**グループの 下に行を挿入 (下に行を挿入)をクリック

⑤挿入した行に文字を入力

⑯

①**《画面切り替え》**タブを選択

②**《画面切り替え》**グループの ▾ (その他)をクリック

③**《はなやか》**の**《ギャラリー》**をクリック

④**《タイミング》**グループの すべてに適用 (すべてに適用)をクリック

⑰

①**《画面切り替え》**タブを選択

②**《タイミング》**グループの**《画面切り替えのタイミング》**の**《自動的に切り替え》**を ✔ にする

③**《自動的に切り替え》**を「**00:07.00**」に設定

④**《タイミング》**グループの すべてに適用 (すべてに適用)をクリック

⑱

①スライド1を選択

②ステータスバーの (スライドショー)をクリック

③スライドショーを最後まで確認

⑲

①**《ファイル》**タブを選択

②**《印刷》**をクリック

③**《設定》**の**《フルページサイズのスライド》**をクリック

④**《配布資料》**の**《6スライド(横)》**をクリック

⑤**《印刷》**をクリック